# 无痕设计

Traceless Design

新环境 | 新意识 | 新设计
西安美术学院建筑环境艺术系教学成果丛书

陕西省社科界2016年度重大理论与现实问题研究项目 立项号：2016Z093
陕西高等教育教学改革研究项目 项目编号：15BY89

# 无痕设计

Traceless Design

主编：
孙鸣春　周维娜
副主编：
李媛　吴文超　濮苏卫
项目组其他成员：
周靓　翁萌　屈伸

國家藝術基金
2015年度资助项目：
无痕设计——环境设计艺术人才
培养项目成果
编号：20155085

中国建筑工业出版社
CHINA ARCHITECTURE & BUILDING PRESS

**图书在版编目（CIP）数据**

无痕设计／孙鸣春，周维娜主编．—北京：中国建筑工业出版社，2016.12
（新环境·新意识·新设计系列丛书）
ISBN 978-7-112-20169-3

Ⅰ．①无… Ⅱ．①孙… ②周… Ⅲ．①环境设计—人才培养—研究成果—中国 Ⅳ．①TU-856

中国版本图书馆CIP数据核字（2016）第295461号

本书为西安美术学院建筑环境艺术系新环境·新意识·新技术系列丛书之国家艺术基金2015无痕设计——环境设计艺术人才培养项目“无痕设计当代环境共生的价值回归与重构”结题成果，图文并茂地记录、介绍、展示、总结此项目，从“无痕设计”理论本体至整体培训过程的全部内容，共包括5部分内容：培训内容，培训过程，学员培训成果，教学研究成果，学术志愿者成果。读者对象为建筑、环境设计专业的师生、相关从业者。

责任编辑：唐　旭　张　华
责任校对：李欣慰　焦　乐
书籍设计：程甘霖　周维娜

新环境·新意识·新设计系列丛书
**无痕设计**
国家艺术基金2015年度资助项目
无痕设计——环境设计艺术人才培养项目成果
主编　孙鸣春　周维娜
副主编　李媛　吴文超　濮苏卫
*
中国建筑工业出版社出版、发行（北京海淀三里河路9号）
各地新华书店、建筑书店经销
北京顺诚彩色印刷有限公司印制
*
开本：787×1092毫米　1/16　印张：17½　字数：500千字
2017年5月第一版　2017年5月第一次印刷
定价：99.00元
ISBN 978-7-112-20169-3
（29642）

# 序
# Foreword

国家艺术基金是面向社会众多艺术培育、艺术研究、艺术创作和艺术教育等领域进行资助的重大基金项目，资助范围涵盖面广泛，具有多样性、开放性、广泛性与普及性的特点。无痕设计人才培养项目在全国数千个参选项目中脱颖而出且被国家艺术基金选中，主要源于无痕设计项目其内核主导思想体系的完整性，无痕设计关注未来设计发展趋势的重要特征，同时，也与学院相关职能部门的前期准备和项目延展细则等方面所做的工作密不可分。

无痕设计理论的形成是在一个完整生命的体征上寻求科学的切入点，是从人们生活最本质的环节中进行深层次的探索，从而有效、合理科学地修复和改变人们的审美观念。它的探索行为将为环境资源索取过程中的诸多关键性环节起到重要的调控作用。无痕设计的提出为未来设计界的研究带来了重要的课题；即如何良性激发设计与自然、设计与环保、设计与生态、设计与人文这些关系间的互动性和关联性，坚守设计不会丧失其职业道德的底线。未来的设计师、设计界以及设计成果环节的评判应紧紧围绕这一主线，充分研究不断涌现的设计创新观念，从而确保设计事业良性健康地可持续发展。

随着无痕设计项目推广的不断深入，其研究目标与追求也将进一步明确：一是要实现在传统审美价值研究基础上新创新点的突破；二是要针对当代设计教育结构和受众观念的客观现实提出新的创新理念；三是应对新供给需求，探索与之相适应的设计理论和制度；四是提升设计人才队伍，特别是青年拔尖人才培养的力度和强度。要借助无痕设计项目研究的机遇，给课题参与学员提供优质平台，使其能够拓宽思路，勇于探索。要依托无痕设计人才培养项目的推广，即通过课程的延展，在行业内起到星火燎原的带动局面，还能够达到带动一批人、教育一批人、培养一批人、成才一批人的目的。

总之，站在“十三五”开局之年的新起点，当代环境设计教育已呈现出多元化的态势，直面这一现实，未来艺术设计从业者原创性能力的培养和提高势必成为艺术设计教育重要的研究内容。无痕设计理论这一概念的产生已经为设计原创能力的研究做了前期有益的铺垫与尝试，有理由相信，它将作为我国环境艺术设计教育体系中的“无痕”复兴，而持续迸发出旺盛的生命力。

西安美术学院院长 郭线庐

2016年11月20日

# 自序

# Preface

## 一、关于“无痕设计”

无痕设计是基于环境设计多年的实践后而产生的一个理论。

这一理论的形成已经有10余年的时间了，早在2000年广东佛山中国建筑装饰协会举办的关于环境、空间设计的论坛上，我首先在这次专业演讲中提出“无痕设计”的理论。当时中国经济正处在高速的全面发展阶段，显然，无痕设计的主旨有悖于当时的主流设计观念，即高调的视觉形态，求新、求异的感官刺激为设计的评估标准。但从那一刻开始，这一设计理论就不断在我的脑海中聚集、认知以及成长。

通览环境设计发展史著述，我们发现，凡有学者在有关环境设计的理论研究体系中著有论述。其影响价值就会从观念上、认知上给予受众很大的影响。并能够提供有价值的启示，比如美国历史学家丁·唐纳德·休斯所著《什么是环境史》（2006年）译序写道：“概而言之，以古典文明为原点、在生态语境中解释人类文明的起源和演进，长时段视野和世界史维度，以浓厚的生态意识来更新历史学叙事范式，强烈的现实关怀和对人类未来的深深忧虑”，读后给我们留下极为深刻的印象。再如美国环境史学者唐纳德·沃斯特主编的文集《地球的结局》的附录《从事环境史》（1988年）书中从整个人类的命运发展说起，探讨世界范围内由民族格局、政治格局所形成的有关社会结构的未来发展，并深刻地分析了所带来的一系列社会问题，其中有很多有关社会资源、社会体系等方面的论述与预测，是在世界范围内针对社会综合资源的深层结构论述，从中我们可以感受到从事环境史学的研究不仅仅是社会整体结构的探索问题，更是探索自然与人类生活之间的诸多问题的发展史，同样给我们留下了深刻的触动。

什么是无痕设计？有两个层面的解析：

作为一个环境设计理论，“无痕设计”的提出在现有相关生存环境研究内容的基础上，深刻地诠释了现代生活的本质意义，完全站在人类生存的交替更新、时空发展的角度来分析、解析、探索设计作为人类长河中的某一代人应如何生活，以什么样的生活方式才能最有效地为下一代留下更多的自然资源、能源及财富。“无痕设计”是跨越了“设计”的本体局限，继而用远代共生体系完成了设计所要解决的生存命题，同时也解决了“设计产生浪费”的潜在问题。

在把环境中的一切物种及物件均视为有生命体征为前提条件下，是对过去、当代及未来有关环境设计中的人与资源之间关系问题的研究。无痕设计理论的主旨是研究过去及当代环境设计中的资源索取和释放问题，意在探索式地挖掘、解析影响这一问题的有关因素，以及受众体在系统的深层结构中是何种的角色，同时起到了什么样的作用。

作为一个环境设计手法，是将设计事件展开之前的预测设计层面置于设计系统中最为主要的核心位置，而将设计工作的展开作为围绕在这一核心周边的从属工作，这样的结构，在我们经过许多的实践之后，进一步证明是切实而有效的，因为在传统意义上讲，设计本体所解决的是有关专业系统中的相关问题，比如造型、比例的协调，空间尺度的适宜、功能服务的便利以及色彩光影的愉悦，我们发现在这些问题中，无法涉及生命与有机之间的脉动，情感与环境之间的亲和，精神与价值之间的对话，索取与资源之间的博弈结果等，以至于我们无法真实地评估一个环境设计的系统性、合理性、生态性及持续性的健康程度。因此，基于这一研究分析之后，我们力图改变设计的传统系统观，提出了另一个层面上的手法设想，并且正不断地在我们社会实践项目中起着重要的作用。

无痕设计作为一个理论的存在，不可避免地会与其他相关学科产生种种关联，在课题小组成员的深入研究过程中，这一关联现象也越来越明显，以至于我们如醍醐灌顶般地认识到“大道至简，殊途同归”的哲学意义，并急切地寻找其深层的共同点。

首先要提到的是有关生命研究的生物学，这一学科所涉及的内容是研究生命现象和生命活动规律的科学，研究生物的结构、功能、发生和发展规律，同时注重生物与周围环境的关系等方面的研究，目前该学科相关研究已经进入了系统生物学研究时期，即以基因组学、蛋白质组学、 代谢组学构成的系统生物学技术基础。

我们在研究相关内容的过程中，发现了无痕设计理论与系统生物学之间奇妙的叠加关系，一是同样关注生命及生物的存在特征，并且都同样在寻找其存在的客观结构；二是共同在关注生命体系活动的有关规律；三是同样关注生命及生物体与周边环境相互影响的关系问题。简而言之，均为针对生命体征自身规律及与环境自然规律的相关关系研究。在这一类比分析的基础上，我们又借助于系统生物学的技术基础来进一步理解无痕设计理论的内涵。我们把系统生物学中的基因组学对应于无痕设计理论中的传承因子，蛋白组学对应于能量因子，代谢组学对应于再生因子；经过对比系统我们发现，无痕设计理论所提倡的在生命体征系统中寻找自身的健康规律以及寻找环境健康的发展理论，完全符合自然界中的生物生命的发展规律。

假设我们把一个环境事件的发生理解为一个新的生命体的诞生时，可以看出，传承因子、能量因子、再生因子的技术基础观念共同组成了新生命体在成长阶段所必需的过程，即提供精准优良的传承基因，成长过程中必要的生命蛋白质以及在生命完成使命后的代谢转化与再生问题。这一生命成长的逻辑关系生成了无痕设计的基础理论。无痕设计理论意图通过对传承因子的干预及调节，使生命体在最初形成时期就具备良好的传承基因，比如，在环境中规划出构筑物或景观时，需要做前期系统而细致的生命体系生存评估，以判断这一举动是否具备生长的环境，是否是具备良好的自身文化、文脉、生态、持续发展等方面的传承基因，是否对环境资源、自然资源的索取超出生态平衡范畴。因此，对于传承因子的干预调节，从无痕设计理论总体结构上讲，将是最为核心的设计工作，同时也是无痕设计理论中最为有效的指导理念。传承因子的观念解决了环境设计系统中事件发生前的内在传承基因的前期质量问题，就如同遗传学中对基因的优化一般，使设计的本体价值进入了一个系统的生命体系价值中，并以社会总体结构的反馈对设计本体进行相应的优化。能量因子的观念精确地分析了事件本身成长的规律，并且为事件或生命自身提供必要的养分。任何事物的发展都会产生相互的互动关联性，从某种角度来分析，环境设计系统本体是一个针对社会资源以及自然资源所进行的分配调节系统环节，这些资源就如同生命成长中必备的养分一样，因此，事件成长的状态以及所需养分的科学适量方面将成为我们主要关注及控制的方面。环境设计的主旨是在对资源索取的平衡调节，而非禁止使用资源的概念也非简单的审美及愉悦层面。所以，无痕设计理论具有其现实的发展意义。那么，再生因子观念所要解决的问题是资源回收控制和各种资源的再生问题，将被视为环境生命体系中的能量守恒环节，一方面，环境设计在前两个环节中释放了能源及资源，它将会沉淀在社会的各个角落，另一方面是环境设计本体所要调节的程度，如何合理地调用社会结构中的潜在资源，同时能够用系统设计的手段把设计本体放在整体社会资源结构的框架内来进行设计研究，最终使资源能够得到再生。那么，再生因子的另外一个含义在于通过环境设计手段来再创造适合远期长效发展的新型资源，并且完全可以回归于自然，满足于完整的生态循环过程。

其次，我们还受到诸如遗传学中的系统优化的概念，格式塔心理学的心物场概念范畴，以及社会学、哲学、工程学、生态学等方面综合学科的相关影响，并从中整合出很多具有本专业相关价值的观点，为我们的相关研究提供了很好的佐证和成熟的参考依据。

## 二、系统性研究

关于无痕设计理论的深入解析及研究是在我们经过了若干次核心小组的不断交流之后，并且分析总结了其他相关学科系统中有参考价值的部分加以借鉴而开始深入研究的。

在过去中国经济30年高速发展的时间里，在相当多的领域里之所以取得发展上的成绩，究其原因，主要是广大的自然资源受到了极端的开发利用，森林化作了木材及庞大的商品群，土地无节制的开发以及满足虚荣的建设乱象，煤炭、铁矿层等被铸成了钢铁及其他商品，满足人们不断增长的消费欲望。显然，这样的发展大大忽视了生态体系和生命体系的健康存在，破坏了环境中生物多样性的共生体系。在这一变化过程中，空气受到了更多的污染，河流承载了更多的垃圾，水源遭到了破坏，甚至波及我们的食品餐桌。在今天，这样的状况依然没有完全的停止。

无痕设计理论的系统性研究，一方面总结了过去一段时间里我们为此付出的环境代价，分析了社会结构体系中影响环境质量的综合因素，比如制度、法律体系、科学技术的应用等方面的不健全，以及受众的盲从心理、大众依赖心理、行为及动机偏执等方面的意识观念问题。另一方面提出了相对系统的基础理念研究体系，图中可以看出，人与自然的关系是一种系统的互动互构关系，同时，也是一种社会建构关系。人类的行为、欲望会从社会的建构体系中传导出来，进入到人类与自然的互构中，从而导致或引发出相应的意识波，如同水面的涟漪，一旦有原发点的波动就会形成庞大的影响，那么无痕设计的核心目的之一即是解决和引导“原发点”的存在质量完善度，使其具备良好的环境动机，在事件发生之前已经赋予“原发点”应有的优良动机及健康的因素，以便在整体事件开始“成长”的过程中必定是以健康的方式在发展。从广义上讲，无痕设计理论的研究，触动了社会主体构架中的许多学科层面，但当我们看到美国学者唐纳德·修斯《什么是环境史》一书中“环境史得以延续的重要原因是它为跨学科的思考以及不同学科背景之间的合作提供了开端。”的阐述后，我们意识到，单一学科的研究无法满足对问题的深层结构解析，如同再好的单一食品，始终不变的食用，就不能形成营养系统，生命必将受影响。因此，释然的心情伴随着更加坚定的研究决心，并促使我们不断地向前。自此，相继进行了社会大体系中的多元因素的探索，比如，社会心态蓝皮书《中国社会心态研究报告》以国家的视角在每年的年度里完成有关社会综合问题的大数据分析统计，针对中国社会综合物质主义价值观、身心健康、社会行为及社会环境进行了相应的社会背景分析。我们还受到美国学者威廉斯的《环境史与历史地理学的关系》的相关影响，看到各学科放弃偏见的同时学科之间裂隙不断在缩小，另外，唐纳德·沃斯特在《自然的经济体系》中针对学科板块之间裂隙的弥合做出了卓越的工作。在自然科学方面，弗兰克·B戈尔雷的《生态学中生态系统观念史》，以自然科学的研究点开始，波及延续，放射出广泛的而系统的精湛论述，使自然科学的发展与社会政治结构、经济学结构，以及历史文明系统广泛的发生着关系并相互影响着。在文化形态方面，美国卡罗琳·麦茜特的《激进的生态学：寻找可居住的世界》一书中论述了深层的生态学、社会生态学、绿色政治和生态女性主义，另外还描述了现代激进主义运动，以行为艺术的方式来阐述深层的自然环境问题，比如"地球第一（Earth First）"、"抱树运动（Chipko）"以及"雨林行动组织"等。上述的研究基本上涵盖了政治学、经济系统学、生态学、生物学、文化艺术、科学研究领域等方面的跨学科内容，且学者们均在跨学科的比较研究中获益，这也给了我们很大的启发。

关于无痕设计理论的研究中更为重要的内容还有：一是保持自然资源与设计索取的生态平衡关系问题研究。设计的本体内涵实质是群体的诉求观念的表达，设计的行为是受到前者的完全控制，因此，我们说设计的动机才是设计本体最为核心的价值体现，有何种的诉求动机或观念表达，就会有何种性质的设计行为。我们也可以这样说，设计行为会产生完全不同的后果，所有的专业学者都能感受到这一结果的现实存在，比如佛教圣地法门寺新建的一系列规划建筑，笔者带朋友前去参观并用心体会其环境空间的内涵，而之后我们谈论的话题中竟然没有涉及一点有关宗教的精神意识问题，这让我的朋友感到了身心的疲惫。另外，诸如过渡的产品、商品包装等，以致使设计行为等同于浪费资源的一种助长手段。还有设计行为带来中国乡村整体民俗文脉的消失，文化、民俗被包装成商品，在设计师们的游戏圈中把玩，品评以及鉴赏。显然，设计是针对受众体共识需求的程度来对应设计行为并对资源的索取、优化调整的过程，针对这一现象的特征，我们在研究的章节中提出了许多具有靶向性的引导式办法。二是被占有资源通过理念体系的调节后回归自然，形成新的生态再生资源。无痕设计理念体系的形成，是围绕资源生命体系的健康状态而进行的一系列研究探索，因此，如何使潜在的商品资源转化为生态资源环境，这在我们的系统研究中也不断地被作为核心而加以分析。甚至有些专业技术学者在不占有核心资源的条件下，研发出全新的生态型建筑或其他领域的实用型材料，非常值得我们借鉴，比如，国内及国外的建筑师及环境规划师正在寻求一种不破坏生态环境并且可持续的建筑技术及材料，在这样的背景下，夯土成为一个全新的元素概念，逐渐焕发了新的活力。三是改变受众体及设计师的价值观，从而改变及引导资源价值与审美价值的条件转换。受众体往往会依照多年生活的经验及体验来判定物质资源的属性，这也包括设计师群体在内，这一判定的习惯积累最终形成了群体价值的基础，也因此而产生明确而对应的审美价值观，但我们打破习惯性思维与认知后情况和结果会全然不同。比如，泥土既可以用来做建筑材料，这是它的资源价值，但也可以用来调节人们的审美张力，这是它的审美价值。再如各行业的废旧物件，它已经完成了第一资源价值的体现，但在有观念的设计师眼里巧妙地形成了在审美领域里具有特殊价值的物件，这时的资源由第一资源价值层面进入了潜在第二资源价值的领域，再由设计师运用观念意识的力量使资源价值合理而生动的转化为审美价值。在 2016 年米兰设计周上，意大利农场主与诸多建筑师合作，研发出由牛粪衍生而成的新物料，以及各种生活陶瓷，例如花盆、陶砖、瓦，甚至后来开始制成餐桌上的食器，这使我们的观念受到了强烈的冲击与挑战。足以证明，在维护生态环境的健康、资源的平衡方面是可以有许多形式及各种手段来完成。牛粪这一设计行为本身就充分体现了受众体与设计师在原始诉求及观念上的先进与健康。

无痕设计理论研究中提出了一个非常核心的观念，这一观念始终贯穿在整体的研究内容版块中，即：改变由依赖视觉为标准的“眼→造型→审美→愉悦”视觉规律，进而形成“境→情感→审美→愉悦”的更为生态的健康型心理活动规律。参照美国学者马斯洛的《人的潜能与价值》中有关人的需求层次理论描述，马斯洛理论把需求分成生理需求、安全需求、情感需求、尊重需求和自我实现需求五类。依次由较低层次到较高层次，可以看出情感需求是一个更为高级的需求方式，相应地从物质需求的层面上升华出来，形成了不以物质为满足感的一种良好的状态。根据马斯洛层次说的递进关系，由情感需求才能逐渐上升为更高级的尊重及自我实现需求活动，马斯洛的需求逻辑关系恰好说明了人类生活具有高尚意义的状态，从社会整体结构意义上讲，高质量的社会结构一定是以高层次需求为主体核心价值观，并且还在不断地完善其内在的整体比例关系，使其社会结构中的整体诉求及观念尽量向高层次的需求层面发展。经过分析我们可以看出，在环境专业的领域中，由视觉需求转为情感需求这一观念的提出是与人类需求层面模式完全一致的观点，是在不同的专业领域中发现并且都在进一步完善所发现的精神与意志的观念系统，同时完全符合生命体发展的逻辑关系。这说明较低级需求层面带来的是社会资源的高消耗低价值现象，它的结果不可能带来一个整体社会意义上的民族向前发展，而且必定会波及整个人类的生存环境状态。而在高层次需求的层面上来完善一个民族的综合发展是完全正确的，在世界范围内我们已有很多这样的发展例证了，比如在西印度群岛由于为了满足加工糖业的工厂有足够的燃料，他们不惜伐光了西印度群岛上的所有树木只是为了维持基本的日常生活。

需要强调的是，无论时间地点，所有的人类社会都存在于生物群落之中，并依赖它们而生存。生命的联系这是一个客观事实，人类从未也无法孤立于其他生命体系之外而存在，因为我们的生命体系相对其他生物而言也是他们生命的一部分。在过去300年间，一部分学者将人类的社会作为一个单独的实体在进行研究，并将其发展成为社会学、经济学和史学，他们遵循着力所能及的思想格局并尽可能地证明各自学科的绝对重要性；而另一部分学者着眼于动植物群落的群体研究，将他们的发现归纳为动物学、植物学、生物学、遗传学、生态学等学科，惊异之处在于，两大部分的研究群体对彼此的存在似乎都很陌生。在我们今天看来，各学科的交融，各领域的类比参照及学习逐渐形成一种发展的未来趋势，并且彼此因此而走向更为宽泛的研究领域。人类社会的复杂结构如同生命的机体一样，彼此赖以生存、发展，环境问题无小事，任何一个人类相关的习惯都会反作用于环境，最终反应在社会的生命系统中。基于对种种学科之间的了解、分析、查阅，课题小组逐渐开始注重于研究目的的明晰上，并提出了通过无痕设计理念的不断引导，以及相关手法手段的运用，最终完成各种资源的回收释放，从而使当代生存环境更加健康。同时，给下一代留下更多的生存资源空间，且能够一代代延续下去，最终我们提出了远代共生的生存观念。

论证一个观点的存在价值及影响价值，是一件缜密的工作，不同于其他叙事性表达工作的完善状态。远代共生是环境史学中相关未来部分的另一种视角的表述，但它自提出之时，就以很快的速度在生长。我们都知晓，快速成长是年轻机体的特点，通常讲，这一观念的快速成长需要大量的有关研究养分来维持其发展的速度，值得欣慰的是近来已经有多个包括政府机构在内的相关部门、相关环境建设集团、投资建设部门以及私营团队与我们进行接洽、了解并正在针对无痕设计理念作不断深入的理解工作，他们当中有政府主管开发规划建设的生态大区的部门，并明确表示，可以以无痕设计的理念为核心，提供一个生态区建设项目作为实现这一理念的基地，其他相关的建设集团也正在与我们进行有关的交流，甚至谈到共同组建研究团队这一实质性合作关系。种种支持表明，我们所提出的一系列有关无痕设计的观念及思想，得到了相对广泛的认可，并且看到其在现实的建设中可能发挥的相应能效，也进一步说明先进的设计理论是设计行为本体的核心价值。

## 三、研究内容及方法

在环境设计范畴内，满足基本的设计规范及功能通常情况下很容易，但要寻找一条全新而深刻的改变观念的设计手法或方法是非常困难的，根据我们的不断实践以及多年的教学经验总结分析，基本形成了一条无痕设计理论研究的思路方法，即：由社会行为背景分析方法、核心价值点论证法、成果实验评估法三个方面，它们组成了六大版块研究的基础方法，基本建立起可以长期研究的一个框架机制。社会行为背景分析法师站在整体社会结构系统的视角上，深刻分析受众体在社会体系中的一系列行为因素，并分析行为的诱导原因；核心价值点论证法是以大量的社会分析，多角度的理解及整合之后形成若干核心价值点，并围绕这些价值点进行相关的论证分析，形成了逐渐递进的第二方法；成果实验评估法是对相关实验的项目进行反向价值评估，或从我们自身的研究实验项目，或从其他有关环境的相关项目中分析总结出我们认为有价值的内容及可行的方法，以便双向地进行有效论证及评估。总之，以期能够多元的更为深刻地解析无痕设计理论的内涵价值。

无痕设计理论的研究方法我们经过多方面的整合之后，总体形成了六个部分的研究体系。六大部分的总结内容既是我们课题小组研究探索的内容，同时也是六个部分的培训内容，为便于将难以说清并非常必要的相互关联结构表达清晰。我们小组成员经过不断地总结、归纳、概括后，形成六个部分的整体框架关系表，使我们在未来的培训中减少了很多不必要的时间浪费，进而提高了培训的效率。六大部分的培训内容分别是：（一）社会群体行为偏执及综合心理障碍在环境设计领域的影响研究，这部分的核心目的及意义是分析资源的过度使用问题，进而分析出社会群体行为及认知的审美问题；（二）设计产生浪费之潜在因素探索，这一部分主旨在于通过对“设计”负面价值的分析论证、界定，完成对设计观念健康行为的研究，同时依据人文成就、实践分析等方面的内容，完成本部分的阐述；（三）无痕设计理论体系作用下的受众体需求因素变化研究，从明确无痕设计观念的主旨观点出发，探讨在未来的发展中如何运用这一观点来指导、完成环境设计；（四）以无痕设计理论体系为视角的释放资源在整合关系研究，目的在于明确所释放资源性质，并重新整合资源，以便形成更为系统的社会再生资源，着重参照城市构成研究成果，社会分工体系研究成果；（五）无痕设计理论体系下的生态资源平衡与自然生命共生关系探索，重在论证资源、生态平衡、生命共生和无痕设计理论及观点的依存关系。参考环境生态学的研究成果，并具有相关实例举证等；（六）无痕设计理论在环境设计教育中的系统性研究，通过无痕设计理论及观点运用在环境设计教育中，并使未来的设计师从根本上具有健康的设计理念。以上相关部分展开的内容在书中均有专项内容的论文阐述，并且形成多维、多元、跨界的相关内容探索。

# 四、展望

无痕设计理论的阐述及培训，是一个使我们及学员共同改变观念的过程，但值得高兴的是，我们的学员具有良好的美学素养、意识层面的素养和良好的理解能力，也得益于他（她）们长期从事相关的专业工作所带来的经验积累。

但仍有很多方面的问题及多层面的不足，经研究小组的发现及归纳整理，形成以下诸多方面的不足及思考，一是在系统性上还有些不足，没有完全达到研究小组所要求的理想结果。有几个方面的原因：一方面，所研究的课题本身非常具有环境设计专业领域中的现实意义，同时也具有相应的外向价值内涵，使得我们在寻找证据的过程中过于广泛的查阅和宽泛的参照；另一方面，课题本身具有更高意识层面的论述内容，因此在展开分析、解析问题时稍有精力分散的现象。二是在课题的深层结构研究上尚有不足，原因是课题本身具有深层结构上的潜在价值，我们充分认识到意识的把握难度，语言的表述也不同于视觉化事物的叙事方法，因此，意识范畴的相关解析显得不够。三是针对无痕设计课题的对外交流，以及深入创作实践方面的合作案例尚有不足。有几个方面的原因：第一，无痕设计理论是一个较为抽象的环境设计理念，他的核心重在于设计产生前及设计过程中的观念及意识的引导和改变，这样就难于在通常设计实践中非常清晰地在形体上感受到，而设计背后的很多不良因素其实已经被调整改变，有时会被交流方误解，这也与现实中交流方的猎奇心理有关，这本身也是我们课题要面对的调节问题。第二，由于无痕设计课题本身的系统内容需要一段时间被学员及社会团体所了解、认可和接收，在一个短时间内无法非常简单地去理解一个抽象的设计系统，并且无法在有限的时间内接收且能够很快地运用在社会实践当中。

开始的一段培训时间里，我们着重于培训课程的安排、授课、教师的内容深度调整等，在经过培训并考察调研之后的一段时间里，我们着重联系、交流了许多社会专业团体，经过一段时间的座谈，彼此相互了解并对课题内容的综合阐释后，取得了非常好的效果。就在结题之际，西安浐灞生态大区管委会部门（政府机构）针对课题提出深入合作的意向，并提供相应的实践基地；西安某装饰集团也相应地针对课题的合作发出了邀请，甚至远在新疆的某物流集团也发出邀请并提出共同合作，成立文化传播机构，针对环境设计及无痕设计理论的传播提供可行而现实的契机。另外，始终支持我们课题研究及培训的北京首都建筑工程设计有限公司正与我们在未来具体的环境设计项目上有实质的合作，以便能将这一研究理念付诸现实。最为可喜的是我们的学员经过了相当一段时间的集中培训、交流、探讨课程后，大家完全形成了一致的价值观，针对所研究的无痕设计课题有了相当的理解，并一致认为在未来的工作和实践中将坚定地运用这一理念来指导设计。关于优化课题有以下几方面的简要设想：第一是针对系统进行不断的明晰，以使无痕设计理论的观念、观点形成更为明确易懂的价值系统。第二是更加深层次的寻找课题所针对的社会相关问题，找出精确而丰富的社会案例，并形成大数据，组成有关资源浪费的具有说服力的实证体。第三是加强与社会的进一步交流与合作。目前已经有若干政府、社会团体与我们正在磋商合作的具体办法，根据此磋商进度的预测，在未来五年里将会有若干有关无痕设计理论指导下的实践作品出现，与此同时，我们将努力发展其他相关领域的溢价价值部分，使无痕设计理论具有跨界的、更多元的预期成果出现。

环境史学科的发展历程仅有30余年的历史，但正如美国环境史学者约翰·麦克尼尔所感叹的："一经出现，没有人能够赶上它的步伐……"揭示了环境史的发展已超越了人类有关对未来建设发展预期理想的速度，并正在被全球化环境问题专家和学者们更进一步的关注。我们希望，在未来环境设计领域不断发展的历程中，无痕设计理论的提出以及针对资源释放与回归方面所能做出的贡献能够清晰的显现出来，并且同样希望惠及其他相关领域。

项目负责人

2016年10月

# 无痕设计

Traceless Design

目录

# 培训内容

# Training Contents

# 人才培养大纲

## 一、培养目标与培养规格

### （一）培养目标

无痕设计——环境设计艺术人才培养项目依照国家艺术基金“高层次、小批量”的原则，“名师出高徒”的原则，适应培养社会主义现代化建设需要，能够明确地成为高原之高峰的精英型艺术设计人才。这些人才将完全掌握无痕设计的理论本体内容与系统，及具体实现途径。这些经过无痕设计培训的学员，将从之前以视觉效果为主导的设计价值观转向以持续的寻求设计与资源最佳平衡途径的无痕设计的价值观，并能在具体的设计实践中得以应用。与此同时，这些学员将肩负社会教育与传播的责任，扩大其辐射范围，从而引起更大的作用与效能。

### （二）培养规格

1. 热爱祖国，高度掌握马列主义、毛泽东思想、邓小平理论、“三个代表”重要思想和中国特色社会主义理论体系的知识；树立正确的世界观、人生观、价值观和荣辱观；具有勇于奉献、开拓创新、团结协作的精神和社会主义民主与法制观念，具有良好的思想品质和社会责任感，能为探索人类永恒的精神与物质统合的具体途径与实践做出努力。

2. 具有作为精英设计师的各方面的学养与素养，能全面掌握无痕设计的本体理论系统及核心宗旨，并能对无痕设计的研究途径做出深入的解析与梳理，且具备了由无痕设计所支持的价值观念体系，能将无痕设计运用在建筑设计、景观设计、城市规划与设计、室内设计、视觉传达设计、工业设计等领域，并能通过教育及社会公益宣传活动，将无痕设计所倡导的生态资源平衡、自然生命共生的观念宣传至四海，以实现远代共生的理想。

3. 核心课程说明：无痕设计培训系统共有 7 个阶段的内容，每一个阶段是一个专题系统，而这 7 个专题系统的核心支撑是永恒的物质与精神的统合，且无论是宏观、中观还是微观，皆将设计给予体和接受体视为一个完整的具有生命体征的系统，皆是以对生命体的研究为具体的切入点，随后是内部世界的建构与研究，再者是行为系统的研究及接受体的物质世界的研究，可以说，无痕设计是一个具有完整的逻辑体系、科学的、自组织与开放的体系。

## 二、培养时间跨度

该项目总体培养时间为63天，按照国家艺术基金规定，其中，集中培训时间为32天。

## 三、毕业要求

在思想认知及理论掌握方面，学员应完全掌握无痕设计的核心主旨、理论体系、各专题系统及实现途径，该方面应充分体现在自己的研究性论文中。四位设计实践的学员还应完成自己以无痕设计理论及实现途径所完成的设计实践或实验性研究项目。最后，学员两部分的研究成果应参加项目组所举办的公开展览，并接受公众有关于项目的提问与交流，方能毕业。

## 四、授予证书

完成培训后，学员将获得由国家艺术基金所颁发的证书。

## 五、课程设置表

| 课程代码 | 课程性质 | 课程名称 | 开课时间 | 开课地点 |
|---|---|---|---|---|
| TD1 | 核心课 | “无痕设计”理论体系总体解析（上） | 3月30-4月1日 | 暑期租用场地 |
| | | “无痕设计”理论体系总体解析（中） | | |
| | | “无痕设计”理论体系总体解析（下） | | |
| TD2 | 核心课 | 社会群体偏执及综合心理障碍研究（上） | 7月4日-7月10日 | 暑期租用场地 |
| | | 社会群体偏执及综合心理障碍研究（下） | | |
| TD3 | 核心课 | “无痕设计体系”中设计产生浪费之潜在因素研究（上） | 7月11日-7月17日 | 暑期租用场地 |
| | | “无痕设计体系”中设计产生浪费之潜在因素研究（下） | | |
| TD4 | 核心课 | “无痕设计”作用下的受众体需求因素变化研究（上） | 7月18日-7月25日 | 暑期租用场地 |
| | | “无痕设计”作用下的受众体需求因素变化研究（下） | | |
| TD5 | 核心课 | 以“无痕设计”为视角的释放资源再整合关系研究（上） | 7月26日-8月2日 | 暑期租用场地 |
| | | 以“无痕设计”为视角的释放资源再整合关系研究（下） | | |
| TD6 | 核心课 | “无痕设计”作用下的生态资源平衡与自然生命共生关系探索（上） | 8月3日-8月12日 | 暑期租用场地 |
| | | “无痕设计”作用下的生态资源平衡与自然生命共生关系探索（下） | | |
| TD7 | 核心课 | “无痕设计”理论体系在环境设计教育中的系统性研究（上） | 8月13日-8月22日 | 暑期租用场地 |
| | | “无痕设计”理论体系在环境设计教育中的系统性研究（下） | | |

## 六、课程目的与要求

对无痕设计开设的每门核心课程进行描述，内容为课程所教授内容及其性质，以及开课目的、要求等，每门课 200 字。

| 课程代码 | 课程性质 | 课程名称 | 目的与要求 | 开课时间 | 开课地点 |
|---|---|---|---|---|---|
| TD1 | 核心课 | “无痕设计”理论体系总体解析（上、中、下） | 此课程将主要阐述当今环境艺术设计发展的恒定趋势、理念形成、研究体系、研究范围、研究价值、研究重点，及对6个研究途径专题进行综合、概述性质的讲解。目的在于让学员全面了解无痕设计体系。要求学员理解无痕设计的根本主旨，研究目标及核心理念支持，并深入理解其重点与难点 | 3月30-4月1日 | 暑期租用场地 |
| TD2 | 核心课 | 社会群体偏执及综合心理障碍研究（上、下） | 此专题课程将在永恒的物质与精神统合的核心理念支持下，深入梳理与剖析目前环境设计中设计与资源极度不平衡的根本原因。其目的在于让学员理解与掌握不平衡的根因，掌握个体至群体的相互作用，在认知偏执与心理障碍的作用下所导致的需求扭曲及行为变异。要求学员通过社会调研做出独立的逻辑关系陈述 | 7月4日-7月10日 | 暑期租用场地 |
| TD3 | 核心课 | “无痕设计体系”中设计产生浪费之潜在因素研究（上、下） | 此课程将全面剖析与阐释设计产生浪费的潜在因素在于个体与群体的需求状态在设计切入之后成为对物质和虚荣心满足的方式，而这是设计浪费的根源。课程旨在让学生结合实际与理论框架，针对现状进行多方面、多层次挖掘，从而形成更多的发现 | 7月11日-7月17日 | 暑期租用场地 |
| TD4 | 核心课 | “无痕设计”作用下的受众体需求因素变化研究（上、下） | 此课程将着重阐述无痕设计作用下受众体需求发生变化的轨迹与途径，而这样的逻辑因果将成为资源释放的最佳渠道。课程旨在让学生理解逻辑脉络，并掌握受众体需求变化的不同层面，乃至群体和个体行为需求理性之后所表现的方面 | 7月18日-7月25日 | 暑期租用场地 |
| TD5 | 核心课 | 以“无痕设计”为视角的释放资源再整合关系研究（上、下） | 此课程将重点阐述资源需求在经过无痕设计作用之后所产生的资源整合，及其所引起的生命体与意识和谐，乃至溢价价值。课程旨在让学员明确、掌握所释放的资源性质，以此做为重新整合的元素，以便形成更为系统的社会再生资源 | 7月26日-8月2日 | 暑期租用场地 |
| TD6 | 核心课 | “无痕设计”作用下的生态资源平衡与自然生命共生关系探索（上、下） | 此课程将重点阐述生态资源平衡与自然生命共生的关系，及其实现远代共生的途径。课程旨在让学员理解、掌握适量原则、价值重设、本质审美、心理健康、自我认知、情感呵护等策略，从而实现环境调节、需求调节、趋势调节、价值调节、心境调节 | 8月3日-8月12日 | 暑期租用场地 |
| TD7 | 核心课 | “无痕设计”理论体系在环境设计教育中的系统性研究（上、下） | 此课程将针对无痕设计人才培养，阐述无痕设计在设计教育中的理论与实践途径，其旨在让学员掌握在设计教育系统中仍然应遵循永恒的物质与精神统合的核心支撑观念，并着重从基础认知，专业设计能力训练，创新性思维培养几个方面展开小专题论述 | 8月13日-8月22日 | 暑期租用场地 |

无痕设计

Traceless Design

# 无痕设计理论体系主体结构

**无痕设计理论的形成**

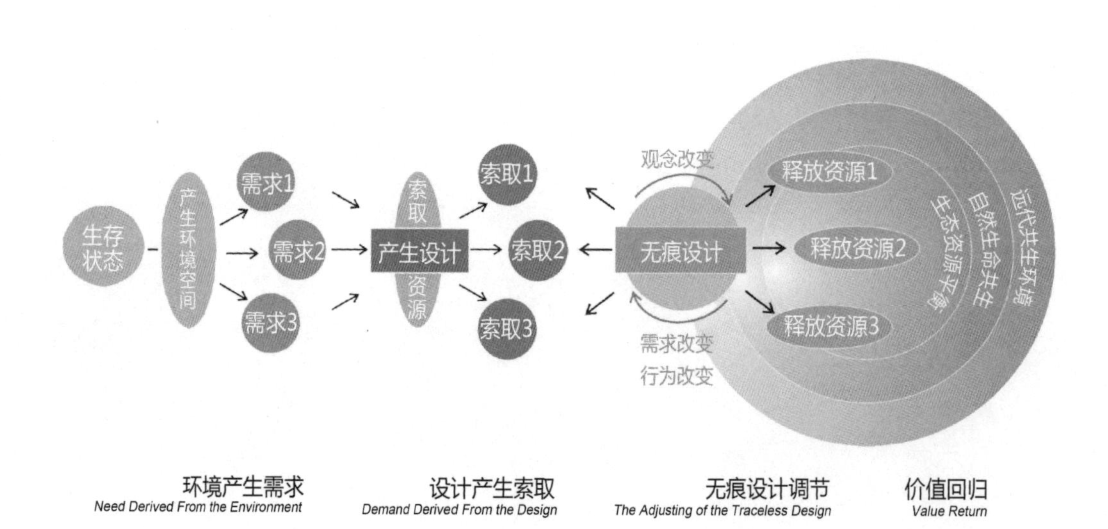


通过上述基本框架，可以看出无痕设计理论的形成是在一个完整的生命生存体征上进行的科学切入，从人们生活最为本质的环节中有效、准确地修复及改变人们的审美观念，同时在关键性索取资源的环节中起到了重要的调节作用。

## 无痕设计研究体系

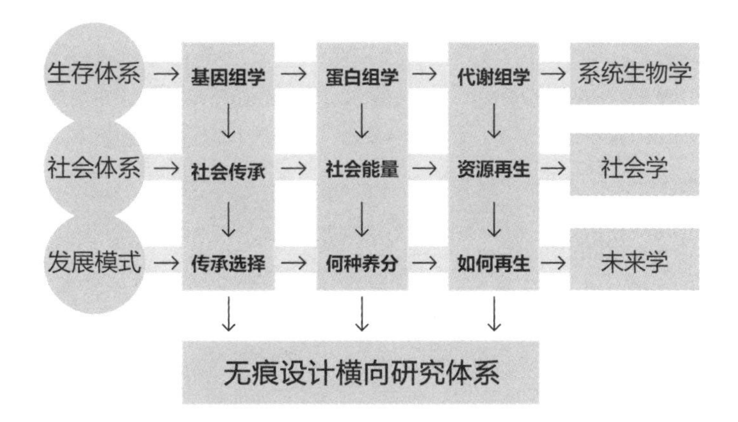


## 无痕设计研究范围

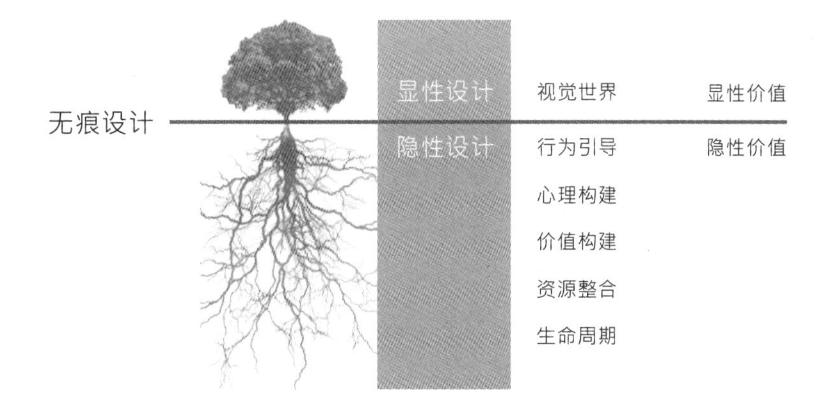


## 无痕设计的价值体系

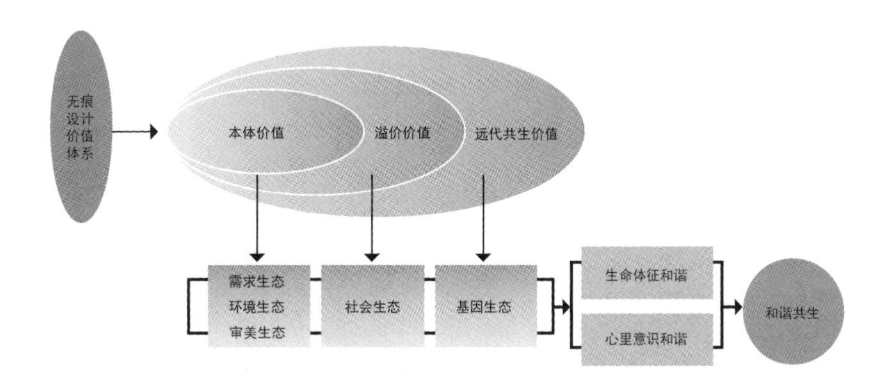

## 无痕设计研究重点

**重点1：**

▸ 保持自然资源与设计索取的共生平衡

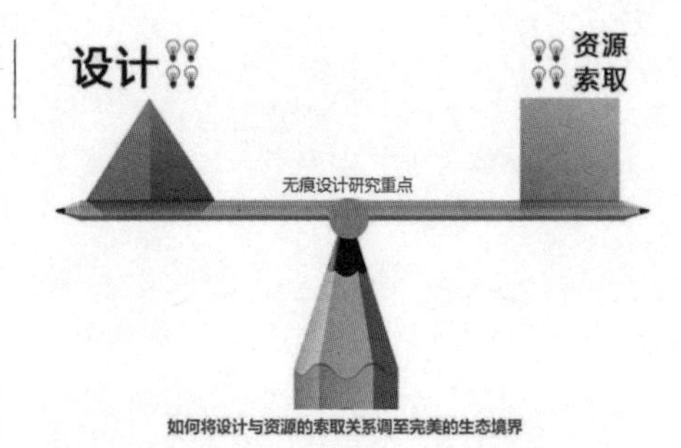


**重点2：**

▸ 被占有资源通过研究体系的调节回归自然，并组成新的资源体系；

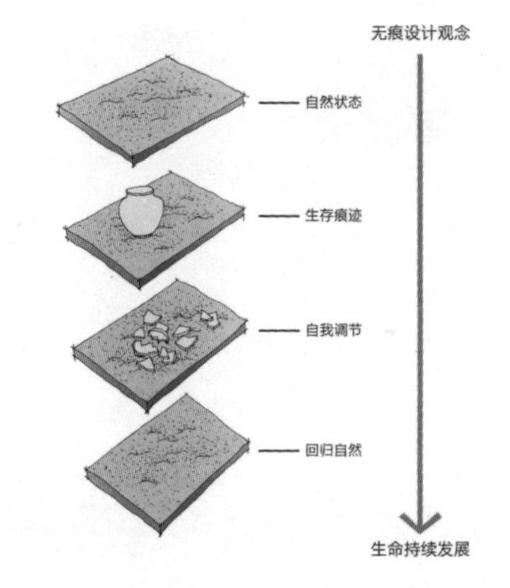


**重点3：**

▸ 改变受众体及设计师的价值逻辑观念，从而改变和引导资源与审美的条件转换。

**“眼——造型——审美——愉悦”**

**“境——情感——审美——愉悦”**

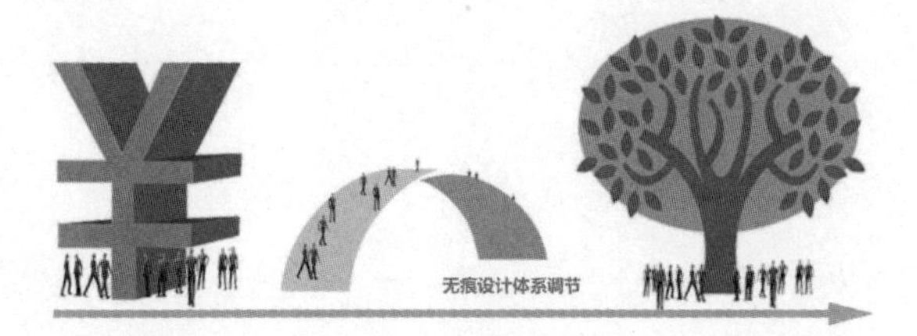

## 无痕设计研究的具体途径

### 途径 1：社会群体行为偏执及综合心理障碍在环境设计领域的影响研究

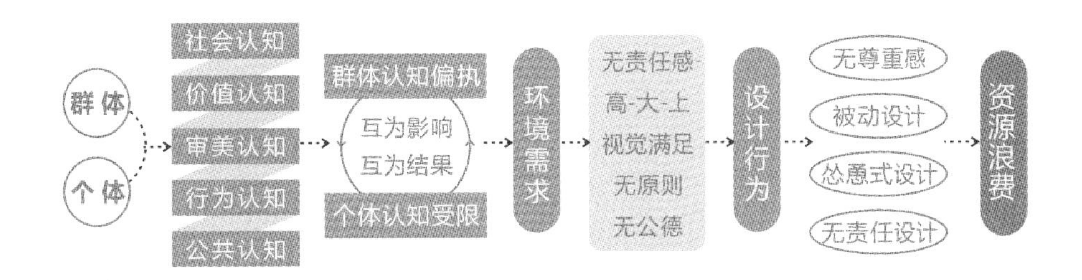


通过对社会行为及个体心理行为的探索，进而分析出社会群体行为及认知的需求问题。

### 途径 2：设计产生浪费之潜在因素探究

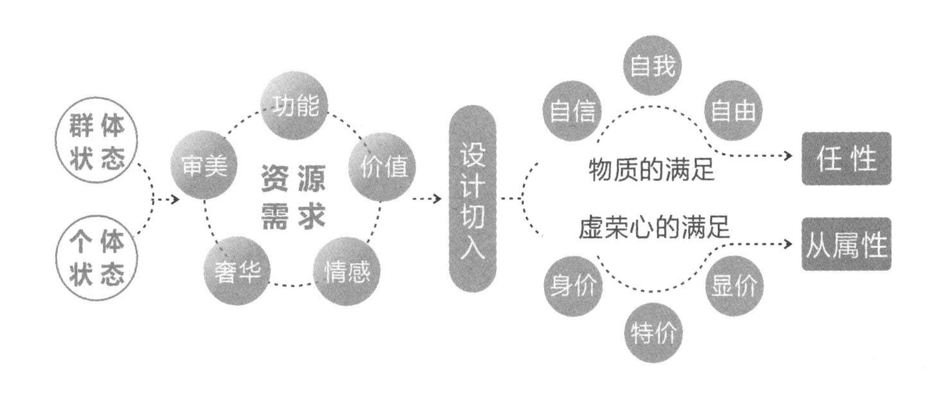


通过对“设计”负面价值的分析、界定、完成对设计观念健康行为研究。

**途径 3：无痕设计调节下的受众体需求因素变化研究**

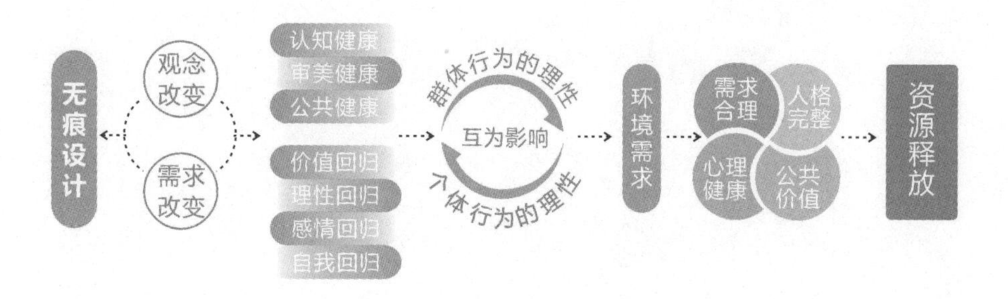


经过无痕设计调节下的观念改变和需求改变，良性的反映在对综合资源的理性认知上并形成了本价值的回归。

**途径 4：无痕设计调解下的释放资源再整合关系研究**

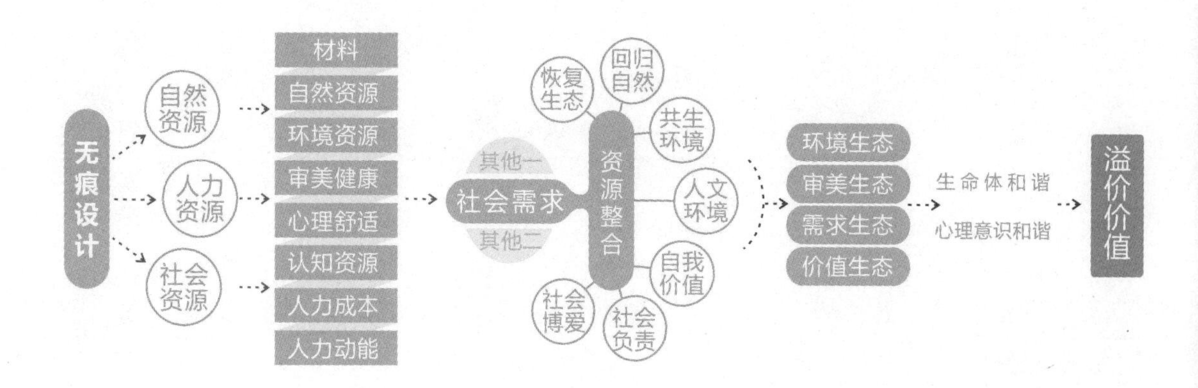


明确所释放的资源性质，以此作为重新整合的元素，以便形成更为系统的社会再生资源。

### 途径 5：生态资源平衡与自然生命共生关系探索

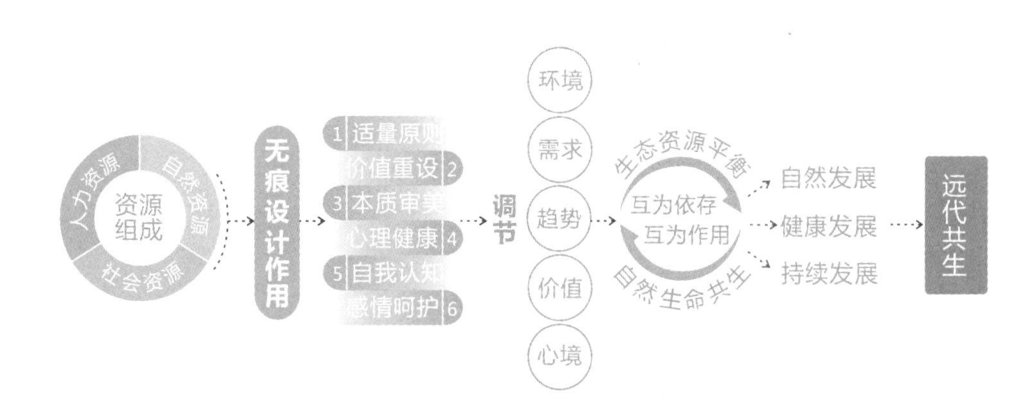


通过“无痕设计”的作用，论证资源平衡、生态平衡、生命共生和“无痕设计”理论体系之间的重要依存关系。

### 途径 6：“无痕设计”理论体系在环境设计教育中的系统性研究

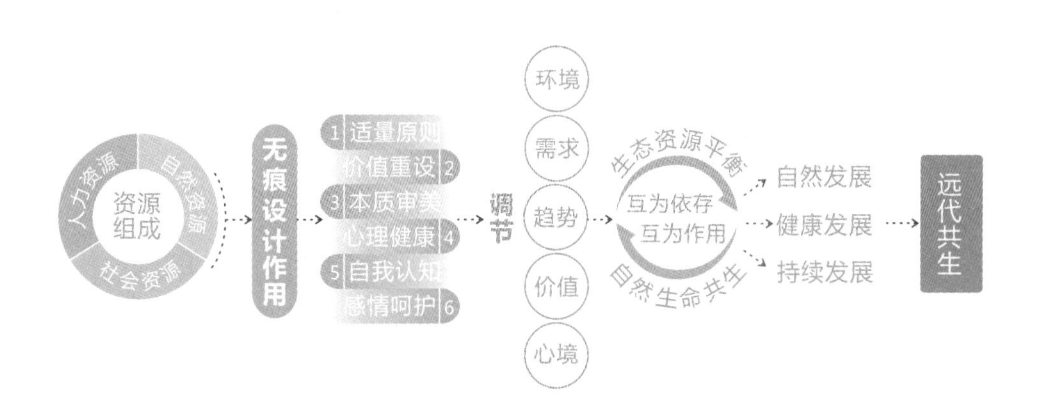


通过将“无痕设计”理论体系核心运用在环境设计教育中，使未来的设计师从根本上具有健康的设计理念，同时也完善了“无痕设计”理论体系的系统性。

# 培训课程教案

教案 1

## 社会群体偏执行为及心理障碍在环境设计领域的影响研究

### （一）培训依据

**时代背景**

**1. 国际环境——资本驱动下的全球化进程中**

全球化（globalization）一词，是一种概念，也是一种人类社会发展的现象过程。全球化目前有诸多定义，通常意义上的全球化是指全球联系不断增强，人类生活在全球规模的基础上发展及全球意识的崛起。国与国之间在政治、经济贸易上互相依存。全球化亦可以解释为世界的压缩和视觉全球为一个整体。20 世纪 90 年代后，随着全球化势力对人类社会影响层面的扩张，已逐渐引起各国政治、教育、社会及文化等学科领域的重视，纷纷引起研究热潮。对于“全球化”的观感是好是坏，目前仍是见仁见智。

**全球化带来什么？**

全球化的历史经验可以分成四大类：道义问题、收益问题、趋同与特异问题、国际主义与民族主义问题，而以下四个全球化特征正对应着这四个问题。

**A. 缺少法治道义的全球化。**任何国家内部的市场化都是随着法治环境的逐渐成熟而成熟的。国际的市场化却不是在法治环境下进行的，也就不可能“成熟”。

**B. 无法预知国家损益的全球化。**抽象谈论在全球化中获益或受损的条件非常困难。强国、弱国、大国、小国都可能获益，也都可能受损。传统的中国是被全球化击败的，却也是从全球化中高速崛起的。大英帝国是从全球化中崛起的，也是在全球化中衰落的。眼下的美国，虽然一直是全球化最大的获益国，却呈现冷淡全球化的倾向，因为美国开始感受到代价。

**C. 刺激追求差异的全球化。**全球化导致的“趋同”是浅薄的，全球化导致的“逐异”却是深刻的。追逐不同是全球化时代最深刻的特征。全球化的资本毫无人性可言，它带来激烈的社会变迁，刺激形形色色意识形态的兴起，也必然伴随激烈的社会集团、意识形态乃至民族国家之间的冲突。以往的全球化带来了繁荣和进步，也带来了大革命，带来了国内战争，也带来了“世界大战”。

**D. 促进民族主义和国家疆界的全球化。**毫无疑问，近代以来形形色色的国际主义都产生于全球化。可是，全球化带来了更强大的民族主义，带来了护照和海关，带来了人员交往的阻隔，带来了“神圣不可侵犯的”国家疆界，带来了更先进的武器和更强大的国防。在以往的全球化里，获胜的不是国际主义，而是国家主义，特别是民族主义。在今天，我们看到了“欧洲合众国”主义的兴起，欧洲货币的使用，欧洲边界的巩固，欧洲海关的确立，欧洲防卫的统一。是什么刺激出这种新“西欧民族主义”？美国、日本、西欧……哪一个还在谈论国际主义？

2. 国内环境——中国特色的发展形态

中国特色社会主义是马克思列宁主义和科学社会主义在当代中国的科学形态和发展形态。中国特色社会主义在理论逻辑上与马克思列宁主义是统一的、贯通的，是正确运用马克思主义的世界观和方法论、彻底贯彻马克思主义的逻辑来重新回答当代中国一系列基本问题和重大问题所得出的科学结论。

我国正处于社会主义初级阶段，全面建成小康社会进入决定性阶段，改革进入攻坚期和深水区，国际形势复杂多变，我们党面对的改革发展稳定任务之重前所未有、矛盾风险挑战之多前所未有，依法治国在党和国家工作全局中的地位更加突出、作用更加重大。面对新形势新任务，我们党要更好地统筹国内国际两个大局，更好地维护和运用我国发展的重要战略机遇期，更好地统筹社会力量、平衡社会利益、调节社会关系、规范社会行为，使我国社会在深刻变革中既生机勃勃又井然有序，实现经济发展、政治清明、文化昌盛、社会公正、生态良好，实现我国和平发展的战略目标，必须更好发挥法治的引领和规范作用。

3. 当代——最好与最坏的时代（发展对人的异化过程）

全球化的资本推动与中国特色社会主义是中国当下的政治与经济形态，我们在得到全球化下高速发展的同时，也带来了诸多的问题。正如德国哲学家阿诺德盖伦所言：“近代世界产生的各种在不断变化着的准制度的确向个体提供了某些支撑，但他们远比远古社会的各种制度脆弱得多，所以近代的个体都倾向于非常之神经质也就不足为奇了。”

4. 设计师在历史空间中的坐标与节点

在全球经济一体化的今天，既有的设计模式（设计学专业）还能否适应?

设计是什么？未来又是什么?

今天，我们是否已到了有必要对环境设计提出新的定义（无痕设计体系）的关键时间节点?

这是每一位有责任的设计师不可回避的重大问题！

**培训目的**

1. 社会群体偏执行为与设计行为关系的探究

社会群体偏执行为是一种“群体病症”现象，群体偏执有来自社会高速发展对社会个体带来的异化现象，也有来自更深文化层次的影响。群体偏执是一种看不见的形态在于社会的各个角落之中，群体偏执比个体偏执的危害更大！

2. 社会群体偏执行为对公众审美认知扭曲的探究

群体偏执行为不仅影响设计师的设计行为，它也能扭曲社会大众的审美认知，社会大众扭曲的审美认知再返回都来影响决策者与设计师的行为？

### 3. 群体偏执行为对社会价值认知的扭曲探究

群体偏执行还能够扭曲社会的价值认知，也就是说社会群体偏执行为对社会公众的扭曲是全面的，它无处不在，危害极大！

## （二）培训内容

### (1) 社会认知：产生群体认知偏执的社会基础探究

**社会认知效应**

个体在对社会的人（包括他人和自己、个体和群体）和事物的认知过程中表现出的对认知结果有明显影响作用的社会心理效应。具体表现为首因、近因、光环、价值等效应。

**A. 首因效应**

指在社会认知中最先接收到的有关认知对象的信息对于形成有关该对象的印象起主要作用的方式。最早由美国社会心理学家 S.E. 阿施于 1946 年在关于印象形成的研究中提出。在印象形成、沟通过程中的说服教育和广告等场合，经常运用首因效应对信息进行不同的组合排列，以产生预期效果。

**B. 近因效应**

指在社会认知过程中最近得到的有关认知对象的信息对于形成有关该对象的印象起主要作用的方式。它是美国社会心理学家 N.A. 安德森等人在验证阿施关于印象形成的研究中发现的。这一效应和首因效应具有同样的心理作用，可以运用于印象形成、沟通中的说服教育、广告等场合。在同一社会认知过程中近因效应和首因效应的作用大小，依认知者的个性特征和价值取向、认知对象的特点，以及认知情境等主客观条件而定。

**C. 光环效应**

又称晕轮效应，指个体对认知对象的一些品质一旦有了某种倾向性的印象，就会用这种倾向性印象评价该对象的其余品质。这种最初的倾向性印象就像光环一样套在认知对象上，使认知对象的其余品质也受到光环的照映而反射出相同的色彩。例如，有的人对某人的外表有了良好的印象后，会对此人的个性品质更倾向于做出肯定性的评价。

**D 价值效应**

1960 年，美国社会心理学家 J. 怀斯纳在为了解释首因效应和近因效应之间矛盾的实验中发现的一种社会认知效应。指认知主体的价值观影响主体对认知对象的评价。首因效应和近因效应在认知过程中的作用大小，取决于认知主体的价值系统。如果认知主体把首先得到的信息看成是有价值、有意义的，则会出现首因效应；反之，如果把最近得到的信息看成是有价值的，则会出现近因效应。

### (2) 价值认知：社会群体偏执行为所产生的价值扭曲现象分析

伍德鲁夫的顾客价值认知理论： 1997 年，伍德鲁夫从顾客价值认知变化的角度阐述了顾客价值。他认为，顾客对价值的认知是随时间而变化的。在购买前，顾客首先对价值进行预估评价，然后在预估评价的基础上产生购买，购买后又对价值做出评价，同时这一评价成为下次购买前的预评价。并且，在购买过程的不同阶段，顾客对价值的认知可能存在差异，如当对价值的预估评价是正向时，顾客就会购买；而在购买过程中要花费金钱，顾客对价值的评价可能为负向的。伍德鲁夫根据“手段——目的链(Means—End Chain)”原理，构建了由属性到结果再到最终目标的顾客价值层级。

显然，伍德鲁夫不仅以动态的方式来研究顾客价值，而且完全站在顾客角度去考察顾客对价值的认知。他把顾客价值认知变化视为一个由评价和购买这两个环节交替出现的连续过程，并且以价值层级来反映顾客对价值认知的心理过程，从而进一步深化了顾客价值构成的研究。不过，伍德鲁夫并未对顾客价值期望和顾客价值认知予以区分。

(3) 审美认知：社会群体偏执行为与价值扭曲对公众审美认知的影响

审美认知，指在社会实践活动中人的某种美学观点，对某个美学问题或审美现象的基本看法。形成的一种关于美的理性认识，一经形成就具有美的独立性，是一个人世界观、人生观的重要组成部分之一。它可以使人们更加自觉地选择接受审美信息，影响对审美对象的感受、判断和评价。影响和制约审美观念的因素，有民族、阶级的社会生活，有社会文化条件，政治哲学和道德观点、宗教信仰，自然科学乃至年龄、职业、心理素质等。审美认知的核心是审美标准和审美理想，不同的审美标准和审美理想根据与社会历史发展方面是否相符合，大致可划分为两种对立的方面，即进步的或腐朽的，健康的或颓废的等不同类型。进步的、健康的审美观念能帮助人们正确发现并深刻感受美，能分清美与丑，并按美的规律改造自身和世界。

(4) 行为认知：视觉满足，怂恿式设计，无尊重感，无原则，无功德

爱德华·托尔曼 (1886-1959) 建立了一种“特殊的”行为主义体系——认知行为主义的体系。托尔曼认为心理学应该研究整体行为，而且这种整体行为具有目的性和认知性。在托尔曼看来，人类的行为绝大多数表现为整体行为，说话、走路、上班等，这些都是对一个包含了许多不同刺激组合的复杂情境的反应，很难把它们支解为一系列单个的物理刺激和生理运动，即使能够一一支解，也不能准确地描述整体行为。

第一，整体的行为是指向一定的目标的。

第二，整体行为实现目标。

第三，整体行为为实现一定的目标，总是选择那些较短或较容易的手段，及遵循最小努力原则。托尔曼称之为最小努力的原则。

第四，整体行为是可以教育变化的。这是指有可接受教育的特征。

我们可以看出，有机体的整体行为的确是具有目的性、有认知性的，目的和认知是行为的血和肉，是行为的直接特征。

(5) 自我认知：在一个群体偏执、价值扭曲的社会中的设计从业者，如何寻找业已失落的自我价值坐标

**自我认知自我意识**

自我意识是对自己身心活动的觉察，即自己对自己的认识，具体包括认识自己的生理状况（如身高、体重、体态等），心理特征（如兴趣、能力、气质、性格等）以及自己与他人的关系（如自己与周围人们相处的关系，自己在集体中的位置与作用等）。

意识对于意识活动本身的认识。广义指人对自己的属性、状态、行为、意识活动的认识和体验，以及对自身的情感意志活动和行为进行调节、控制的过程 。在近代西方哲学界，一些哲学家赋予这一术语以更多不同的含义。在康德哲学中自我意识即先验的统觉的同义语，指主体意识对于经验材料的综合统一功能；在黑格尔的哲学体系中，则被视为人类精神在主观精神发展阶段上介乎于意识之后，理性之先的特定的意识形态。

自我意识在个体发展中有十分重要的作用。首先，自我意识是认识外界客观事物的条件。一个人如果还不知道自己，也无法把自己与周围相区别时，他就不可能认识外界客观事物。其次，自我意识是人的自觉性、自控力的前提，对自我教育有推动作用。人只有意识到自己是谁，应该做什么的时候，才会自觉自律地去行动。一个人意识到自己的长处和不足，就有助于他发扬优点，克服缺点，取得自我教育积极的效果。再次，自我意识是改造自身主观因素的途径，它使人能不断地自我监督、自我修养、自我完善。可见，自我意识影响着人的道德判断和个性的形成，尤其对个性倾向性的形成更为重要。

**自我意识主要包括三种心理成分：**

（1）自我认识。

（2）自我体验。

（3）自我控制。

### （三）国内外相关研究状况与动态

#### 1. 国内相关研究

**社会心态蓝皮书《2011 年中国社会心态研究报告》主编：王俊秀，社会文献出版社出版**

2013 年 1 月 7 日，中国社会科学院社会学研究所和社会科学文献出版社在北京联合发布第二本《社会心态蓝皮书》，对一年来中国社会的心理健康、生活满意度、安全感、社会公平感、社会支持、尊重和认同、社会信任和社会情绪等方面进行了研讨，从总体上分析了目前中国社会心态的特点、发展态势及存在问题。

①社会不信任扩大、固化，导致群际冲突、社会矛盾增加

调查显示，社会的总体信任进一步下降。人际之间的不信任进一步扩大，只有不到一半的人认为社会上大多数人可信，只有 2 ~ 3 成信任陌生人。群体间的不信任加深和固化，表现为官民、警民、医患、民商等社会关系的不信任，也表现在不同阶层、群体之间的不信任。社会不信任导致社会冲突增加，又进一步强化了社会的不信任，陷入恶性循环的困境中。

②阶层意识强烈影响社会心态和社会行为

底层认同、弱势群体认同依然比较普遍，底层认同已经成为影响社会心态和行为的关键因素，影响到社会成员对社会安全、社会信任、社会公平感和社会支持等方面的感受，也成为采取社会行动的依据。

③社会群体更加分化，群体行动、群体冲突增加

阶层分化和底层认同使得民意极端化，常常表现出一边倒的声音和行为。极端化格局下，群体进一步分化。常常出现由事件引发的短暂、松散、无组织、无目标的利益群体。越来越

多相同利益、身份、价值观念的人们采取群体形式表达诉求、争取权益，群体间的摩擦和冲突增加。

④社会情绪总体基调是积极的，但负向情绪的引爆点低，“社会情绪反向”值得警惕

社会情绪总体的基调是正向为主，但存在的一些不利于个人健康和社会和谐的负向情绪基调不容乐观。不断发生的社会性事件导致社会情绪的耐受性和控制点降低，社会事件的引爆点降低。仇恨、愤怒、怨恨、敌意等负向情绪与需求不满足、不信任、社会阶层分化有密切关系。弱势群体中一些本该同情却欣喜、本该愤恨却钦佩、本该谴责却赞美的“社会情绪反向”值得警惕。

⑤社会共享价值缺乏，难以形成社会共识

社会分化和社会不良风气影响下，社会共享的价值观念缺乏。缺乏基本的、大家共同坚守的核心价值观念，社会互信无法实现，社会共识难以达成。

## 2. 国外相关研究

### （1）利昂·费斯汀格（1919-1989）《认知失调理论》

利昂·费斯汀格(1919-1989)美国社会心理学家。主要研究人的期望、抱负和决策，并用实验方法研究偏见、社会影响等社会心理学问题。他提出的认知失调理论有很大影响。1959 年获美国心理学会颁发的杰出科学贡献奖，1972 年当选为国家科学院院士。继 Kurt Lewin 之后，将完形心理学原理应用于社会心理学研究的学者。主要研究人的期望、抱负和决策，并用实验方法研究偏见、社会影响等社会心理学问题。 1959 年获美国心理学会颁发的杰出科学贡献奖，1972 年当选为国家科学院院士。他最著名的贡献是在 1957 年提出“认知失调理论”(cognitive dissonance)。

**认知失调论（cognitive dissonance theory）**

此理论为 Festinger 于 1957 年的《认知失调论》一书中所提出，认知失调论的基本要义为，当个体面对新情境必需表示自身的态度时个体在心理上将出现新认知（新的理解）与旧认知（旧的信念）相互冲突的状况，为了消除此种因为不一致而带来紧张的不适感，个体在心理上倾向于采用两种方式进行自我调适，其一为对于新认知予以否认；另一为寻求更多新认知的讯息，提升新认知的可信度，借以彻底取代旧认知，从而获致心理平衡。此理论在性质上为解释个体内在动机之主要理论，故而被广泛用以解释个体态度改变之重要依据。

### （2）雷姆·库哈斯《癫狂的纽约》

雷姆·库哈斯(荷兰语:Rem Koolhaas)，荷兰建筑师。早年曾做过记者和电影剧本撰稿人，1968 ~ 1972 年间，库哈斯在伦敦的建筑协会学院(AA School of Architecture)学习建筑，之后又前往美国康奈尔大学学习。1975 年，库哈斯与艾利娅·曾格荷里斯、扎哈·哈迪德一道，在伦敦创立了大都会建筑事务所(OMA)，后来 OMA 的总部迁往鹿特丹。目前，库哈斯是 OMA 的首席设计师，也是哈佛大学设计研究所的建筑与城市规划学教授。库哈斯于 2000 年获得第二十二届普利兹克奖。中央电视台的新大楼便是由他所设计的。

《颠狂的纽约》(Delirious New York, 1978 年)是库哈斯在大都会建筑学领域撰写的奇幻“建筑小说”，也是了解库哈斯城市理论的最重要的文献。这部集论文、方案、作品于一体而编织的美学文本，对当代大都市密集性文化现实进行超现实主义的批评。

**对城市的认识**

在对城市的认识的过程中，库哈斯的思考路径不是顺着建筑学的既定理论框架进行思考。而是从社会学的角度入手，诸如网络对社会形态的影响、新时代生活方式的变革、建筑不得不进行革命的必要性、

对城市发展速度的思考、资本财富在城市进程中作用的再认识、建筑师的收入与建筑作品及建设速度之间的关系——包罗万象、不一而足。

**建筑属于城市**

从微观上讲，他要求建筑应对每种社会新问题做出回应，以保持一种先进性。从宏观来讲，他的结论就是建筑学的“末世论”，他在普利兹克奖授之奖仪式上发表讲话中说道：“我们仍沉浸在砂浆的死海中。如果我们不能将我们自身从‘永恒’中解放出来，转而思考更急迫、更当下的新问题，建筑学不会持续到 2050 年”。这种末世论不是灭亡论，而是指传统建筑学理论的解体与消亡。

比如，库哈斯的普通城市 (Generic City) 的思想。他认为今天城市变化的真正力量在于资本流动，而非职业设计。城市是晚期资本主义文明产生的无尽重复的结构模块，设计只能以此现实为前提思考并成形。在这个意义上， 库哈斯颠覆了传统“场所”的概念。

（3）阿诺德 · 盖伦（德国）《技术时代的人类心灵》

阿诺德 · 盖伦（Arnold Gehlen），也译为阿诺德 · 格伦，全名 Arnold Karl Franz Gehlen(January 29, 1904 - January 30, 1976 in Hamburg)，是现代德国著名生物学家、社会心理学家和哲学人类学家。

盖伦认为，从人的基本生物学特性来说，人是一种“尚未完成的”动物。人类缺少特定的器官，使他们适应于他们特定的生活环境。因此，作为一个极为脆弱、赤手空拳的物种，人类需要凭借他的智力与思想的力量，创造一个他能够在其中生活的生存环境，改变他原来的境遇来适应他，便有了技术的诞生。

从人类身体潜力的限度，可以推导出技术的必要性，这是盖伦技术理论的核心。事实上，有很多学者都持有这种观点。如德国技术哲学卡普早在 1887 年就提出，工具是人的体外器官，它们是人的自然器官的模仿与延伸。但盖伦进一步发挥了这样的观点，并提出了技术三种形式：增加与延伸人类已有技能与能力的强化技术；使人类能够完成一些以前靠天然的器官配备所不能完成的操作的代替技术；以及减少能量与解放器官的省力技术。盖伦这种把技术视作人的延伸的观点有着重要的影响，因为它把技术与生物与生命联系在一起。人类的文明就是能够在体外完成一些仅凭他的自身器官所不能完成的任务。

盖伦认为，近代技术的迅速发展，是在与自然科学和资本主义生产式的紧密联盟中达到的，但却给人类心灵带来了巨大的冲击。

人类心灵表现出一种半本能式的对于环境稳定性的需要。既然现实无可避免地要服从时间与变化，所以人们所希望的最大稳定性就在于，同样的效应要自动而周期地重复它们自身。这是人类原始的“先天”世界观。世界是有规则的、有节奏的、自我维持的、周而复始的。人类文化要求这种稳定性与秩序，事实上也曾形成了这种稳定性与秩序。在近代技术出现之前，巫术，这种超自然的技术曾占据着中心的地位。巫术，就是要确保自然的规则性，并且以抚平不规则性以及例外现象来稳定世界的节奏。当生育畸形、日月有蚀等需要巫术进行干预的时候，人们所追求的便是恢复自然界的整齐性，正如用巫术来呼唤未能及时出现的风雨一样。而在史前期从狩猎——采集文化向定居文化的过渡后，人类更是建立了一套稳定的制度及其信仰。

然而近代技术文明摧毁了传统制度得以生存的根基，破坏了原有的稳定性与秩序，因为技术的发展是日新月异的；于是人类就不得不告别以往基本上是稳态的、常规的社会，而步入一个急剧变化着的社会。随之，人类以往备受尊敬的、习以为常的而且似乎是理所当然的种种制度、习俗、规范、思想、理论乃至感情和心态，也就被迫不断地要改变自己去面迎这种日新月异的挑战。于是，人类心灵的最大危机出现了，他被抛入到不稳定性的漩涡之中。盖伦认为，现代人类文明社会的一切问题、一切矛盾和冲突，或都源于此。它不是人类文明某个方面（哲学的、艺术的、政治的、经济的等）的危机，而是整个人类文明坐标系的危机。至于如何化解这场危机，根据盖伦的思路，就是重建一套稳定化的制度来抚慰现代人的心灵。然而，盖伦提供给我们的与其是一张药方，倒不如说是一张诊断单。

## （四）创新点与项目特色

### 1. 理论层面

设计禅论：

（1）哲学层面的价值——远代共生的文化基因的价值逻辑，道教美学 / 禅宗美学，寻找失落的文明。

（2）文化层面的价值——差异性文化的价值逻辑。

（3）环境设计层面的价值——人类面向未来的生存环境空间设计的价值逻辑体系，人类的未来：以技术为主导向以共生设计为主导转化的逻辑关系。

（4）仿生层面——“上帝”是个优秀的设计师，宇宙、自然界、生面体均是其杰作。

### 2. 设计层面

培训课程 1 对设计的影响：

（1）突出“无痕设计”寻找设计师业已失落的自我价值坐标。

（2）社会认知与价值认知对设计师的深层次影响。

（3）提出了“无痕设计”理论在社会群体认知偏执中的修正作用与意义。

（4）“无痕设计”理论提出了优秀文化基因在未来社会价值体系的作用与意义。

### 3. 实践层面

6 个基本点——拼贴出——社会群体偏执行为及心理障碍

附：实验与互动（课程 1）

（1）时间与空间——看得见的与看不见的西安。

（2）有界与无界——古城门影像体验。

（3）物象与心境——设计对人行为的影响探索。

（4）情怀与资本——从万科与宝能股权收购战看全球化下的资本力量。

## （五）培训拟解决的问题

### 1. 社会群体偏执行为在环境设计领域的影响研究

培训的重点在于对社会群体偏执行为矫正是可以从社会学之外的方式进行的——设计层面，也就是说设计是政治、经济、心理之外的一股稳定力量。

另一方面，作为社会整体之中的个体——设计师，其设计行为必然受到社会群体偏执行力的影响，

设计出与社会群体偏执行为共振的设计作品

### 2. 社会心理障碍在环境设计领域的影响研究

培训的重点在于对社会心理障碍矫正是可以从社会学之外的方式进行的 —— 设计层面，也就是说设计是政治、经济、心理之外的一股稳定力量。

另一方面，作为社会整体之中的个体 —— 设计师，其设计行为必然受到社会心理障碍的影响，设计出与社会心理障碍为共振的设计作品。

## （六）培训预期成果

1. 研究报告 1 份。
2. 视觉传达展示：空间装置艺术类 —— 由学员共同参与的小型化艺术展。
3. 研究论文 1 份。
4. 图像类 —— 视觉分享平台的建立。
5. 概念与未来设计类。

## （七）项目培训研究进度安排

详见课程表

## 教案 2

# “无痕设计”体系对设计产生浪费潜在因素探索

### （一）培训依据

时代背景

时代特征：

1. 国际环境 —— 资本驱动下的全球化进程中
2. 国内环境 —— 中国特色的发展形态
3. 当代 —— 最好与最坏的时代（发展对人的异化过程）
4. 设计师在历史空间中的坐标与节点

**培训目的**

1. 设计负面价值的界定

设计是商业的，带有很强的目的性与功利性，所以设计的东西不一定就是好的，往往会成为视觉垃圾，而大部分设计品最终的归宿也是垃圾桶或者电脑里的回收站。

2. 建立资本与设计的价值关系体系

设计是造物活动进行预先的计划，设计行为有目标、有计划地进行艺术性的创作活动。设计大部分为商业性质、少部分为艺术性质。设计（design）是为构建有意义的秩序而付出的有意识的直觉上的努力。在价值分析中，有两个最重要的概念：企业设计价值（主体）和顾客感知价值（客体）。

企业设计价值是在产品或服务供应商的构想中将要提供给顾客的一种效用或价值，或者指供应商根据前期的研发设计已经制造出来的但还需要通过市场传递给消费者的产品或服务所包含的效用或价值（即一种还没有实现的价值）。

这是从供应角度给出的一种衡量。因此，可以看成是一种目的在于满足顾客期望价值的计划供给量或潜在供给量。企业设计价值（EDV）明显反映了产品和服务的供给主体的特征。

（1）设计的价值：提升了人们的审美情趣，传达出对于生活更加美好的向往与追求。

（2）设计是商业的，带有很强的目的性与功利性，所以设计的东西不一定就是好的，往往会成为视觉垃圾，而大部分设计品最终的归宿也是垃圾桶或者电脑里的回收站。

所以，设计价值就是商业的价值以及某种更贴近人们现实生活水平的提升与完善的价值，艺术的价值就是真善美，在精神层面给予人满一种升华的情感体验。

3. 设计产生浪费的深层研究

“提高建筑的使用寿命是最大的资源节约。”中国房地产及住宅研究会副会长顾云昌在接受中国经济时报记者采访时表示，拆了建、建了拆，一个建筑一百年拆三次，这是巨大的社会资源浪费。

经济高速度发展造成的设计寿命缩短现象：我国是世界上每年新建建筑量最大的国家，每年新建面积达 20 亿平方米，建筑的平均寿命却只能维持 25 ~ 30 年。在这些重复建设的过程中，我国创造了两项世界第一——在消耗了全球最多的水泥和钢材的同时，我们也生产出全球最多的建筑垃圾——每年高达 4 亿吨，建筑垃圾数量已占到垃圾总量的 30%～40%。短寿命与资源高消耗并存，已成为我国城市建设的一大通病。

那么，中国的建筑为什么这么短命？城市化进程过快、规划更改频繁、设计有缺陷以及质量不达标，都是造成中国短命建筑的主要原因。

### （二）培训内容

#### 1. 社会层面：资本与设计的关系问题

资本运营是以资本最大限度增值为目的，对资本所进行的运筹和经营活动。它有三层意思：

第一，资本运营是市场经济条件下社会配置资源的一种重要方式，它通过资本层次上的资源流动来优化社会的资源配置结构。

第二，从微观上讲，资本运营是利用市场法则，通过资本本身的技巧性运作，实现资本增值、效益增长的一种经营方式。

第三，体验经济，资本把每一位消费者都看作独特的个人，进而满足他们的个性化需要。想一想去拉斯维加斯游览的经历，在迪士尼乐园游玩的经历，在硬石餐厅吃饭的经历，以及在耐克城买鞋的经历。使交易成为体验记忆是新经济（体验经济）的关键，这种新经济面对的是那些在电脑和电视屏幕前长大的消费者。

设计是把一种计划、规划、设想通过视觉的形式传达出来的活动过程。人类通过劳动改造世界，创造文明，创造物质财富和精神财富，而最基础、最主要的创造活动是造物。设计便是造物活动进行预先的计划，可以把任何造物活动的计划技术和计划过程理解为设计。

#### 2. 功能层面：设计对大而全的片面追求而导致的社会资源浪费探究

设计对大而全的片面追求的神话笼罩在大家心头，人人对它顶礼膜拜，尤其是中国正从生产型社会步入消费社会。要破除这个神话，首先要揭开它的神秘面纱，恢复其本真面貌，要认清人与物的关系，提升人的主体地位；其次，要构建一种合理的功能需求结构，这种需求结构要能有利于人和社会的长远可持续发展，实行一种可持续的设计模式。

#### 3. 符号层面：设计对业主虚荣心的满足而导致的社会资源浪费探究

鲍德里亚提出“符号消费”理论：20 世纪五六十年代，西方国家先后从生产型社会步入消费型社会。随着消费型社会的来临，现代西方社会一个新的神话“消费”产生了。虽然消费型社会的来临让人们远离了物质匮乏的艰辛年代，然而，预期的幸福仍然没有降临。人们每天都在报纸和电视媒体炮制和宣传的“符号”里进行驯化，人们的精神完全被各种广告的物品符号所麻醉。在好奇心的驱使下人们不断地发明或尝试新的乐趣和满足，他们通过消费来实现自己，界定自己，以得到他人的认同和赞美。这样消费变得无止境，人们在无止境的消费中丧失了自己，不知道自己真正需要什么，似乎消费不是为了人，而人活着是为了消费，消费的主体却成为消费的工具。消费变得不是为了满足人的基本生理需求，而是在追求心理上、追求地位上的优越感和满足感。在这样的消费伦理下，原本存在于少数人身上的炫耀性消费、奢侈消费，成了社会上多数人奉行的消费行为标准，并且演变成一种普遍性的消费主义潮流。

#### 4. 审美层面：设计对形式的片面追求而导致的社会资源浪费探究

审美是一种内在感受，是心灵活动过程中对事物的感觉。这里提出的审美需求针对人类而言，就是在生活过程中对事物的感受。

5. 情感层面：设计对情感满足的探究，体验经济与设计

情感需求是一种感情上的满足，一种心理上的认同。由于消费观念的变化和生活水平的提高，受众对设计的需要不单纯是为了满足生活的基本需求，更多的还需要获得精神上的愉悦，从而产生了对设计作品的情感需求。

6. 价值层面：在价值认知层面探究设计行为的正面与负面价值探究

价值是人的主观愿望、需求和意识的产物。价值体系是行为、信念、理想与规范的准则体系，是社会性的主观规范体系。“人类都是在一定的价值体系处境中思维、生活与创造的。”

设计中的价值就是以价值为标准对现实中的各种现象和问题进行把握，对发展目标和行动方案进行评价和选择。设计价值的存在表明，设计一方面要受到社会总体价值观的深层影响，另一方面又要受到设计者个体或群体价值倾向的影响。所以，设计并非一种纯粹客观的行为，设计理性既是客观理性和主观理性的结合，又是理论理性和实践理性的结合，它既追求客观真理，又追求幸福、美好、正义、善良等与人类情感、经验、意志、想象和直观能力相关的东西。

### （三）国内外相关研究状况与动态

1. 国内相关研究

论文《建筑设计中的经济学》，湖南城市学院，李秋莲、郑卫民、邹里。

2. 国外相关研究

（1）低影响开发理念（Low Impact Development, 简称 LID）

LID 英文的全称是 Low Impact Development，是 20 世纪 90 年代末发展起的暴雨管理和面源污染处理技术，旨在通过分散的、小规模的源头控制来达到对暴雨所产生的径流和污染的控制，使开发地区尽量接近于自然的水文循环。

低影响开发（LID) 是一种强调通过源头分散的小型控制设施，维持和保护场地自然水文功能、有效缓解不透水面积增加造成的洪峰流量增加、径流系数增大、面源污染负荷加重的城市雨水管理理念。20 世纪 90 年代在美国马里兰州开始实施。低影响开发主要通过生物滞留设施、屋顶绿化、植被浅沟、雨水利用等措施来维持开发前原有水文条件，控制径流污染，减少污染排放，实现开发区域可持续水循环。与国外相比，低影响开发技术目前在国内应用较少，但已列入国家“十二五”水专项重大课题进行研究。

低影响开发强调城镇开发应减小对环境的冲击，其核心是基于源头控制和延缓冲击负荷的理念，构建与自然相适应的城镇排水系统，合理利用景观空间和采取相应措施对暴雨径流进行控制，减少城镇面源污染。

（2）绿色生态环保设计（Green Design）

绿色生态环保设计（Green Design）是 20 世纪 80 年代末出现的一股国际设计潮流，并在 90 年代成为现代设计研究的重点和热点问题。它反映了人们对现代科技文化所引起的环境及生态破坏的反思，同时也体现了设计师道德和社会责任心的回归。以绿色设计思维进行设计与规划，设计既满足室内功能需要又节能环保，为消费者提供健康的生活方式，宣扬绿色生态理念，促进环境的可持续发展。由此可见，绿色生态环保设计不仅是一种设计理论，也是一种生活态度。它要求人们从思想上树立绿色环保意识，保护环境，节约资源，尽最大努力改善环境生态失衡的现状，创造可持续发展的生存环境。

生态设计活动主要包含两方面的含义，一是从保护环境角度考虑，减少资源消耗、实现可持续发展战略；二是从商业角度考虑，降低成本、减少潜在的责任风险，以提高竞争能力。

（3）（美）约瑟夫·派恩、（美）詹姆斯·吉尔摩，《体验经济》

约瑟夫·派恩 (B.Joseph Pine 11) 和詹姆斯·吉尔摩 (James H.Gilmore) 是位于俄亥俄奥罗拉的战略地平线 LLP 公司的共同创始人。该公司是一家思想创作室，致力于帮助商业企业构思和设计新的运作方式，以便对它们的经济提供物增加附加值。他们与管理层共同工作，以便抓住正在浮现的体验经济之本质，并且想象他们在其中的作用——无论是展示体验经济、指导转型，还是对任何经济提供物予以大规模顾客定制。他们已经就商业战略与创新写过许多的文章，经常合作署名，一起在诸如《哈佛商业评论》、《华尔街杂志》、《战略与领导》、《背景》、《成本管理杂志》、《首席信息执行官》和《首席执行官》等刊物上发表文章。派恩和吉尔摩还出现在“美洲早上好”、“ABC 新闻”、“CNBC”上，他们的言论还经常被《福布斯》、《财富》、《商业周刊》和《纽约时报》、《商业 2.0》、《信息周刊》和《今日美国》所引用。

体验经济被其称为，继农业经济、工业经济和服务经济阶段之后的第四个人类的经济生活发展阶段，或称为服务经济的延伸。从其工业到农业、计算机业、因特网、旅游业、商业、服务业、餐饮业、娱乐业（影视、主题公园）等各行业都在上演着体验或体验经济，尤其是娱乐业已成为现在世界上成长最快的经济领域。

农业经济、工业经济和服务经济到体验经济之间的演进过程，就像母亲为小孩过生日，准备生日蛋糕的进化过程。在农业经济时代，母亲是拿自家农场的面粉、鸡蛋等材料，亲手做蛋糕，从头忙到尾，成本不到 1 美元。到了工业经济时代，母亲到商店里，花几美元买混合好的盒装粉回家，自己烘烤。进入服务经济时代，母亲是向西点店或超市订购做好的蛋糕，花费十几美元。到了今天，母亲不但不烘烤蛋糕，甚至不用费事自己办生日晚会，而是花一百美元，将生日活动外包给一些公司，请他们为小孩筹办一个难忘的生日晚会。这就是体验经济的诞生。

体验是一个人达到情绪、体力、精神的某一特定水平时，他意识中产生的一种美好感觉。它本身不是一种经济产出，不能完全以清点的方式来量化，因而也不能像其他工作那样创造出可以触摸的物品。任何一次体验都会给体验者打上深刻的烙印，几天、几年、甚至终生。一次航海远行、一次极地探险、一次峡谷漂流、一次乘筏冲浪、一次高空蹦极、一次洗头按摩，所有这些，都会让体验者对体验的回忆超越体验本身。体验经济的灵魂是设计，而成功的设计必然能够有效地促进体验经济的高增值性。

体验与审美和情感密不可分。

## （四）创新点与项目特色

### 1. 理论层面

设计禅论：（1）哲学层面的价值——远代共生的文化基因的价值逻辑，道教美学 / 禅宗美学，寻找失落的文明。

（2）文化层面的价值——差异性文化的价值逻辑。

（3）环境设计层面的价值——人类面向未来的生存环境空间设计的价值逻辑体系，人类的未来：以技术为主导向以共生设计为主导转化的逻辑关系。

（4）仿生层面（道法自然）——“上帝”是个优秀的设计师，宇宙、自然界、生面体均是其杰作。

2. 设计层面：培训课程 2 对设计的影响

（1）“无痕设计”理论突出对设计的负面价值研究。

（2）“无痕设计”理论在价值认知层面探究设计行为的作用与意义。

（3）吸收和借鉴相关学科成果形成了完善的设计学体系。

（4）“无痕设计”理论提出的具体要求以提高社会资源利用的水平。

3. 实践层面

6 个基本点—— 拼贴出—— 设计产生浪费

附：实验与互动（课程 2）

（1）泥土系列。

（2）混凝土的魅力重现。

### （五）培训拟解决的问题

1. 全球化资本推动与中国特色社会主义下设计产生浪费的深层成因探究

设计会产生浪费，其成因复杂而多元。既有资本的贪婪也有体制的僵化；既有群体认知的失衡也有个体认知的偏执。这是一个牵扯到社会政治、经济、文化、教育等诸多层面共同影响的结果，本课题拟探究设计产生浪费的深层成因。

2. 从文化层面看设计行为中看得见与看不见的浪费

餐余的浪费 —— 中国人的行为模式，餐余垃圾方面，数字更加触目惊心。据粗略统计，每年餐饮企业倒掉的食物最少能养活 2 亿人。

3. 拟建立设计资源消耗指数

经济学中喜欢用数字说话，我们此次培训拟建立设计资源消耗指数，旨在与经济学接轨。

### （六）培训预期成果

1. 考察报告 1 份。

2. 实验与设计：空间装置艺术类—— 由学员共同参与的小型化艺术展。

3. 研究论文 1 份。

4. 互动—— 视觉分享平台的建立。

5. 概念与未来设计类。

### （七）项目培训研究进度安排

详见培训课程表

教案 3

# 无痕设计理论体系作用下的受众体需求因素变化研究

## （一）培训依据

**时代背景**

近三十年来，中国经济高速发展，社会生产力和综合国力增强，人民生活水平不断提高。但高速的发展是一把双刃剑，其所带来的问题也逐渐凸显。 发展的不平衡、生态环境污染、自然资源遭到破坏此类问题越来越被社会广泛关注。如何去面对现状，解决问题成为各行各业的热点议题。

培训目的：基于这样的时代背景以无痕设计理论作为指导，在生态资源，自然环境与社会发展产生矛盾，受众体物质和精神需求失衡的情况下，探讨设计对于受众体需求的影响。从受众体需求和设计的关系上入手，分析新的设计思路下受众体需求因素的变化。进而从需求这一源头剖析当下经济高速发展所产生的问题。探讨从设计自身出发，充分发挥设计自身的能动作用，对受众体形成需求正确引导。打破传统单向的由需求为主导的流程方式，强化设计在整个流程中的引领作用。在理论层面对设计领域提出新的思考和研究方向。目前，中国经济的发展进入转型期，由粗放型经济向集约经济转变，以大量消耗自然和人力资源来满足经济发展的模型亟待改变。设计行业也应顺应时代变化，反思过去高速发展模式下产生的问题。着眼未来，在无痕设计理论的指导下去探讨受众体需求以及需求与设计之间的关系，研究在无痕理论体系指导下的受众需求和设计策略评价体系，使设计对受众体需求的良性反作用。为未来的设计发展提供相关的理论依据。

## （二）培训内容

### 1. 受众体需求研究

**（1）受众体需求的分类**

1）物质需求研究：功能属性、材料属性、安全属性、价值属性、技术属性、资源属性。

2）精神需求研究：审美属性、情感属性、道德属性、象征属性、宗教属性、文化属性。

**（2）受众体需求的层次**

1）第一层次生理需求研究

第一层级生理需求包含呼吸 、水、食物 、睡眠 、生理平衡、分泌 、性等 。如果这些需求（除性以外）任何一项得不到满足，个人的生理机能就无法正常运转。人类的生命就会受到威胁。因此，生理需要是推动人们行动最首要的动力。马斯洛认为，只有这些最基本的需要满足到维持生存所必需的程度后，其他的需要才能成为新的激励因素，而到了此时，这些已相对满足的需要也就不再成为激励因素了。

2）第二层次安全需求研究

第二层次的需求为安全需求，其包含人身安全、健康保障、资源所有性、财产所有性、道德保障、工作职位保障、家庭安全等。马斯洛认为，整个有机体是一个追求安全的机制，人的感受器官、效应器官、智能和其他能量主要是寻求安全的工具，甚至可以把科学和人生观都看成是满足安全需要的一部分。当然，当这种需要一旦相对满足后，也就不再成为激励因素了。

3）第三层次情感归属需求研究

第三层次的需求为社交需求，包含友情、爱情、性亲密。人人都希望得到相互的关系和照顾。感情上的需要比生理上的需要来得细致，它和一个人的生理特性、经历、 教育、宗教信仰都有关系。

4）第四层次尊重需求研究

第四层次为尊重的需求，包含自我尊重、自信、成就、对他人尊重及受他人尊重。人人都希望自己有稳定的社会地位，要求个人的能力和成就得到社会的承认。尊重的需要又可分为内部尊重和外部尊重。内部尊重是指一个人希望在各种不同情境中有实力、能胜任、充满信心、能独立自主。总之，内部尊重就是人的自尊。外部尊重是指一个人希望有地位、有威信，受到别人的尊重、信赖和高度评价。马斯洛认为，尊重需要得到 满足，能使人对自己充满信心，对社会满腔热情，体验到自己活着的用处价值。

5）第五层次自我实现需求研究

第五层次为自我实现的需求，包含道德、创造力、自觉性、问题解决能力、公正度、接受现实的能力。自我实现的需要是最高层次的需要，是指实现个人理想、抱负，发挥个人的能力到最大程度，达到自我实现境界的人，接受自己也接受他人，解决问题能力增强，自觉性提高，善于独立处事，要求不受打扰地独处，完成与自己的能力相称的一切事情的需要。也就是说，人必须做称职的工作，这样才会使他们感到最大的快乐。马斯洛提出，为满足自我实现需要所采取的途径是因人而异的。自我实现的需要是在努力实现自己的潜力，使自己越来越成为自己所期望的人物。

**（3）受众体需求的内容**

1）对设计使用价值的需求使用价值是设计产品的物质属性，也是需求的基本内容，人的需求不是抽象的，而是有具体的物质内容，无论这种需求侧重于满足人的物质需要，还是心理需要，都离不 开特定的物质载体，且这种物质载体必须具有一定的使用价值。

2）对设计审美的需求

对美好事物的向往和追求是人类的天性，它体现于人类生活的各个方面。在需求中，人们对设计产品审美的需要、追求，同样是一种持久性的、普遍存在的心理需要。对于受众体来说，所购买的设计产品既要有实用性，同时也应有审美价值。从一定意义上讲，受众体决定购买一件设计产品也是对其审美价值的肯定。在消费需求中，人们对设计产 品审美的要求主要表现在商品的工艺设计、造型、式样、色彩、装潢、风格等方面。人们在对设计产品质量重视的同时，总是希望该设计还具有漂亮的外观和谐的色调等一系列符合审美情趣的特点。

3）对设计时代性的需求

没有一个设计产品不带有时代的印记，人们的需求总是自觉或不自觉地反映着时代的特征。人们追求设计的时代性就是不断感觉到社会环境的变化，从而调整其消费观念和行为，以适应时代变化的过程。这一要求在消费活动中主要表现为：要求设计趋时、富于变化、新颖、奇特、能反映当代的最新思想。总之，要求设计产品富有时代气息。 从某种意义上说，设计产品的时代性意味着其的生命。一种设计产品一旦被时代所淘汰，成为过时的东西，就会滞销，结束生命周期。

4）对设计社会象征性的需求

所谓设计的社会象征性，是人们赋予设计产品一定的社会意义，使得购买、拥有某种设计产品的消费者得到某种心理上的满足。例如，有的人想通过某种设计产品表明他的社会地位和身份；有的人想通过所拥有的某周设计产品提高在社会上的知名度，等等。对于设计师来说，了解受众体对设计产品社会象征性的需求，有助于采取适当的营销策略，突出高档与一般、精装与平装商品的差别，以满足某些消费者对商品社会象征性的心理要求。

5）对优良服务的需求

随着商品市场的发达和人们物质文化消费水平的提高，优良的服务已经成为消费者对设计产品的一个组成部分“花钱买服务”的思想已经被大多数消费者所接受。

**（4）受众体需求的阶段**

1）温饱阶段需求研究：温饱阶段的物质需求分析 温饱阶段的精神需求分析。

2）小康阶段需求研究：小康阶段的物质需求分析 小康阶段的精神需求分析。

3）富裕阶段需求研究：富裕阶段的物质需求分析 富裕阶段的精神需求分析。

### 2. 受众体需求与设计的关系研究

**（1）需求对设计的影响**

1）物质属性影响：功能属性、材料属性、安全属性、价值属性、技术属性、资源属性。

2）精神属性影响：审美属性、情感属性、道德属性、象征属性、宗教属性、文化属性。

**（2）需求失衡状态对设计的影响。**

1）过分强调需求物质属性对设计的影响。

2）过分强调需求精神属性对设计的影响 。

### 3. 无痕设计理论指导下设计对受众体需求反作用研究

**（1）受众体需求评定体系研究**

1）需求层次定位研究

2）需求内容定位研究

3）需求阶段定位研究

4）需求分类定位研究

5）需求失衡状态定位研究

**（2）设计策略评价体系研究**

（1）物质属性评价体系

（2）精神属性评价体系

### 4. 设计案例分析——医疗空间环境设计及受众需求分析

**（1）医疗空间设计历史沿革**

1）医疗 1.0 时代：19 世纪，此时的医疗空间主要建在寺庙、教堂、战地帐篷，病患的营养状况，公共医疗空间的卫生条件、护理水平是此阶段医疗空间环境内医生和患者的重要需求。

2）医疗 2.0 时代：20 世纪上半叶，麻醉、输血、手术成为医疗的新课题，医患双方均对医疗空间提出更高的要求，现代医院已初步形成。钢筋水泥的建造方式已被医院所采用，中央无菌室、电梯、空调、高层病房等空间形式逐渐应用到医疗空间设计中。

3）医疗 3.0 时代：20 世纪下半叶，超声波、核磁共振等高科技仪器设备被大量应用到医疗中，器官移植手术成为此阶段医疗的重要课题。此阶段医患对医疗空间的面积增加，医疗设施增加。中央大街、零售商店加入到医疗空间。

4）医疗 4.0 时代：21 世纪，医疗的前沿课题转向预防、基因工程等方面。医疗进入到精准医疗、智能化医疗时代。结合云存储、云计算、云服务等网络技术以及机器人设备等医疗空间更加注重空间的绿色、环保、智能化。

**（2）未来医院的新常态**

1）设计未来的医院：医院要健康，健康不要医院。

2）预见医院的未来：医院有未来，未来没有医院。

3）设计健康的医院：病人要医院，医护更要健康。

**（3）无痕设计理念指导下关于医疗空间内受众体需求的研究**

1）研究方法：循证研究，是基于循证医学和环境心理学的设计思想，是通过科学的研究方式和严谨的统计数据来证实建筑和环境对患者产生的影响。以经验（或观察）为依据，将定性分析的指标量化，有助于更加直观准确地指导设计过程。

2）研究对象

在全国范围内选取具有代表性的三甲综合医院（投资一亿以上运营二年以上）进行实地调研

3）研究结果

总体规划方面的问题：

医院改扩建项目中在总体规划方面应有系统性流线的整体考虑，对旧有建筑的关系考虑周全，设计中总体规划方面的考虑不能只是见缝插针的建设。目前调研中有的改扩建项目没有全局意识，不但错失了功能流线梳理和再造的机会，没有使医院整体运作能力提高，甚至增加了流线的不合理性。

**停车问题：**

①院内停车位不足，导致医院周围乱停车现象

②院区车入口与地下车库入口设置没有考虑缓冲空间，车辆进入缓慢，对城市交通造成一定影响。

③没有考虑非机动车停车位与残疾人停车位的设置。

**缺乏市场分析和量化测算：**

设计之初对受众需求量预估不足，任务书中没有工作量、空间量的预测，导致刚运营就人满为患。

北京某医院建新门急诊楼按门急诊 4000 人次 / 日设计，实际现门诊量达到 8000 人次 / 日。

**各种流线混乱、存在交叉穿套现象不符合感控要求：**

医院空间设计对受众行为需求考虑不足，很多医院都有门诊就诊流线反复的问题、穿越功能单元的现象。有些功能单元要求三区三道，很多医院设计没有达到要求。

**大量主要房间为黑房间，空间质量差：**

对医生工作环境需求及患者就诊住院环境需求满足不够，极大地影响了医生和患者在医院的使用体验。

**房间大量缺失：**

在医院设计与建设中总是尽可能地争取患者的使用面积，导致医护人员工作和生活区域面积不够，房间大量缺失。

**卫生间设计存在问题：**

厕所按日门诊量计算，男女病人比例一般为6:4，男厕每120人设大便器1个，小便器2个；女厕每75人设1个。多功能卫生间——方便陪同人员大便器，普通卫生间——坐便器、蹲便器（按照1:3设置）

**更衣室设计存在问题：**

更衣室普遍面积小，不够用。应结合护士、医生的数量设计。有的医院更衣室和淋浴间分开设置。

4）解决方案

为设计及建设各阶段制定高品质标准

①设计师与决策者应总体了解医院现状，了解医疗发展规划，抱我建设规模。

②设计师与使用者应了解医生患者及医疗空间内受众体的需求，落实其需求。

③各专业之间应加强技术沟通。

④图纸与施工安装阶段，落实和协调方案的设计。

⑤使用者应对建筑产品进行使用后的评估，总结经验教训，为未来的设计提供宝贵的参考信息。

建立全过程医疗工艺流程系统评估体系

医疗工艺：在医院中人的医疗行为的全过程，全方位的医疗需求的集合，并客观地体现在建筑功能和空间设计方面，是医疗建筑设计的主要依据之一。

医疗工艺条件：医疗行为需求落实在图纸上的设计条件。

医疗工艺系统：医疗工艺系统的建立以管理建筑功能空间、信息设备和专业设计的医疗服务需求为依据，并对各个专业领域进行功能定位，同时它又对各个专业设计需求和功能的全面整合和图纸落实。

医疗工艺流程：

以医疗功能单元为单位分为两级：

① 一级功能流程

② 二级功能流程

以患者医疗行为活动需求为单位分为：

①急诊功能圈

②门诊功能圈

③住院功能圈

以物流需求为依据：物流设计

医疗工艺设计目的：合理科学的医疗工艺设计将确保医疗空间的合理划分和空间规模的合理确定。确保人流和物流便捷和高效，无疑将提高工作人员的工作效率，提供患者满意的医疗服务和高品质的医疗技术，提升疗愈环境，降低运营成本，是建筑空间优化设计的有力保障。同时医疗工艺设计是医疗建筑设计标准化和系统化的先提条件。确保医疗建筑的高效、经济和实用合理的医疗工艺设计。确保医疗管理体系、建筑功能和空间系统、信息系统和设备环境总体化和实施执行。

医疗工艺设计原则：

1. 根据定位：医疗市场及性质定位建筑定位。

2. 全面收集医院经营管理、医院功能和空间需求、医院信息化建设、医疗设备和装备、专项医用工程和需求，进行需求整理制定医疗工艺整体解决方案。

3. 根据国家、部门及行业相关技术标准、规范。

4. 采取以患者的“治”与“疗”为主体，以医疗行为模式为基点的流程分析、环节分析、条件分析、设计方法进行全面的医疗工艺设计（共分四大部分）。

### （三）创新点与项目特色

1. 理论层面：从受众体需求入手，研究设计与需求的关系，需求对设计的影响，以及设计对于受众体的反作用。

2. 设计层面：通过培训和研究完成受众体需求评定标准以及设计策略评价体系。(3) 实践层面：在实践上有较强的针对性，针对实际项目中对于受众体需求及应对需 求的设计策略进行量化指导。

### （四）培训拟解决的问题

1. 受众体需求评定体系。
2. 针对受众体需求的设计策略评价体系。

### （五）培训预期成果

1. 研究报告 1 份。
2. 视觉传达展示：实验性受众需求设计研究。
3. 研究论文 1 份。
4. 图像类 ——视觉分享平台的建立。
5. 概念与未来设计类 。

### （六）项目培训研究进度安排

详见培训课程表

教案 4

# 无痕设计理论指导下的释放资源再整合关系研究——通过无痕设计指导的古窑洞新农村项目举例

## （一）培训依据

**时代背景**

新时代的重任就是弘扬民族传统文化，保护好文化遗产，实现中华民族伟大复兴。文化遗产包括物质文化遗产和非物质文化遗产两类，传统村落属于前者，承载着有关中华民族文化的历史信息，这不仅关乎着中华民族文化的继承和发扬，而且是民族伟大复兴中国梦的实现基础。尤其是历史传承下来的文化名村，更是凝结着华夏文化中农耕文明的精髓，且是中华民族的生命之源，堪称中华文明渊源的“活证”。

由于投入不足、管理不到位等诸多历史原因，目前的保护形势不容乐观，大量的传统村落正面临消亡的危险，所以加强保护、合理发展迫在眉睫。

全国经调查上报的 12000 多个传统村落仅占国家行政村的 1.9%，自然村落的 0.5%，其中有较高保护价值的村落已经不到 5000 个。传统村落的保护还存在迫切需要解决的一些问题和困难。一是传统村落发展滞后，二是支持力度不足，三是管理十分薄弱，四是民众及基层的保护意识淡薄。

在近二三十年的快速城镇化进程中，有些传统村落成为“城中村”被拆，或因为居民改建而失去本来面貌，古村落已难觅踪影，这同时会造成对乡土文化记忆的破坏。一些民间习俗等非物质性文化遗产也会随之流失。

我国自古就是一个农业大国，村落数量多、分布广。这些传统村落不受现代规划条件的限制，它们是人与自然共同创造的产物，具有极强的地域性。近年来，随着国家大力开展新农村建设，传统村落更新问题也越来越受到社会各界的关注，在建筑领域，关于这方面的研究也正在开展。无痕设计对弘扬民族文化，保护好传统古村落以及文化遗存是最好的解决方案。

弘扬民族传统文化是当前艺术工作的重点，这不仅关乎着中华民族文化的继承和发扬，而且是民族伟大复兴中国梦的实现基础。尤其是历史传承下来的文化名村，更凝结着华夏文明的精髓和生命之源。

无痕设计方案不再纸上谈兵，在挖掘保护传统村落的同时，设计保护性开发的可持续发展的新模式，通过无痕规划设计的指导作用，引导村民生产生活模式的进一步发展，挖掘当地历史文化名村特色，建设西部新农村样板示范区。同时，明确在国家“一带一路”建设思路下新农村的地位和出路，激发农民创业创新动力，拓展农业农村发展新空间。

纵观国内、国外农业地区村落的建设理论和实际建设效果，无论是日本的外观保持，内容现代化的外表传承式村镇，还是美国的通过基础设施铺设限定，人群自然聚集其周边的公共设施引导式村镇；无论是国内流行的城镇一体化的房地产式新农村，还是所谓的生态有机农庄结合集中军营式布局的农村社区型新农村，都不能很好地解决现阶段农村遇到的问题。在中国，这不但是新课题，而且缺乏系统性的理论指导。由于没有成熟成功经验的借鉴，至今几十年的新农村规划发展，我们仍然未找到一条真正适合现阶段中国农村的保护规划道路。

同时，探寻一条中国特色可持续发展的“无痕设计体系构建”道路，树立符合国情利在千秋的无痕设计村落样板是我们追求的目标！

## （二）培训内容

### 1. 无痕设计的原则

今天，人类正面临着环境恶化、自然资源减少、人文生态遭受破坏的现实，在建筑和环境设计领域，虽然新材料和新技术都在不断发展，但并没有解决环境污染、能源浪费的问题，人类仍然还没有在地球上实现和谐宜居的理想。如何保护我们的人文生态环境、如何建构美好和谐的人居环境，成为许多建筑师和环境设计师正为之努力的课题。

我们立足于设计学面临的现实问题，通过学习古老的原生态黄土民居的“无痕”，寻找“无痕设计”的一种资源释放途径。变视觉设计为主导向共生设计为主导的转化，通过对窑洞民居失落原因的分析，提出在和谐共生原则下其再生的可能性，在通过对古老文化的保护和发展中，改变受众体的价值逻辑观念，通过改善住民的生活水平，改变并引导资源与审美的条件转换。

我们通过无痕设计总结的七大类资源的释放再整合，重构规划设计要素，探讨以“无痕设计”理论为设计指导原则和研究更具有人文生态特性的住居方式，无痕设计重在解决资源索取与释放过程中的一系列问题，以此为前提，利用“无痕设计”原则从自然资源的释放再整合、人力资源的释放再整合、社会资源释放再整合、景观遗产资源释放再整合、文化资源释放再整合、空间权利资源释放再整合、乡村资源释放再整合等方面系统的分析、整合、解决问题。

#### （1）自然资源的释放再整合（以最本质的要求探讨设计的可能性）

和谐共生是最可持续发展的基因。无痕设计是本着以最低的投入换取最大的生态可持续效能为目标，尽可能利用自然资源，能够让阳光、空气、水、植物等充分为我们服务。规划利用当地原有的材料建设，达到每一个生活细部都是可循环的：地坑窑是向土里挖房子，不占据农田，在院中种果树，窑顶种蔬菜，土地可得到立体运用。建筑材料就地取材，它与环境共生，融于自然，回归于自然。

无痕设计坚持“零土地、零排放、零能耗、零支出”我们生活所产生的废物、废渣，把它们收集到化粪池和秸秆气站中，产生充足的甲烷气体和沼泥，甲烷气体是绿色能源，可以直接点灯、做饭，燃烧后形成二氧化碳和水蒸气，环境中的植物吸收二氧化碳，并释放氧气供人类及动物呼吸；废渣是最好的有机氮磷钾肥，利用它可以直接浇地施肥、收获的粮食供人食用，麦草又可作为动物饲料和建筑材料，因此，我们的循环链具备了自然物质基础。

建筑材料的使用坚持节约、再利用、可循环及能再生的无痕原则。造园材料除全部采用本地区特有的资源外，尽可能采用可以重新回收的地域材料再经过艺术的重新 “排列组合”使其重换光彩。

比如在泥土材料的应用上，土作为建筑材料只需要稍微进行加工，就能出现很好的艺术效果。土坯建筑隔声性能好、无毒副作用、对室内湿气的中和能力也比其他传统建筑墙体材料要好，而且生产土坯砖所需要的自然能量碳排放是零，从而免去了烧制黏土砖或者水泥的使用。

用泥土做地板：泥土地板透气性好，有冬暖夏凉的效果，是天然材料建筑中一个完美的组成部分。泥土地板很舒适，踩在脚下触感柔软，没有混凝土地板常有的那种冰冷的感觉。当表面磨光并密封以后，他们通常泛着皮革般的光泽。

灰泥抹面：泥浆的迷人之处在于它是一种介于固体和液体之间的物质，并且将两者的优点都结合在了一起。它也是地球上最古老的建筑材料。

(2) 人力资源的释放再整合（包括生产的人力资源和使用的人力资源）

古代窑洞的建造过程很有特点，是典型的人力资源的释放再整合。从可爱的小孩出生后，父母开始着手新挖窑洞，在农闲的空暇时间，就是他们其乐融融的工作时间。挖窑洞所使用的工具极其简单，就是一把锄头和一把铲子，当天的工作量只有半米深，大约 5 立方米的土方，只需不到 2 个小时就可以成型，之后就是等待窑洞坑里新土干透，下次再接着继续挖，这样日复一日，只要掌握好窑洞顶部受力曲线，窑洞就会越来越结实。一直等到小孩长达成人，这几口挖好的窑洞就成为结婚的新房……这项工程低碳环保，减法施工，充分利用人力资源的闲置时间，是典型的人力资源释放再整合。窑洞房顶也是如此，为了防水，需要做防水处理，但古时候没有太多防雨材料，就需要用智慧解决。所以，人们利用下雨天，雨水会自然淋湿屋顶覆土，这时候趁着泥土湿润有可塑性，用牛拉着碾子在上面压上几圈，压实泥土，并人为制造出斜坡以利排水；每次下雨压上几趟，时间久了，硬度竟然超过火烧砖。这些都是古人在人力资源方面的整合智慧。这些用土做成的原始材料还具有最环保的无痕特性：从自然资源变成建筑材料，在不需要实用功能的时候，他们会回归成原始材料，又成为可以耕种的普通泥土，这种回归本源的无痕设计理念，被称为可持续发展。

(3) 社会资源释放再整合

在当今社会，我们经济的发展出现了差异性和极度不平衡，造成了资源的极度浪费和地区发展不平衡，整个物质社会在资本魔力的驱动下，生成了许多不可逆的后果，比如摩天楼魔咒的出现。这时候，无痕设计需要解决的是城市资源的释放再整合。需要主动借助自然的力量，摆正人类在地球生物循环链条的主导作用，放弃地球主宰的妄念，把“自然”作为我们的设计准则。

创造有利于环境可持续发展的人类生存系统，使人类社会发展主动适应自然发展规律，达到“天人合一”的低碳境界。

无痕设计的每一个生活细部都是可循环的，所有建筑材料就地取材，地坑窑是向土里挖房子，在院中种果树，窑顶种蔬菜，用麦草混合泥土建围墙，我们建造的家园应不会产生任何对自然危害的废物，相反，它与环境共生，属于环境中的一个有机生命体，来源于自然，融于自然并且最后可完全回归于自然。

结合充分利用风能和地热能的自然空调系统、利用太阳能的供电、供水、供暖的集热发电系统；利用生物质能（秸秆气、沼气等）的污物处理能源系统；利用自然生物细菌的中水利用及净化系统等，创造出一个完全绿色的、可以呼吸、自体循环、自给自足的闭合型聚居生态环境。无痕设计理论下的“室内的自然风”，通过自然调节能够达到被动式供暖、制冷和通风，既不需要依赖机械系统也不需要消耗额外的能量。每一幢黄土建筑，从设计、建造、装修以及维护的过程中，都尽量选用地域性材料并努力降低材料的使用量，使其能够在加工、制造、运输、使用以及回收等各个环节达到降低温室气体排放的效果。这可以通过有效的黄土建筑技术体系来保证。在可行和合理的前提下，尽量使用那些无毒、无污染、可回收、可再生的建材和产品。

(4) 景观遗产资源释放再整合

无痕设计理论体系尊重不同历史时期文化遗产的保护与相互兼容，尊重历史的多样性，尊重不同时代遗产层叠产生的伦理问题。

无痕设计充分肯定当地多年形成的与各种客观条件相适应的地域生态特征，通过研究和保护生态环境的文化内涵，进一步发掘和改进传统建筑技术和材料，这是对地域性及居住理念的尊重。

尊重当地多年形成的生态环境，修补生态链断裂的区域，创造的景观环境充分保护、合理利用原始地形地物。

每一种动物、植物在区域内都有生存和繁衍的权利。我们甚至为了保护一棵小树而修改方案，重新安排建筑的位置。每一片树叶、每一根麦草、每一抔黄土都能进入生态链条实现自己的多重价值。

对于已被破坏的关键区域进行生态再造，通过土地使用功能的调整和植被修复，保证当地生态链循环的合理性和完整性，保障本区域生态服务系统的发挥，避免因人的活动而影响地域生态的循环发展。

通过远借、邻借、仰借、应时而借来表达无痕设计理论：

远处的山峦、水库、植被随着四季的更替，会形成自己独特的景致，只需稍加修饰，设定一定的观赏线路，那一定会得到大自然的恩赐：春天漫山黄色的油菜花、粉色的梨花与白色、紫色的槐花交相开放；夏天满山碧绿的楸树和遮天蔽日的槐树伴着槐香与蒿草生机盎然；秋天火红的柿子树和金黄的玉米映衬着丰收的喜悦；冬天白雪皑皑，吃着甜脆的冬枣，在暖暖的可呼吸窑洞里享受惬意人生。

无痕的设计尽量利用本地区物种资源，人类居住环境对自然生态系统的影响最小化，对土壤、空气和水污染最小化，保持并在受到破坏的地方恢复生态多样化，增加生态保护和多物种栖息地……

(5) 文化资源释放再整合

农村想发展，就要从差异性角度塑造，差异形成特色，增加附加值。无痕设计理论尊重传统，发挥性价比效能最大的方案，对于农村地区，以旅游促发展，让黄土变黄金。

陕西省是中国的旅游资源大省，也是世界知名的旅游目的地。陕西正面临着从旅游大省进化到旅游强省的关键转型期，通过无痕设计理论体系，科学引导旅游者从历史参观一日游转变成文化体验两日游，使农村旅游业在真正意义上实现旅游资源与地域文化的共生，产生一种观念崭新、具有文化内涵的新型旅游方式。“古窑洞生态文化旅游项目”就是通过“窑洞”这一特殊文化载体，融合农业产业链条、生态高科技两个概念，来促成陕西西线旅游的两日游项目落地。古窑洞村落作为中国西北地区，特别是黄土高原特有的一种古民居居住类型，本身就含有深刻的“黄土本源文化思想”，其体现的零能零地的绿色生态思想，其所包含的黄金科技含量与居住旅游价值是不可替代的。通过龙头企业建设引导，结合国家各项产业资金起到的示范带头作用，探索构建以旅游为核心的农业产业链条，把过去的穷山沟改造成国家级文化旅游景区。

黄土高原上的古窑洞，不再是贫瘠与落后的象征，我们给其注入新生命，使其重新焕发新生机。这里的生态窑洞代表了西部地区生态旅游发展的方向，这是黄河文化体系的转化，是真正的文化旅游产品。我们把高校资源、地域资源、生态资源、海外资源充分结合起来，在发展文化旅游业的同时促进了当地就业发展，形成了当地特有的商业模式，这样环环相扣，逻辑推进，就达到了“人旺、业兴、财进”这一最终目标。落实国家新农村精神，以旅游促发展，带动地方经济、促进和谐发展、全面实现小康。

(6) 空间权利资源释放再整合

无痕设计理论尝试建立一个符合商业运行规律的空间分享机制和分享平台，让不同阶层的人共同享有，让“空间”回归于民。利用互联网 + 的引导作用、加强发展农村电子商务，是根据本阶段发展现状，无痕设计理论提出的解决农村诸多问题的手段。互联网本身的特点是无限制进入和无差别对接，核心在于顶层设计和运营模式，打造最低成本下的互联网农业发展模式，塑造品牌和地域口碑，通过农村各自的现有优势，扬长避短，利用现代口碑营销的沟通力，以合作社方式推出一整套运营方案。

农村电商面临无产品、无人才、无网络、无交通等问题；在农村大部分地区，物流配送体系不健全；与传统供销渠道线下销售分配冲突；农资产品如何存储和运输等诸多善待解决的问题。

无痕设计项目组在响应国家产业政策指导下，利用国家、地方扶持三农的各项产业政策以及“一带一路”战略，借助互联网平台综合运营，打造独特的地域产品文化。通过政府扶持资金和涉农平台的帮扶，发展自己的地域特色产品，并且通过互联网载体宣传、包装，再通过世界各地区的展销会平台，扩大产品的知名度，结合互联网进行销售，从而能够把小产品卖出大文化，从商贸发展、休闲旅游、特色农业等方面深挖潜力，找准定位，推进名镇名村、农村淘宝等建设，走出一条可持续发展道路，积极的推动农业发展方式转变。自 2003 年发展以来，专注于发掘特色地域产品和当地农产品产业链，从单一产品发展到多重加工类产品，再到文化及地理保护标志类产品。这些多样化产业模式的探索与研究一直伴随着新农村发展在稳步推进，从未间断，也就使得无痕设计理论可以在产业布局规划、地域特色挖掘、创建可持续发展模式等方面积累出大量的经验和先天的竞争优势及丰富的文化创造力。

(7) 乡村资源释放再整合

无痕设计理论研究如何在经济驱动下的实现精英返乡；如何达到可持续发展。需要社会资源释放再整合（社会性角度）以及传统资源的释放与再整合（文化性角度）。

无痕设计理论指导下的新农村项目建设始终围绕农民增收一条道路前行，形成一套实用的理论方案，我们把它称之为“无痕模式”。无痕模式就是以生态农业融合养生旅游为核心，以龙头企业引导农村合作社，带动周边小型农家乐及农业产业链发展，大量吸收同村闲散劳动力特别是留守当地的妇女、老人，通过流转土地和打通旅游各链条（旅游六要素），以工促农，以城带农，以游兴农，走出一条“农村公司化、农业企业化、农民市民化”的社会主义新型农村道路。无痕设计项目组以当地留存千年的古窑洞群落保护为开发契机，把新农村发展目标设定为一个可用于实践检验的“古窑洞生态旅游 + 农村产业化”项目，以吸引人气的生态旅游带动当地发展，以农业产业化促进就业，通过自身的“造血”扶贫，建设真正可实现的社会主义新农村，把高校的科研成果转化为实践经验，并通过实践摸索的成果促进理论的更深层次研究。

通过土地参股的一系列组合方案，包括自家的土地入股、宅基地入股、林权入股、资金技术入股等多种方式，资源变股权，资金变股本，农民变股东，是农民从过去的单体劳作模式，转变为现在的，在龙头企业的规模、经验引领下的集体合作模式，增强了农民邻里间的团结合作意识、市场意识、和技能转变，实现了土地效益的最大化。把一个国定贫困县贫瘠的土地从每亩产值六百元提高到了每亩五千多元，人均收入也在短时间内翻了十三倍。结果是可喜的，实验村的农民收获了五个方面的增值收益：一是宅基地房屋出租收入，二是耕地租金出租收入，三是被返聘回合作社作为产业工人的工资收入，四是农村合作社运营股息收入，五是发展旅游开办农家乐的综合收入。在无痕设计理论指导下，将使农村公司化，农业企业化，农民市民化的“三农”得到真正可持续发展。

2. 无痕设计的效果

建筑物的能耗占人类所有能源消耗的 40%。所以要求减少人类活动的碳排放，就需要在建筑物上做文章。在无痕设计项目基地，一个采暖季其采暖所节省的能源比燃煤采暖可减排二氧化碳 700 吨，二氧化硫和氮氧化物 15 吨，一氧化碳 0.5 吨，粉尘 4 吨。夏季由于维护结构的作用，不需要使用带氟的“阳离子”空调，至少可减少碳排量达 900 吨。综合每年可减少碳排量达 5000 吨以上。一棵树一年可以吸收二氧化碳 18.3 千克，如果以此计算，在无痕设计生态基地，每年等于种植了 273224 棵树 .

国外资源整合再释放案例：

Foissac 夫人作品 摩洛哥马拉喀什泥土建筑（资料来源：《CASA International》）

## （三）国内外相关研究的状况与动态

1. 国外相关研究现状

传统村落的更新问题是世界各国在新型农村建设过程中面临的共同问题。在众多国家中，德国关于村落更新的研究与实践比较具有代表性。在德国，村落的更新过程是一个连续、系统的过程，每一步都从村落自身特点出发，它需要村民、政府和建筑师共同配合完成。建筑师在更新过程中主要任务是与村民和政府配合，完成更新规划工作。除德国外，日本村落的更新也有自己的特点。日本村落的更新很少会出现大拆大建的现象，大多只是针对个别村落、独立住户进行小规模的改建、修缮，并尽可能保留着历史、文化的印记。

2. 国内相关研究现状

我国建筑领域提及村落规划的研究最早可以追溯到 20 世纪 30 年代，但其只是作为传统民居研究的一部分而出现的，并没有明确提出村落更新这一概念。我国"十一五"规划把"社会主义新农村建设"置于"我国现代化进程中的重大历史任务"的新高度，针对村落更新建设出现问题的研究才逐渐增多，并在老一辈学者研究的基础上，研究领域和视角都有了明显拓展。从研究角度来看，主要包括：

（1）基于人居环境角度的村落更新研究

近年，在吴良镛先生的人居环境科学理论指导下，出现了一系列探讨不同人居环境中传统村落形态及其发展的研究。这些研究以人居环境理论为基础，提出解决特定地域特征下，所出现人居环境问题的办法。周庆华教授的人居环境科学丛书《黄土高原 · 河谷中的聚落：陕北地区人居环境空间形态模式研究》，以陕北河谷地区的聚落人居环境空间形态为研究对象，重点提出了三个层面人居环境空间形态演化的适宜模式。李志刚教授的《河西走廊人居环境保护与发展模式研究》，以生态环境脆弱的河西走廊地区为研究对象，以遵循自然生态规律与经济社会规律为双重导向，展开研究。翟辉教授的《香格里拉乌托邦理想城：香格里拉地区人居环境研究》，以"香格里拉地区"的人居环境为研究对象，对建设"香格里拉的人居环境"提出了一些建议与设想。

（2）基于地域文化角度的村落更新研究

同济大学常青教授的《探索风土聚落的再生之道——以上海金泽古镇实验为例》，以上海市郊区的历史文化古镇为研究对象，认为城乡结合部的聚落文化等地域特征正在消失，并对怎样保护和再生这样的传统聚落，提出了相应的再生模式。沈一凡的《传统村落街巷空间的保护与更新——以金丘村"民俗历史文化展示区"为例》，以传统村落交通空间为研究对象，通过对其改造，来达到适应现代社会发展，同时又保护地域特征的目的。陆琦的《传统民居改造更新与持续性发展——从化松柏堂古村落改造设想》，通过对村落内建筑的研究，使传统村落达到适应现代生活，同时保护历史建筑的目的。许业和的《传统社区的更新——浙江南阁传统宗族村落研究》，以南方比较典型的传统宗族村落为研究对象，通过对其地域文化的梳理，提出若干改造模式。

（3）基于资源、产业角度的村落更新研究

岳邦瑞教授的《绿洲建筑论——地域资源约束下的新疆绿洲聚落营造模式》，以绿洲聚落为研究对象提出了"优适建筑"理论。雷振东教授的《整合与重构：关中乡村聚落转型研究》，以关中地区聚落为研究对象，明晰其可持续发展的适宜方向、对策和途径，并实践性地探讨了灵泉村传统聚落有机更新的适宜性模式。

综合以上研究成果得知，国外关于传统村落规划设计方法问题的研究起步较早，出发点主要从村民的物质需求和精神需求两方面来考虑村落的发展问题。国内建筑领域的相关研究也很丰富，研究涉及地区广泛分布于全国各地，研究具有明显的地域性。研究内容的广度和深度不断提高，研究思路逐步拓宽，深刻且学术观点新颖。然而，由于最早对村落规划问题的研究是作为传统村落保护的一部分出现的，专项研究较晚，因此也会有一些不足之处：

（1）以往研究针对的地区多集中在南方经济较发达地区的传统集镇和乡村，涉及我国普遍存在且农村问题突出的西部地区尤其陕西地区的研究还相对较少。

（2）研究很少从需求关系的角度出发，来设计规划村落

"一带一路"的提出和亚投行的建立是中国经济改革的突围方向，更是串联整个国民经济和丝路沿线国家经济互联互通的重要方案，通过文化多元交流、优势互补，形成最终的共同发展。作为古丝路沿线核心城市和地区，西部广大地区经济发展都相对落后许多，尤其是遍布丝绸之路沿线传统贸易地区的各级农村无法支撑多元的文化交流，更无法促进经济的互融互通。所以，大力发展丝路带经济，平衡城乡差别，抓住沿线保护古驿站，古村落的契机，合理规划设计符合国家大发展思路的新农村，带动丝路沿线地区国民经济收入的大幅增加，就可以打通中国丝路沿线地区的"任督二脉"，尤其是丝路节点上最重要的西部落后地区，这是现阶段最难做的事情，也是最迫切需要解决的问题。

### （四）创新点与项目特色

无痕设计最大的特点就是不拘泥于纸上谈兵，所以古窑洞村落正是在无痕理论指导下的一个实际的传统村落保护项目。西安美术学院团队以无痕规划建设了一个可持续发展的村落保护样板，在国家新农村建设中起到了示范作用。在挖掘保护传统村落的同时，设计出一个保护性开发的可持续发展的新模式，通过无痕规划设计的指导作用，引导村民生产生活模式的进一步发展，挖掘当地历史文化名村特色，建设西部传统村落保护与发展的样板示范区。同时，明确在国家"一路一带"建设思路下新农村的地位和出路，激发农民创业创新动力，拓展农业农村发展新空间。

设计方案多角度论证，通过对丝绸古驿站遗留的窑洞文化进行保护性开发，规划特色旅游发展为先导的设计方向，变劣势为优势，黄土变成黄金，设计整理出一条经济发展与生态保护，旅游带动与农民增收的共赢方案。使永寿县等驾坡这个历史文化名村，将成为令世界瞩目的最大的古窑洞村落和极地旅游目的地。

无痕设计的最终结果不同于以前提出的城乡二元结构体系，不是所谓的把城市和农村分开建设，形而上学的割裂式发展；也不是前几年进行的城镇化发展模式，一味地把农民赶进城支援消费端发展。种种忽视历史文化发展脉络、现代农村发展规律的思想都会严重制约新农村的可持续性演化进程。无痕设计模式是专门针对地域文化和现状梳理，尊重乡土情结，最大利用当地现有资源，在最少条件下形成自发合力，启发民智，共建美好家园。结合城市的优点和农村的优势，既能享受城市生产、生活方式、交通与物流的综合优势，又能享受到农村的优美自然风貌。

无痕设计强调保护乡村特有的田园风光，塑造干净整洁的田园村落，以原生态旅游为引导，建设生态低碳的田园可持续发展村落，保留现有的村镇生活模式，实现农村富余劳动力的就地转化，统一合理安排城乡综合服务设施，保证公共服务配套乡村全覆盖，突出新农村的村容村貌建设，建设美丽乡村。

### （五）培训拟解决的问题

把高校的科研成果转化为实践经验，并通过实践摸索的结果促进理论的更深层次研究。

新农村规划设计领域在过去的相关研究中一直停留在建筑工程或者形式艺术上，始终无法挖掘传统意识哲学体系，没有发挥多学科建构的理论平台，更没有解决最深刻和村民最息息相关的经济问题，所以自然无法宏观地对我国传统村落保护建设进行引导和控制。这是本培训所要面对的现实难点与理论空缺。但也正因如此，结合美院环境艺术系多年的无痕理论研究成果，以实际项目为检验，充分发扬传统村落哲学思想，启发民智，引导村民参与保护和开发，用最小的代价带动最大的农村地区发展，最终形成人人参与的全民主人翁体制，才能真正走出适合国情的新型可持续发展之路，确立自身的国际地位。本培训将极大地弥补国内传统村落规划设计的研究短板，填补此领域实践应用理论的研究空白，培养出现阶段国家急需的传统村落规划设计人才。

### （六）培训预期成果

西安美术学院的无痕设计科研体系非常重视中国传统文化的汲取，强调挖掘传统建筑文化的精髓和民间艺术的渊源，积极研究传统建筑文化对今天的传承意义。不仅收集了大量的民间传统文脉理论，而且常年组织学生下乡进行传统村落保护，并且大量测绘收集传统村落第一手勘察资料，其对传统村落文化的保护在社会上和国际上都引起了广泛的关注。同时注重与国际学术领域的交流研讨，为坚守民族文化阵地，摸索国际发展迈开了道路。这些都为本研究的立项和开展提供了丰沛的土壤。同时，建筑环境艺术系也在研究本民族建筑文化特色上形成了鲜明的特点,总结了丰富的实践经验,为本项目的实践可操作性提供了坚实的基础。

本科研项目研究思路应本着科学、实事求是的态度确实依据以下各项原则展开研究工作:

(1) 主体性原则

以经济发展为中心，针对中国传统村落文化保护进行研究。研究定位在中国传统村落文化中的文脉保护与整体新农村可持续性发展的关系。寻求本民族传统文化的内在发展规律及对当代中国传统村落保护继承发展建设的指导意义。

(2) 实践性原则

对中国传统建筑与风土民俗进行实地考察。体察民情，从基层需求充分挖掘传统村落的良性发展。研究村落经济规律对现代新农村建设的实践指导意义。完全以实践来检验研究的实际效果，不再局限于纸上谈兵。

(3) 协同性原则

加强课题研究的协同运作，总课题组要充分发挥决策作用、指挥作用、协调作用，各子课题组要发挥交流作用、学习作用、创造作用。注重加强课题的科学理论的构建及实践操作，各子课题参要在总课题的统率下，认真制订好各二级子课题实施方案，扎扎实实地开展研究工作。

(4) 系统性原则

本课题的研究应顾及产、学、研三方面关系，充分发挥科研项目的实际指导意义，以实际保护课题为契机，总结多年经验，走出一条对传统村落保护具有实践意义的道路。

(5) 发展性原则

坚持民族文化的继承性，注重观念、方法的时代性，确立国际学术地位的先进性，明确服务民众的应用性。

目标结果:

从七个方面探讨无痕设计理论指导下的释放资源再整合关系及深入研究。

自然资源的再整合、人力资源的释放再整合、社会资源释放再整合、景观遗产资源释放再整合、文化资源释放再整合、空间权利资源释放再整合、乡村资源释放再整合。

## （七）项目培训研究进度安排

课后习题:

以古村落规划为题，设计并实施一系列无痕设计指导下的规划方案。

以论文发表为阶段性总结。

以建成实际村落样板区为最终展现成果。

教案 5

# 无痕设计作用下的生态资源平衡与自然生命共生关系探索

## （一）培训依据

**时代背景**

1. 国际环境——各国面临的环境危机与环境恶化趋势

2. 国内环境——城市化进程加速带来的冲击

3. 绿色建筑标准的出台和强制执行

4. 设计师应理解的生态资源平衡与自然生命共生关系

**培训目的**

1. 正视设计中会产生破坏生态资源平衡和干扰自然生命共生的问题

2. 探究生态资源平衡与自然生命共生关系对于设计的重大意义

3. 探究无痕设计体系对态资源平衡与自然生命共生关系的正向引导

## （二）培训内容

无痕设计下的生态资源平衡培训内容

1. 生态资源的概念

在人类生态系统中，一切被生物和人类的生存、繁衍和发展所利用的物质、能量、信息、时间和空间，都可以视为生物和人类的生态资源。

生态资源的含义并非是一个简单的概念，它由生态和资源两个概念组合而成。而从逻辑关系来看，生态是对资源的一种限定。韩孟将生态资源定义为：人类赖以生存的环境条件和社会生产赖以正常进行的物质基础。向洪、邓明则认为，生态资源，亦称环境资源，如太阳辐射、气候、风、水源、土地等。从系统的角度而言，由生态资源所构成的系统属于自然系统，有其固有的运动和发展规律。

但在现实生活中，由于经济利益的驱动，人们往往追求的是生态资源的单一效用，而忽视了生态资源效用的多重性。在过度开发生态资源的某一功能时，却造成了生态资源其他功能的损失或丧失。例如，对于水资源的开发和利用，人们往往追求的是工农业生产和日常生活用水的功能性开发，如修建水库、水产养殖、灌溉、发电等，却忽视了水对气候的调节、营造景观等其他方面的作用。

2. 生态资源平衡

**（1）在设计中忽视生态资源平衡可能会带来的以下的后果：**

①设计信念的误解

月饼的过度包装是人们设计本质理解的扭曲，是对资源的一种浪费（图 1）。由政府主导节约型社会指出了映衬社会潮流的设计问题这是自上而下的调整，何时可以“自下而上”的做设计也许是出路。

②在设计中忽视生态资源平衡，是对优秀传统基因的排斥

全国各地如火如荼地进行仿古街的建设开发，看似是对传统形式的继承而实际商业的巨大破坏力是对真正优秀的文化传统的曲解和排斥，因地制宜、顺应自然，虽由人做、宛自天成，才是古人一直追求的境界。

③设计中资源利用的单一属性

**（2）设计的可持续发展**

①设计的可持续发展的概念

人类的发展是建立在对自然资源的索取和破坏的基础上的。现在的人们越来越意识到，人类对自然资源、自然环境的利用和破坏不能再无所节制了，人类必须关注可持续发展问题，关注自然、生态的可持续发展问题，这其实也是在关注人类自身的可持续发展。

具体到我们的专业方面，就是从人类发展的全局出发，在每一项设计的过程中有节制地利用自然，尽量采用低能耗、低污染、可再生、降解快的技术和材料：研发新的技术和材料固然是有效的方法，但需要一定的时间和过程，不能一蹴而就；充分利用现有的技术、材料，通过合理、优化的设计、使用，同样也可以实现可持续发展的目的。

②中国传统建筑的生态资源平衡观

中国古老的建筑体系和建筑材料，从根本上是对资源平衡的一种诠释。夯土建筑在中国分布广泛，黄土窑洞、福建土楼、陕南夯土民居等都是，其普遍特点是就地取材，可循环利用，不对周边环境产生负面影响（图3）。夯土建筑采用的主要材料是取自当地的黄土、石料、木材，其中木材、石料可以再利用，夯土粉碎后归于土（图4）。此外，夯土墙可以减少黏土砖的使用（间接降低砖的生产能耗），室内热环境好于黏土砖墙，可以减少制冷、供暖的能耗。现在很多发达国家更加关注可持续发展的问题，尤其在创新方面和探索实践方面做了很多努力。

图1 精美包装的月饼

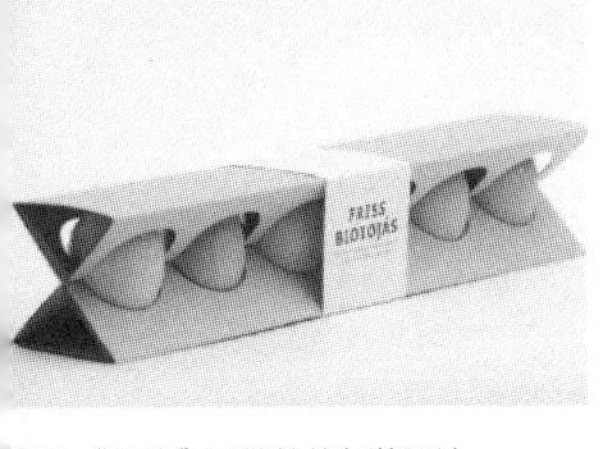
图2 “无痕”可持续的包装设计

图3 中国传统木质结构

**（3）无痕设计下的生态资源平衡**

①无痕设计就是在这样的一个契机下应运而生的，其强调对设计本身的平衡，自成体系（图5）。无痕设计提出的资源组成：自然资源、人力资源、社会资源。

②无痕设计下的生态资源平衡是多维空间资源平衡的概念。

③无痕设计下的生态资源平衡的两大平衡体系。

**（4）新陈代谢派与生态资源平衡的对比——以日本建筑为例**

以新陈代谢派比对与新锐建筑师的作品为例，在无痕设计理论框架下做探讨。

日本是资源稀缺的国家之一，十分重视“资源”这一概念。因此，对于设计相关的“资源”探讨离不开与日本建筑设计的横向比对。

**①新陈代谢派**

新陈代谢派是将生物学上的种群进化论和个体生命过程论引入建筑设计与城市规划中来，向后工业时代的信息技术革命提出挑战，宣告建筑新时代的到来。新陈代谢派犹如建筑界的引擎，把活力注入了日本建筑界，把日本建筑理论水平和建筑实践拉升到了一个与欧美建筑界同步的水平。

在日本战后，存在着三个主要建筑流派，其中最主要的一个是由大高正人(Masato Otaka，1923—)、菊竹清训(KiyonoriKikutake，1928—)和黑川纪章(Kisho Kurokawa，1934—2007)等当时的“少壮派”所展开的“新陈代谢派”运动。新陈代谢派“强调事物的生长、更新与衰亡”，把事物的“变化”看作是信息时代的典型特征（如图7）。由此，丹下健三(Kenzo Tange，1913—2005)把新技术当作是对信息革命的“变化”措施。现在看来，如此对策是对信息社会的特征把握不准得出的。“新陈代谢派”之所以很快就消失，主要原因在于其思想着眼点的超前性和对信息时代特征的认识不足而造成的。丹下在讲话中，意识到一个新时代的来临。他说：“现代文明社会结束了农业社会，进入了工业社会，还要进入信息社会。

以丹下为首的新陈代谢派意识到信息社会的特征，并把这种特征作为新陈代谢派的基本主张：强调建筑和城市与有机体的生命一样，有其生长、更新与衰亡的过程。这是把“变化”当作信息社会的特征，当作新陈代谢派的核心理念。但是，他们试图用技术来应对这种变化，企图用工业技术（即工业社会的手段）去解决信息社会存在的问题

黑川纪章把时代分为机器原理时代和生命原理时代。按照黑川的思路，20 世纪是柯布西耶的住房机器时代，那么接下来就是生命原理时代。因此，他说：“1959 年我发动新陈代谢运动。我有意识地选择了新陈代谢、变生、共生等术语和关键词，因为他们是生命原理中的词汇。”

《建筑实录》4 月 30 日报道，1972 年建成的舱体大楼（Capsule Tower）在东京 Ginza 社区中心矗立至今。它其实由两座混凝土大楼组成，各为 11 层和 13 层，互相以外层的预制生活单元连接。建筑师们将此建筑视作 20 世纪 60 年代 ~70 年代流行的代谢主义运动（Metabolist）的纯粹表达。但是近些年来，居民们对石棉的使用抱怨颇多。4 月 15 日，大楼的管理方证实，这座标志性的建筑将被推倒，新建一座 14 层的建筑。推倒的日期还没有确定。

**②建筑师阪茂**

阪茂在救灾工作中表现出对人道主义事业的执着，他是我们所有人的榜样。创新不以建筑类型为界，爱心不以预算多寡为限，阪茂让我们的世界变得更加美好（图 9）。

普利兹克建筑奖评委会主席帕伦博勋爵说：“阪茂象征着大自然的力量，鉴于他在遭受自然灾害地区为无家可归者和丧失财产者提供的志愿服务”，这一提法恰如其分。而且，他还完全符 ArchitecturalPantheon“建筑圣殿”的几项资质——他对工作对象有着深厚的理解，特别强调对尖端材料和技术的运用；有充分的好奇心和执着；创新永无止境；独到的眼光以及敏锐的感官。他还拥有任何普利兹克奖得主都必不可少却又难以描摹的气质。

**③隈研吾《反造型》**

“我重视的是回到那块土地，重新审视建筑；回到那块土地，再一次将建筑与大地连接起来。”

——畏研吾

龟老山是日本爱媛县今治市大岛上的最高峰，原来的山顶在望台建起来之前就被水平切掉了。在设计该观景台前，隈研吾意识到观景台自身所存在的矛盾——因为环境优美，所以要建观景台；建了观景台，环境就会遭受破坏，不管观景台的形态多么优美也改变不了这个事实。从“天然的基座”出发，把山头还原，把“建筑”埋进山里，将建筑埋藏。这样，既解决了基座的问题，又隐去了造型体。“埋藏，并非简单地将建筑埋进土里。埋藏，是将建筑的存在形式反转，是将造型体，即自我中心型的存在形式反转，探索凹陷状的存在形式、彻底被动的存在形式的可能性。”具体的操作过程是在既存的山顶广场上建造剖面形状为 U 字形的混凝土结构体，再在两侧堆土、栽上植物，结果是山顶地形被修复，顶部出现一条缝隙——反转的观景台（图 10）。

**④石上纯也**

受当代日本建筑的影响，在形势与体质上，石上纯也从第一件作品开始就以开放性奠定了他未来的设计方向。即便是学院内的一个工房，考虑到它的对外开放性，在材料与形式上都用了最直接、简单、环保的方式来诠释这样一个极简设计的公建项目（图 11）。

图 8 舱体大楼

图 9 纸板教堂

图 10 龟老山观景台

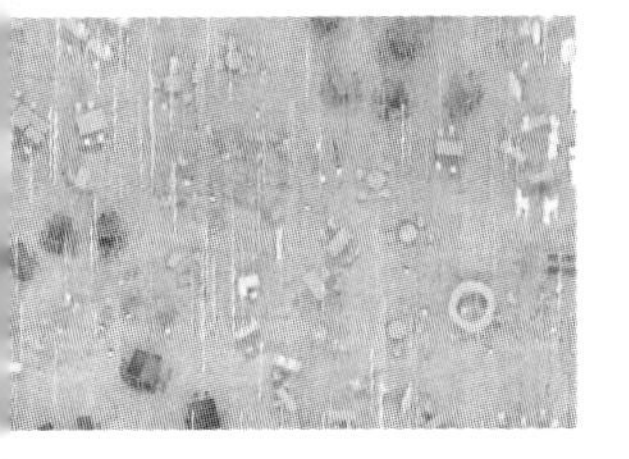

图 11 神奈川的 KAIT 工房

### 3. 无痕设计下的自然生命共生关系

#### （1）需要讨论生物多样性的必要性和意义

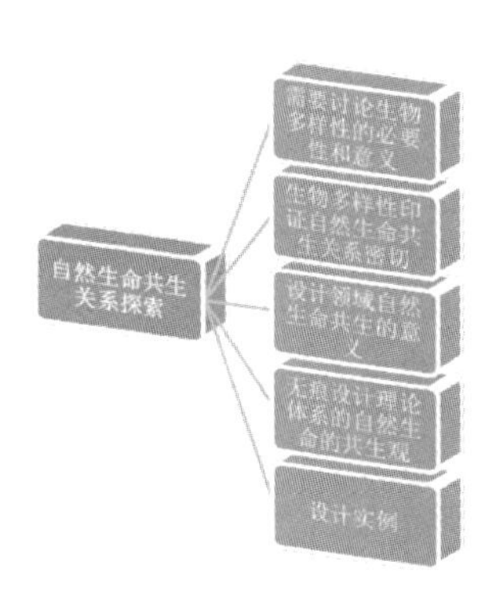


通过电影《阿凡达》给人的启示：阿凡达的故事背景发生在技术高度发达的 2154 年，男主在战争中的失去双腿本身的就是人类“霸权心态”的恶果。

Biodiversity Convention 是有史以来第一份关于生物多样性各个方面的国际性公约。在条文中第一次把遗传多样性包括在内，并且受到全人类的普遍关注。因此，这是生物多样性保护与持续利用中的里程碑。它是联合国环境与发展大会的重要成果之一。全世界 160 多个国家签署了这个公约，至今已有 130 多个国家批准了这个公约，中国是较早批准公约的国家之一。该公约从 1993 年年底开始成为具有法律约束力的国际法，从而为物种保护、种质资源的利用和国际合作提供了法律依据和政策指南。为了纪念这个《公约》的正式生效日，从 1995 年起，每年的 12 月 29 日定为“国际生物多样性日”。 世界自然与自然资源保护联盟（ IUCN ）始终致力于《生物多样性公约》的起草工作。依据 IUCN 起草的公约草案和后来由世界粮农组织（FAO）起草的草案，以及由联合国环境规划署（UNEP）进行的一系列研究，特别小组提出了可以包括在全球生物多样性公约中的条款。UNEP 秘书处在这些条款的基础上，起草了《生物多样性公约》的第一稿。最后，于 1992 年 5 月 22 日在内罗毕通过《生物多样性公约》。《生物多样性公约》包括序言和 42 条条款，另外还有两个附件，附件一为查明和监测，附件二包括仲裁和调解两个部分。它是一个框架文件，为每一个缔约国在履行《生物多样性公约》中留下了充分的余地，对于保护的承诺大多是以总体目标和方针的形式表达，将主要的决策权放在国家一级，不列全球性清单。因为，只有在国家或地区水平上有效地保护生物多样性，生物资源才能得到有效的管理。《生物多样性公约》强调对生物资源的主权。虽然人们共同关心生物多样性，但这种“共同关心”只意味着共同承担的责任，并不意味着自由的或无限制的获取。当然，主权本身也要求承担责任。生物多样性是整个国际社会的财富这一点也不容忽视。国家必须保证在自己管辖区内的活动不危害其他国家或其管辖区以外地区的环境。《生物多样性公约》强调保护和持续利用。序言中就已申明各缔约国有责任保护他们的生物多样性，并以可持续的方式利用生物资源。它要求各国在制定国家政策和规划时，不仅要把生物多样性保护和持续利用结合到国家水平的决策中，而且要结合到相关的部门或跨部门的规划或政策中去。《生物多样性公约》强调就地保护的重要性，其中包括保护地系统的建立，退化生态系统的恢复，濒危物种的拯救，自然生境的保护及物种最小存活种群的维持。迁地保护主要用以弥补就地保护的不足。《生物多样性公约》基于对发展中国家和发达国家区别对待的原则，提出技术使用和转让以及利益分享问题。要求发展中国家主要履行保护和持续利用的义务，发达国家主要承担提供资金和技术转让的义务，并公平合理地分享研究和开发的成果，以及利用这些资源所产生的实惠。《生物多样性公约》第 27 条及附件二还就解决争端的谈判、仲裁及调解等手段作了详细明确的规定。

生物多样性面临五大威胁地球环境形势为何如此严峻？专家总结出主要有以下 5 点原因：

第一，生境的丧失或破碎化；

第二，外来物种的入侵；

第三，环境污染；

第四，人口爆炸；

第五，过度利用。

生物多样性越完整，给子孙留下的机会越大，基数越大，机会越大，二胎政策每个时代都有自己的特点，人口红利。

**（2）生物多样性印证自然生命共生关系密切**

生物多样性支撑了共生。“我们要面对这一事实：人类是整个生态系统中的一个生物子系统，其生存能力要依赖于与世界生态系统中其他所有要素和生命的共生关系，这一关系是封闭循环、不断发展的。”英国环境经济学家大卫 · 皮尔斯在《自然资源和环境经济学》中首先使用“循环经济”这一术语，从资源管理角度讨论物质循环。

**（3）设计领域自然生命共生的意义**

仿生“水泡”碳纤维复合材料建筑设计用生命形态作为设计的出发点。斯图加特 Achim Menges 教授在新作 ICD/ITKE 亭中展示了一种全新的建筑，其灵感来自于生活在水下，并居住在水泡中的水蜘蛛的建巢方式（图 12、图 13）。整个亭子是在一层柔软的薄膜内部用机器人织上可以增强结构的碳纤维而形成的轻型纤维复合材料外壳构筑物，同时这种建造方式使用最少的材料实现了结构稳定性。该建筑原型的探索是斯图加特大学计算研究所设计（ICD）和建筑结构研究所（ITKE）在 2014~2015 年的研究成功，在计算机设计，仿真设计以及制造工艺领域有广泛的应用前景。

**（4）设计领域自然生命共生的途径**

绿化量设计是生物多样性环境设计的第一步。绿化量的 Co 固定量指标与我们环境设计直接相关的是从绿化着手，绿化是一切生物多样性

环境的基础，没有充足的绿化量，根本不必谈论生物多样性设计。

设计领域自然生命共生的途径是进行绿地生态质量设计。

①生态绿网

②小生物栖地

③植物多样性

④土壤生态

在许多的历史传统中，人们都表现出了对于天空和空中建筑物的憧憬和向往。因此，大阪人在梅田建筑了能够帮助人们实现这一梦想的空中庭园展望台。梅田空中庭园展望台（梅田天空大厦）位于大阪的北部，是日本第一座连接式的超高层大楼，它占地有 42000 平方米，高度达 173 米，共有 41 层楼。

### （三）国内外相关研究状况与动态

#### 1. 国内相关研究

（1）林宪德，绿色建筑 生态 · 节能 · 减废 · 健康 . 北京：中国建筑工业出版社，2007.

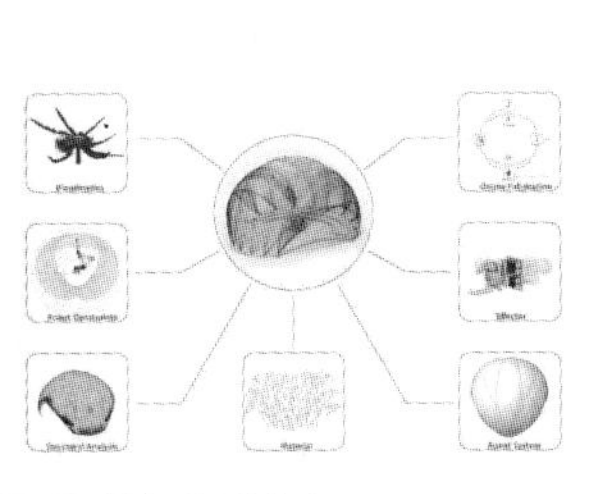

图 12 仿生“水泡”1

图 13 仿生“水泡”2

（2）西安建筑科技大学绿色建筑研究中心．绿色建筑．北京：中国计划出版社，1999

2. 国外相关研究

（1）布莱恩·爱德华兹（Brian Edwards）；朱玲，郑志宇主译．绿色建筑．沈阳：辽宁科学技术出版社，2005，05.

（2）（美）尤德森，绿色建筑集成设计．沈阳：辽宁科学技术出版社，2010，02.

### （四）创新点与项目特色

1. 理论层面：

（1）重视生态资源平衡的多重效应与设计实践结合的研究。

（2）强调对设计本身的平衡，自成体系，建立健康环境的生命循环体系。

（3）生态金字塔稳定与无痕设计强调的模式关系。

2. 设计层面：培训课程 5 对设计的影响

（1）重组设计师的设计背景，增加设计中远代共生的理论体系。

（2）通过生态资源平衡与自然生命共生概念的介入培养设计的多纬度。

（3）“无痕设计”中维系“平衡”和“共生”理论对设计的作用与意义。

（4）“无痕设计”所指的“平衡”和“共生”对于建立开放性的设计体系的支撑。

3. 实践层面：

生态资源平衡与自然生命共生关系对自身设计实践和理论研究的影响。

### （五）培训拟解决的问题

1. 生态资源平衡对于环境设计领域的影响研究

2. 自然生命共生关系对于环境设计领域的影响研究

### （六）培训预期成果

1. 研究报告 1 份

2. 视觉传达展示：空间装置艺术类——由学员共同参与的小型化艺术展

3. 研究论文 1 份

4. 图像类——视觉分享平台的建立

5. 概念与未来设计类

### （七）项目培训研究进度安排

详见培训课程表

教案 6

# 无痕设计理论体系在环境设计教育中的系统性研究

## （一）培训依据

无痕设计之基础认知

环境艺术无痕设计教育中首先要企及的是认知问题，其中可以理解为三个方向体系：即专业认知、需求认知以及审美认知。这三个大的方向体系严谨而科学地构建起了环境艺术教育无痕设计的基础认知构架。

## （二）专业认知

### 1. 技术认知

物质空间美的创造规律和根源，集中体现为空间功能性、制造技术技巧与形态美的三者统一。因此，技术美、功能美和形态美便客观地构成了环境空间审美的三要素。

技术是人类在造物过程中必不可少的手段和方法，为设计对象化的实现提供了最为有力的保证，也为人类的造物进程大幅度加速。因此，技术在三者当中起着决定性的作用，更是设计及教学的重要支撑。科学技术与艺术设计结合，给人类带来无限的创造活力，也为空间造物的感性发展的可能性提供了强大的保障。

### 2. 无痕空间环境认知

空间环境是设计的主体，对于空间概念的理解与阐释不应仅局限在物理空间范畴，甚至应跳出三维的概念框架，多角度、多维度地去体会和理解。空间是有感情、有意识的，用心感知和认知空间是环境设计及其重要的关键点和切入点，空间的特征及其表象作用极大地折射出了人们精神文明的高度和文化发展的深度。空间环境在设计中发挥着重要的作用，直接影响到人们的心理、生理以及精神生活。空间的组织和划分更加关系到了人们的心理需求和使用需求。对环境的正确认知和判断就关系到了设计人员最基础的专业认知能力的判断能力和培养。

3. 环境认知

环境认知是在环境知觉基础上人们对环境信息再现大脑后的认识。环境认知需要通过一定的组织、围合手段对空间界面进行艺术处理（形态、色彩、质地等），运用自然光、人工照明、家具、饰物的布置、造型等设计语言，以及植物花卉、水体、小品、雕塑等的配置，使建筑物的室内外空间环境体现出特定的氛围和一定的风格，来满足人们的功能使用及视觉审美上的需要。所以，无痕设计对环境的认知要求是多方面、多角度、多维度的。

4. 材料工艺及成本认知

对于材料的正确认识，是设计得以实现的前提和保证。没有材料支撑的设计只是处于虚幻的概念设计阶段。包豪斯学校的教师伊顿曾经写道："当学生们陆续发现可以利用各种材料时，他们就能创造出更具有独特材质感的作品。"工艺（Craft）是人们通过各类工具、材料等进行加工处理，最终使之成为成品的方法与过程。在技术上先进和经济上合理的工艺得到的最终效果也最好。由于不同的工艺精度以及操作人员的熟练程度不同，工艺过程也可能不同。无痕设计中所提倡的工艺有着不确定性和非唯一性，和现代工业有较大的不同，反而类似艺术。可见，工艺并不是唯一的，而且没有好坏之分。

降低成本，设计方案非常重要，是影响后期造价的关键，通常由材料、工艺、人工等多部分组成。

5. 人因工程学

人因工程学涉及多种学科，如：生理学、心理学、解剖学、管理学、工程学、系统科学、劳动科学、安全科学、环境科学等，应用领域十分广阔。学者从不同角度给该学科下定义、定名称，反映不同的研究重点和应用范围。

常见的名称有下列几种：

（1）人类工效学，或简称为工效学，英文是"Ergonomics"。这个名称在国际上用得最多，世界各国把它翻译或音译为本国文字，目前我国国家一级学会的正式名称也是"中国人类工效学学会"，相应出版的学术刊物命名为《人类工效学》。

（2）人因工程学 (Human Factors Engineering) 或人的因素学 (Human Factors)。在美国和一些西方国家用得最多，常在核电工业、一般生活领域或生活用品设计中使用，我国用这个名称的也比较多。

（3）人机工程学 (Ergonomics 或 Man-Machine Engineering) 或人机学。这是我国对 Ergonomics 的最早翻译名称，至今工程技术方面大多数人还喜欢用这个名称。

（4）人—机器—环境系统工程学 (Man-Machine-Environment Systems Engineering)。我国航空航天领域首先采用人—机器—环境系统工程学这个名称，它涵盖的学科内容更为广泛。

（三）需求认知

1. 行为心理分析

设计心理学是建立在心理学基础上，把人们心理状态，尤其是人们对于需求的心理通过意识作用于设计的一门学问。设计对社会及个体所产生的心理反应反作用于设计，使设计更能够反映和满足人们的心理作用。

有这样的尝试，先让行人走出一条路径来，设计师再按此路径设计空间。但我们的设计师往往为了构图的生动、空间的设计感，过多地约束和规范人们的行为，而无视我们常人喜欢抄近路的心理和习惯，人本设计首先应该从行为学开始。 如：钢琴步梯，安装方式分为明装和暗装两种。楼梯每一节两边装一对感应面板 A 板、B 板和一个有源功放喇叭。当有人脚踏上台阶时，喇叭会发出一个钢琴音。钢琴音的长短和人们踏上台阶用的时间长短一样，人们的脚离开台阶时钢琴音马上停止。还可以根据客户需求定制各种声音。多功能垃圾桶，会说话、带 WiFi、自动开门、报警、灭火等功能。回收口在市民距离 50 厘米时，感应投口便自动开启，并且语音提示“请选择正确的回收口”、“谢谢”等语言，且还自带 WiFi 上网功能。当智能垃圾箱内有垃圾燃烧，产生烟雾时，内置烟雾报警处置装置将启动，自动喷洒水雾和干粉，有效预防火患。

#### 2. 文化背景分析

设计依赖于文化而实现，它作为一种设计结果物化了文化 并承载了文化。通过历史上不同的时代遗留下的设计物、文物、字画等，我们可以通过它们追溯到设计物产生的时代背景，并且体会到当时的文化背景特征。

设计与文化紧密相连，每个时代、每个阶段的设计总是依赖于当时的文化背景而存在，并强烈地体现出与之相对应的文化特征。纵观人类发展史，人类社会先后经历了原始社会、奴隶社会、封建社会、资本主义社会、社会主义社会，在不同的社会文化大背景的影响下出现了各式各样的经典设计作品，如我国原始社会的舞蹈纹彩陶盆，欢乐的人群簇拥在池边载歌载舞，情绪欢快热烈，场面也很壮阔，真实生动地再现了先民们在重大活动时群舞的热烈场面。奴隶社会的后母戊鼎，造型厚重典雅，气势恢宏，纹饰美观，铸造工艺高超。封建社会下的设计品就更加光辉灿烂。

#### 3. 社会背景分析

社会背景对设计有非常重大的影响，不同的社会背景下会相应形成不同的室内设计。设计是连接精神文化与物质文明的桥梁，人类寄希望于通过设计来改善人类自身的生存环境。设计是人类的思考过程，是一种构想、计划，最终满足人类的需求为终止目标。设计为人服务，在满足人的生活需求的同时又规定并改变人的活动行为和生活方式，以及启发人的思维方式，体现在人类活动的各个方面。创造具有文化价值的生活环境是现代室内设计的出发点。因此，优秀的设计师必须了解社会、了解时代，应对现代人类生活环境及其文化艺术的发张趋势有一个总体的认识。

### （四）审美认知

#### 1. 情感认知分析

审美情感与日常情感。按照《普通心理学》的说法，情感与认识不同，它不是人对客观事物属性的概括反映，而是人对自己周围世界所结成的关系的评价和倾向。人在日常生活中，为求生存、求温饱，必然与周围世界发生这样或那样的关系，产生多种需要(物质的和精神的)，依据外物满足人们需要的状况，表明一定的态度，这种态度的心理体验，就是情感。可见，情感是与人的需要密切相关的，带有一定的评价性和反射性。它也有喜、怒、哀、乐，但这一切都是自然状态的。它可以引起人们的快感，如肯定的、积极的情感，也可以引起人们的痛感，不愉悦感，如否定的、消极的情感。但艺术情感则不同，它不是一般情感，而是审美情感。那么，什么是情感的审美呢？就是在一定审美理想（人向往追求的美的最高境界）的观照下，对自然情感加以提炼、凝聚、升华，并给以精湛的艺术定型。情感对于生活属于主体范畴，但对艺术家来说又是客体，或叫准客体。艺术家把情感推出去，拉开一定的心理距离，进行超功利的审美静观默察，实际上也就是“再体验”，只有经过这一步，艺术家和情感才能一起获得提升，从而实现对日常情感的审美超越。审美情感，产生的是心灵的自由、精神的愉悦，不同于单纯的生理快感和痛感。不论此种情感是积极的肯定的，还是消极的否定的，因为经过了审美的处理转化为艺术，它给人的都是超越于生理之上的精神享受。

2. 文化价值分析

审美价值和艺术价值的意义不仅在于形成人们一定的价值定向，而且在于创造最高价值。科学的研究人对现实审美关系的价值方面，旨在解决同加强审美教育和艺术教育的效果有关的最主要的一些问题，是指以人的精神体验和审美的形式观照为主导的社会感性文化。审美文化是建立在现代文化系统，尤其是艺术文化系统不断发展和日趋完善基础上的，是当代文明和文化日益审美化、日益贴近人类真实生存状态的产物。从人类文明与文化的演进历程来看，审美文化是继人类工具文化与社会理性文化后出现的第三种文化形态，体现了文化积累与量变的过程，是人类文化与文明的高级形态 .

3. 适宜与物象分析

审美物象并非传统观点所言的仅仅是物质外壳、形式、工具，而是包蕴着审美体验的 " 生命体 ", 在艺术活动中具有本体意义。

### （五）国内外相关研究状况与动态

无痕设计教学是一个十分重要的培养和发展学生的逻辑思维能力的设计课程方向，而人们思维活动的本质特点在于它不仅与感性认识互相联系着，而且与语言互相联系着，即思维的概括必需借助于语言来实现。任何思想的产生和发展都与语言有着不可分割的联系，思维性教学也不例外。

因此，从当下的课程研究现状而言，仍需进一步普及和推广，在未来的设计案例中也有极大的推广意义和价值。

创新点与项目特色

1. 专业导向——问题导向

①专业导向更表现为封闭的单一的探讨问题

②问题导向则注重多元化、多维度、多视角的抛出问题和解决问题

2. 序列式教学——平台式教学

①国内外互动教学

②国家艺术基金

③研究生本科生共创课题组

④ WORKSHOP

⑤工作坊

3. 打破学科界限——跨界与交叉

交叉设计（Crossover）

Crossover 代表什么?

Crossover 原意为跨界合作，指的是两个不同领域的合作。

“Crossover”有“交叉、跨越”的含义。

交叉设计是人类一般的思维创新模式。

### （六）专业设计能力训练

1. 设计与资源

（1）资源为保护而保护模式是消极的。

（2）为开发而开发，不考虑环境效益和可持续发展也是不能被肯定的。

（3）资源如果被破坏了，是无法恢复的。

（4）对低层次的开发、破坏性的开发，要进行结构性调整。

**2. 设计与策略**

（1）策划可避免盲目性。

（2）策划活可促使设计有序地开展。

（3）策划有助于有效使用可利用经营资源，促使浪费最低化。

（4）策划是竞争者制胜的关键。

（5）成功的策划不仅能带来经济效益，还能带来良好的社会效益。

### （七）设计与生态

绿色设计着眼于人与自然的生态平衡关系，在设计过程的每一个决策中都充分考虑到环境效益，尽量减少对环境的破坏。对工业设计而言，生态绿色设计的核心是“3R”，即Reduce、Recycle和Reuse，重要的是一种观念上的变革，要求设计师放弃那种过分强调产品在外观上标新立异的做法，用更简洁、长久的造型使产品尽可能地延长其使用寿命。《氧域》生态体验式林间空间设计，就是以生态可持续为基础为设计理念而建造。林间空间树屋的可持续发展要求建筑在不损害环境持续性发展的基础上利用资源。既满足当代人对自然环境体验的需求，又不对自然环境产生危害。这里的“生态”既有环保的要义，即建筑建造过程中减少对环境的污染，实现资源利用最大化，采用天然竹材加工制成的竹钢作为建筑主要材料，搭建方便快捷，可拆卸重复利用。

### （八）以人为本、可持续发展设计

人的行为往往是设计时的依据，环境建成以后会影响人的行为，同样，人的行为也会影响环境的存在。以人和自然和谐共生为本提法更准确。在人—社会—环境之间建立起一种协调发展的机制，这标志着绿色设计的概念应运而生，是当今设计发展的主要趋势之一。

### （九）设计与技术

技术是设计的合理性、工艺性、经济性、可靠性等的体现，这些都取决于这一设计阶段。科学与艺术的互动关系是伴随着整个社会的发展和进步的，同时科学与艺术是发展也是形影相随的，艺术需要科学的眼光来创作，科学指导艺术的发展，艺术为科学提供了服务，艺术与科学的关系既是互动的又是相互依存的，艺术离不开科学，科学也少不了艺术，艺术时刻都发生，是永恒的。随着人类社会的发展，科学与艺术的交融，越来越受到人们的关注，并已成为当今世界科学文化发展的特征之一。艺术的发展，科学的进步，艺术的深层哲学思考也越来越深入。艺术的发展也呈现了非常繁华的局面，这让我们也发现了一些东西，看到艺术和科学的跟紧密联系，工业化的发展，需要科学技术，科学管理，科学创新，就是所谓的学科技术是第一生产力，同时也需要艺术设计，艺术规划，他们之间就形成一种互动关系，形成一种彼此依赖关系。科学的进步对艺术就提出了更多的要求，对艺术进行了思维的导向创作，一个科学的产品，必须要有艺术的成分和艺术设计画在里面。这个方面是从产品的外观来分析，科学是服务人类的，科学的产品也是一样，艺术是也是一样，科学的产品是按照个人的生活需要来定制的，是用科学的方式加工制造出来的，同时也是艺术设计的结果。

### （十）培训预期成果

1. 调研报告或研究报告 1 份。
2. 视觉传达展示：空间装置艺术类——由学员共同参与的小型化艺术展。
3. 相关论文 1 份。
4. 思维导图及主题单元的建立。
5. 建立无痕设计资源列表。

### （十一）项目培训研究进度安排

| 模块 | 名称 | 主要任务 | 阶段性及预期成果 |
|---|---|---|---|
| 阶段1 | 核熟知和了解此次培训目标心课 | 通过课程教授，帮助大家理解培训目标，并建立学习小组 | 建立电子学习档案；学会建立设计思维导图 |
| 阶段2 | 研讨并完善课程整合 | 从现象分析出发，理解提高无痕设计课程整合的有效性的方法，并能够初步理解无痕设计的基本思路 | 掌握提高无痕设计课程整合的有效性及方法 |
| 阶段3 | 规划不同的主题单元 | 能够运用教学设计的思路，以课程标准为依据，选择一定的主题单元进行设计 | 利用思维导图支持主题单元，并初步完成无痕初期方案 |
| 阶段4 | 研究性学习创建并无痕主题资源 | 理解无痕设计研究性学习的含义，结合上阶段的主题单元，设计研究性学习活动方案，培养学生的探究学习能力。为无痕设计资源恰当的建立主题资源库 | 根据主题单元规划，设计研究性学习方法。为无痕设计创建资源列表 |
| 阶段5 | 设计单元学习评价实施单元教学过程 | 能够运用多元化的方法，理解实施单元教学的一般方法。能够运用投递策略、组织策略与管理策略组织实施无痕设计教学活动 | 选择无痕主题单元学习中的评价要素。设计并形成恰当的评价量规 |
| 阶段6 | 展示成果与反思培训项目 | 整理此次无痕设计培训的学习成果，并与其他学员分享自己的培训作品。对自己经历的学习活动进行反思 | 学习历程回顾表；学习成果展示；培训项目个人小结 |

# 教师介绍

# 孙鸣春 / Mingchun Sun

/ 西安美院建筑环境艺术系教授 / 硕士研究生导师

陕西省美术家协会会员、陕西省美术家协会设计艺术委员会委员，中国建筑设计学会高级室内设计师，建筑环艺系学科带头人之一。全国师德先进工作者；陕西省师德标兵；西安美术学院优秀教师；陕西省专家库专家；西安市专家库专家；北京人民大会堂陕西厅室内建筑工程设计评委、专家组专家。

2004 年荣获“全国百名优秀室内建筑师”称号；2006 年荣获：“陕西省十佳优秀室内建筑师”称号；荣获“1989-2012 年中国室内设计二十年杰出设计师”称号；2013 年荣获“中国室内设计师卓越成就奖”称号；2014 年荣获第十二届现代装饰国际传媒奖“年度杰出设计师”称号。出版教材《城市景观设计》，并荣获 2011 年陕西省普通高等学校优秀教材二等奖；西安美术学院 2012 年度优秀教材奖；发表论文《格式塔心理学与情境设计——环境设计课程教学探析》、《“无痕”设计之探索》、《从民国建筑竞赛看早期建筑师风格源头》、《西夏水月观音图像考论》等数十篇论文分别发表于《美术观察》、《美术与设计》、《大舞台》、《兰台世界》、《陕西教育》等国家级核心期刊和 C 刊。《华商报》栏目专版访谈、《现代设计》栏目专访、西安电视台栏目专访等。

主要成果：陕西省人民政府省长办公楼整体施工空间项目总设计师；《西安世园会“无痕的建筑”》主题园设计，作品荣获“世园会最佳创意奖”、“2013 年中国之星设计艺术大赛展示设计类银奖”并入选“第十二届全国美展环艺设计类作品展”；《文化与餐饮—探索本土文化的空间语境再生》入选第十二届全国美展环艺设计类作品展；《黄土 · 现代人居概念—设计与思考》入选第十届全国美展环艺设计类作品展；连续 15 年为陕西省政府举办的《清明公祭轩辕黄帝大典活动》展示环境设计总策划之一；陕西省在北京重点工程“朱鹮大酒店”（五星级），任设计组组长兼设计总监，并荣获陕西省室内设计大赛金奖；99 昆明世界园林园艺博览会（国际级）陕西馆的策划、设计任总设计师，并获得长期展出金奖，设计制作银奖。1999 年 ~2006 年，连续为陕西省政府黄帝陵祭奠活动承担总体策划、设计、制作任总设计师之一；1995 年，全国轻工室内设计大赛获一等奖；1996 年，陕西省首届室内设计大赛评委；1997 年，陕西省青年建筑师室内设计建筑画大赛一等奖；1997~1999 年，其作品连续三年在《中国设计年鉴》刊登；2004 年荣获全国百名优秀室内建筑师；2004 年北京人民大会堂陕西厅改造项目任专家组专家。2005 年荣获陕西省十佳优秀室内建筑师。第十届中国国际室内设计双年展。

# 周维娜 / Weina Zhou

/ 西安美术学院建筑环艺系主任 / 硕士研究生导师

陕西省教学名师；西安美术学院环境设计、展示设计学科学术带头人之一。

社会荣誉：陕西省美术家协会设计专业委员会副主任；中国五金产业技术创新战略联盟专家委专家；中国工艺美术学会展示艺术委员会副理事长；中国室内装饰协会设计艺委会委员；首都国庆 60 周年群众游行指挥部专家组成员；陕西省多家单位的项目评审专家。

教学与科研成果：出版教材《展示 · 空间 · 设计》；合著教材《城市景观设计》；

发表论文二十余篇；主持或参与国家艺术基金项目一项，省级重大课题两项；荣获省级教学成果二等奖两项，优秀奖一项；参与的横向课题先后五次荣获国家及省政府相关部门授予的先进工作者。所带学生设计作品荣获国家、省、院级大赛和展览金、银、铜等多项大奖。

作品及获奖：黄帝陵标识设计者；新中国成立 60 周年“三秦新韵”主题彩车设计者；连续 17 年为国家级“清明公祭轩辕黄帝”文化活动进行设计策划；作品《黄土 . 人居 —— 设计与思考》《“无痕的建筑”主题园》、《文化与餐饮空间》入选第十、十二届全国美展，其中《“无痕的建筑”主题园》同时还荣获 2013“中国设计之星”银奖、西安世园会最佳创意奖；《宁夏交通博物馆》荣获“第十届中国室内设计双年展”铜奖；《百年印记 —— 延长石油纪念馆》荣获第七届“为中国而设计”大展入选作品奖；《99 昆明世界园林园艺博览会陕西厅》设计荣获世园会最佳设计奖；作品特邀参加 2014 中国设计师年展、西部艺术大展、中国绿色生态主题美术作品展、陕西省美术作品展等国家级、省级展览；多项标志设计、空间设计作品荣获 2011、2012、2013 年度中国设计之星优秀奖等。

## 濮苏卫 / Suwei Pu

/ 西安美术学院建筑环境艺术系副教授 / 硕士研究生导师

中国室内学会会员。自 1986 年任教以来，先后担任的专业课程有：建筑透视图技法、工程制图、小别墅设计、建筑构成设计、建筑设计、室内课题设计、毕业设计等专业课程。将建筑学的空间理论与环境艺术教学的有机融合，从建筑学的知识体系中建构环境艺术的理论体系。

专著：《现代环境艺术设计 · 创意与表现》西安交通大学出版社 2002，11；《建筑空间构成设计》 西安交通大学出版社 2007，01；《小别墅设计》西安交通大学出版社 2009.07。

论文：《试论建筑的目的与本质》2005，03；《建筑空间的体验》2006，09；《设计思维的特点》2003.04；《空间尺度意义解析》2007，01。

优秀设计作品曾入选《中国设计年鉴》、《全国美术院校优秀室内设计作品集》；

参与学院及社会的重大工程项目有：北京朱大酒店：唐乐宫外立面；25 层绿云天琴吧会议层、电梯厅；乾陵唐诗苑规划设计；西安美术学院二期规划；三宝双喜幼雉园环境设计；宁波中山广场规划设计等。

奖项：概念设计作品《黄土 · 人居环境 · 设计与思考》入选“第十届全国美术作品展览”。

## 李　媛 / Yuan Li

/ 西安美术学院建筑环境艺术系副教授 / 硕士研究生导师 / 西安建筑科技大学博士

中国建筑学会室内设计分会会员；中国室内装饰协会会员中国流行色委员；中国美术家协会会员；陕西省室内装饰协会会员；西安土木协会会员；

专著：（60 万字）《保护文化传承的新农村建设》；发表论文 21 篇，EI、ISTP 检索 1 篇 (Energy-efficient land-saving low-carbon art of dwelling environment-Research from underneath type earth cave dwelling in Baishe village ,SanYuan county of Shaanxi province)，核心 4 篇（如《当代新农村建设与传统村落建筑空间环境》），国家级 16 篇（如《四川泸州桐油纸伞传统技艺与传统村落共生关系研究》）；主要参加国家级科研项目 2 项（如国家软科学基金资助项目《保护文化传承的新农村建设》，国家艺术基金项目《无痕设计——环境设计艺术人才培养》），省部级 3 项，校级 1 项；获得国家级奖项 19 项（如主要参与作品《“为西部农民生土窑洞改造设计”四校联合公益设计项目》获第 12 届全国美展中国美术奖 · 创作奖金奖）；

获优秀指导教师 11 奖项（如 2015 年指导毕业设计获第二届中建杯 5+2 环境设计大赛优秀指导教师奖两项）；

参与国际、国内学术交流 8 项（如 2015 年，受邀参加第十三届全国高等美术院校建筑与设计专业教学年会，并进行《无痕设计 + 从景观走向真实》的学术报告；2015 年，受邀参加“全国设计类专业青年教师教学学术论坛”，并做《西安回坊微乌托邦 Mapping 工作坊课程》学术报告。

## 吴文超 / Wenchao Wu

/ 西安美院建筑环境艺术系讲师 / 鲁迅美术学院建筑学硕士

发表论文：

· 2013 年 8 月发表《景观恢复与生态学基本理论观点及框架体系研究》于《城市建设理论研究》
· 2014 年 7 月发表《美术形式在环境艺术设计中之定位辨析》于《城市建设理论研究》
· 2014 年发表《论当下空间设计相关专业手绘课程之问题与定位》于《中国科技博览》第 36 期
· 2014 年 9 月发表《论环境美学与传统美学之间联系及其特性》于《建筑知识》
· 2014 年发表《论空间设计相关范畴之辨析》于《房地产导刊》第 22 期
· 2015 年 9 月发表《渤海皇宫建筑文化考究》于《兰台世界》
· 2015 年 3 月发表《趣味性公共艺术品的创作方法研究》于《大舞台》

获奖情况：

· 2010 年 10 月，作品“土性游走”——文化驿站体验式窑洞旅馆获得中国美术家协会颁发“为中国而设计”第四届全国环境艺术设计大展最佳手绘表现作品（银奖）。
· 2010 年 10 月，作品第四军医大学校园景观设计方案获得中国美术家协会颁发“为中国而设计”第四届全国环境艺术设计大展入选作品（专业组）（铜奖）。

## 翁　萌 / Meng Weng

/ 西安美术学院建筑环境艺术系讲师 / 西安建筑科技大学建筑学硕士

中国室内装饰协会会员、陕西省土木工程协会会员。
一直致力于进行传统建筑文化特色与现代建筑创作结合方法研究工作。
编著《甘肃古建筑》，参与编著高职教材《室内设计原理》、公开发表论文十余篇。
参与《中小学建筑设计》教材的重新修订工作。
参与作品《“吾土情深”柏社村地坑窑洞民俗博物馆整体设计》。
荣获第四届全国环境艺术设计大展“中国美术奖”提名作品。
2013 年荣获北京国际设计周设计大奖。
2014 年作品《为西部农民生土窑洞改造设计》荣获中国美术家协会第十二届全国美展“中国美术奖、创作奖”金奖。
多次荣获全国环境艺术设计大展优秀指导教师奖。

## 周　靓 / Jing Zhou

/ 西安美术学院建筑环艺系副教授 / 硕士研究生导师 / 西安建筑科技大学建筑学博士后

陕西省室内装饰协会设计专业委员会副秘书长；中国室内装饰一级室内设计师；国家职业技能鉴定高级考评员；陕西省美术家协会会员；陕西省工业和信息化行业招投标专家库专家；陕西省政府采购评审专家库专家。

出版专著《新中式建筑艺术形态》、《陕西关中民居门楼形态及居住环境》；国家"十一五"、"十二五"规划教材《当代景观设计》、《城市公共艺术》；主编《心 . 视 . 届毕业设计教学实践与思考》；发表核心论文十余篇于核心期刊、C 刊、学术期刊；获第十二届全国美展金奖；第十届全国美展优秀奖等国家及省市级奖项十余项。主持及参与国家教育部人文社科研究项目《新中式建筑艺术形态研究》、《河西走廊生态与地域建筑走向》2 项；主持及参与陕西省教育厅课题《中国近现代民族建筑形态探索与过渡性研究》、《陕西关中传统民居门楼形态及居住环境研究》、《基于中国传统书画审美情境下的关中新中式建筑艺术的同构性研究》、《新常态下环境设计学科的重构与发展研究 4 项；西安市社科规划基金课题《西安建设国际化大都市彰显历史文化特色研究》、《西安当代文化发展问题研究—对西安应继承发挥周公文化并推进文化建设规划体质改革的思考建议》2 项，校级课题《中国民族建筑形态转折与过渡性研究》1 项。

曾代表中国参加并担任日本第七届世界残疾人职业技能竞赛裁判并担任翻译工作；赴欧洲参加威尼斯双年展，并对欧洲多国进行专业考察和专业学习；曾赴法国巴黎美术学院为期三个月专业学习。

## 屈　伸 / Shen Qu

/ 西安美术学院建筑环境艺术系讲师 / 西安建筑科技大学建筑学硕士

全国百名优秀室内建筑师、高级环境艺术师。

文化部世界民族文化交流促进会理事；世界华人艺术商会理事；中国建筑学会室内设计分会会员；中国室内装饰协会甲级项目经理；陕西省建筑工程招投标评审委员会委员。2004 年获中国首批 CIID"全国百名优秀室内建筑师"荣誉称号；2006 年入选《一代名家》——当代中国著名室内建筑师名录； 2009 年荣获中国首届环境艺术师称号。

致力于新农村设计近 20 年。2010 年，作品《黄土地》以其"零土地、零能耗、零排放、零支出"的设计理念和低碳环保的示范价值，成为中国唯一被邀请上海世博会中国国家主题馆展出的未来人居环境示范作品，受到了参会各国领导和学者的高度赞扬和媒体一致好评，为祖国赢得了荣誉。

2010 年，设计作品《生长于地下可呼吸建筑》荣获亚太地区低碳聚居建筑作品设计大赛一等奖（国际）；2010 年设计黄土庄园被陕西省政府列为省"休闲农业示范园"；2012 年设计古窑洞休闲农业度假区被省政府评为"陕西省现代农业示范园区"；2013 年"生土窑洞改造"获北京国际设计周设计大奖年度设计奖（国际）；2013 年保护十余年的永寿等驾坡村被国家列为"中国著名传统村落"；2014 年《为西部农民生土窑洞改造设计》课题组荣获十二届美展一等奖。

# 培训过程

# Training Process

# 开课仪式

学院领导与无痕设计项目组全体人员合

西安美术学院院长 郭线庐

西安美术学院副院长 贺荣敏

建筑环境艺术系主任 周维娜

无痕设计项目负责人 孙鸣春

2015 国家艺术基金《无痕设计——环境设计艺术人才培养项目》顺利开课。

2016 年 3 月 31 日，由西安美术学院为申报主体，建筑环境艺术系孙鸣春教授为负责人的 2015 国家艺术基金《无痕设计——环境设计艺术人才培养》项目在建筑环境艺术系会议室顺利开课。以经过全国遴选的学员为开课仪式人员主体，陕西省文化厅艺术处徐敏处长，西安美术学院郭线庐院长，赵万东副书记，贺荣敏副院长，科研处朱尽晖处长，建筑环境艺术系主任周维娜教授、书记汪兴庆、项目负责人孙鸣春以及导视团队濮苏卫、李媛、周靓、吴文超、翁萌和屈伸，及全国遴选的学员、院校研究生等共同参加了开课仪式。

建筑环境艺术系主任周维娜教授首先对项目进行了整体介绍，表示一定不负国家艺术基金期望，将该项目做深做实，为国家培养优秀的环境设计艺术人才。徐敏处长代表文化厅向项目开课表示了祝贺，提出项目要严格遵照国家艺术基金关于“名师出高徒”的标准进行人才培养。贺荣敏副院长对该项目开课表示了祝贺，并提出项目团队要高度珍惜此次机会，认真总结经验。朱尽晖处长说该项目代表了学院，经历了艰辛的申请过程，在环艺系具有唯一性，科研处会积极协助项目开展。孙鸣春教授表示感谢学院领导的关怀和支持感谢建筑环境艺术系的支持，一定将该项目圆满完成。

郭线庐院长最后进行了总结性讲话，首先对该项目的开课表示祝贺。该项目的内核主导思想极具高度，正是国家对目前存在的“千城一面”、“千村一面”城乡建设问题的本质解决途径之一，是环保、生态、人文的集中体现。他还提出项目在开展过程中应注意研究艺术观念的创新，研究教育结构和管理的创新，及科学、合理地进行人才队伍培养。

# 集中授课

## 一、首次授课

首次授课分为讲座与交流两个部分，首先由孙鸣春教授进行《无痕设计 —— 环境艺术人才培养项目》的核心理念讲授，第二部分由各学员与全体授课导师进行交流，探讨学员来自行业的不同领域，对“无痕设计”理念的理解各抒己见。为下一阶段的培训奠定了良好的观念基础。

## 二、第二阶段课程

继《无痕设计 —— 环境艺术人才培养项目》开课之后。2016 年 7 月 4 日开始，2015 国家艺术基金《无痕设计 —— 环境设计艺术人才培养项目》课程在我校建筑环境艺术系会议室全面开课。集中授课为期一个月。

本期课程：

《社会群体行为偏执及综合心理障碍在环境设计领域的影响研究》；

《无痕设计体系对设计产生浪费之潜在因素探究》；

《无痕设计调解下的受众体需求因素变化研究》；

《无痕设计调节下的释放资源再整合关系研究》；

《生态资源平衡与自然生命共生关系探索》；

《无痕设计理论体系在环境设计教 育中的系统性研究》

第一部分，为期一周，首先由濮苏卫副教授进行关于《社会群体行为偏执及综合心理障碍在环境设计领域的影响研究》课程的介绍和部分的授课。

第二部分《无痕设计体系对设计产生浪费之潜在因素探究》由建筑环境艺术系濮苏卫副教授、李媛副教授进行授课。

本次课程从社会层面、功能层面、符号层面、审美层面、情感层面、价值层面等进行剖析和阐释：设计负面价值的界定；建立资本与设计的价值关系体系；设计产生浪费的深层探究。授课同时，根据不同章节进行观点论述与讨论。由于每位学员职业不同使得论述角度更广泛，对课程探究有了更多更饱满的作用。

第三部分《无痕设计理论体系作用下的受众体需求因素变化研究》由建筑环境艺术系孙鸣春教授、吴文超老师进行授课。

基于前两次课程的研究结果，此次课程主要以案例分析为主进行课题展开，对无痕设计理论体系作用下的受众群体的需求因素变化进行详细介绍与分析，课程过半，学员们亦逐渐对“无痕设计”有了更加丰富的理解。课程过程更像是不同学科的分享与融合，学习气氛也愈加活跃轻松。

第四部分《无痕设计调节下的释放资源再整合关系研究》由周维娜教授，屈伸老师讲授。

课程以黄土窑洞为例。通过对“土”这个常见材料进行全面分析和整合，以实际案例生动的例证了无痕设计调节下的释放资源再整合关系。

围绕此次课程的主要内容，各位学员针对自己的专业或者生活经历，来论述关于当下对于资源释放及重新整合的关系问题，及如何利用无痕设计理念进行调节的看法。

第五部分《生态资源平衡与自然生命共生关系探索》由建筑环境艺术系孙鸣春教授和翁萌老师进行授课。

以多国相关设计案例——纽约高线公园等，作为分析案例来体现生态资源与自然生命的共生关系，结合当下各方面实际发展，来探索最合适的共生方式。

为了形象生动的进行授课，主讲老师选用了多组案例，有理有据，让学员们理解，达成共识、深入思考从而升华思想。授课中，在座的各位老师与学员们都投入其中，气氛稳重不失生气，聆听、思考、记录、讨论，一如既往。授课之后的观点论述、讨论部分，往往是整个课程之中最具魅力的环节。思想的碰撞从这里开始。各位老师进行补充与论述。学员们依次发言，进行观点论述与提问讨论。

第六部分《无痕设计理论体系在环境设计教育中的系统性研究》由建筑环境艺术系周维娜教授和周靓副教授进行授课。

课程通过“无痕设计”理论体系的教学实践，从对环境设 计的需求认知、技术认知和审美认知角度进行深入探讨。由于学员中，有部分为青年教师，对从求学到教授的过程也有很多感想，因此，讨论环节更加丰富。

每次授课过程中与学员的沟通与互动

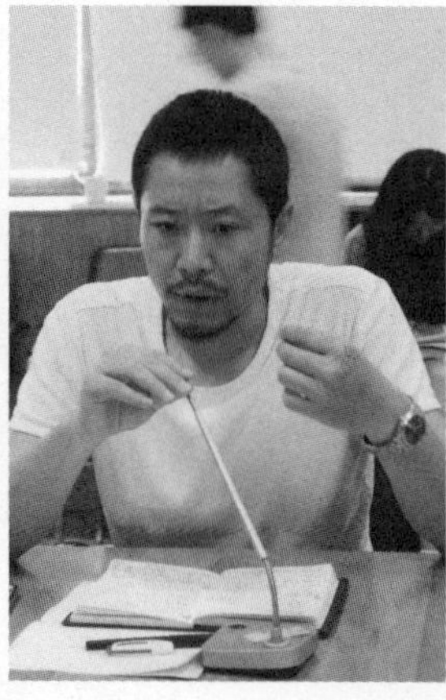

# 调研考察

关中民俗博物院考察

陕西韩城古村落考察

大华 1935 工业遗址博物馆考察

学员考察

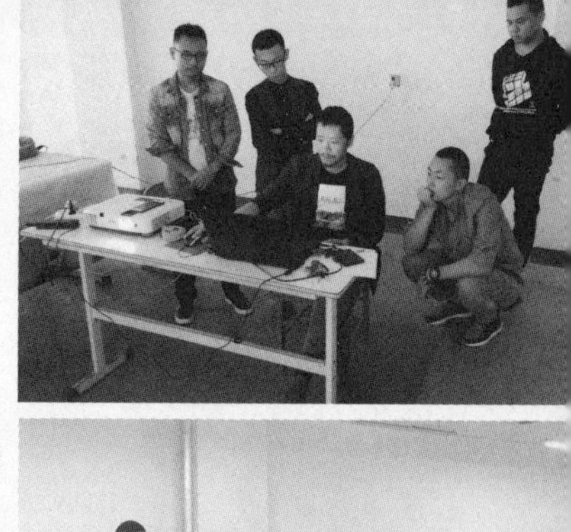

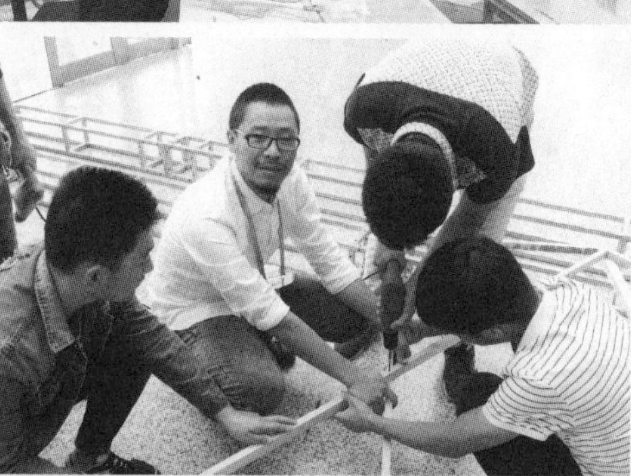

# 学术论坛

## 重返风景

“重返风景：城市与乡村变迁中的情感与记忆”西安论坛——对无痕设计理念探讨的延伸

5月14日上午，由亚洲城市与建筑联盟携手亚洲设计学年奖组委会、西安美术学院建筑环境艺术系主办的“重返风景：城市与乡村变迁中的情感与记忆”西安论坛在学院笃行楼一层报告厅举行。

学术报告分别由广州美术学院赵健教授和西安美术学院建筑环境艺术系濮苏卫教授主持。来自国内外专家学者针对环境设计中城乡变迁的社会问题进行各自的观点交流。

**演讲嘉宾/演讲内容：**

西安美术学院建筑环境艺术系教授、硕士研究生导师孙鸣春教授：《无痕设计：环境共生的价值回归与重建》

清华大学美术学院教授张月教授：《风景 · 乡村——变迁的动机与目的 》

中国建筑西北设计研究院有限公司院总建筑师、博士生导师赵元超教授：《回归大地 ——

关于建筑与土地对话的策略》；

中央美术学院建筑学院李琳副教授：《走近风景，再走进风景》；

清华大学建筑学院建筑系主任许懋彦教授：《记忆的风景——欧洲城市公共空间奖活动及作品选讲》；

德国雷瓦德景观建筑事务所北京负责人刘彦廷先生：《共同情感记忆》；

瑞典SWECO（中国）副总经理徐淼女士：《风景旧曾谙？如何忆“江南”——浅谈乡建中情感与记忆的保留与延续》；

长安大学建筑学院习晋教授：《汉唐文化与当代科技在民俗设计中的启示作用》

# 无痕设计系列讲座

**建筑文化与文化建筑**

主讲人 / 孙西京

2016年9月29日晚19:00，无痕设计系列讲座邀请陕西建工集团院总建筑师孙西京院长做了《文化建筑和建筑文化》主题讲座。孙院长是教授级高级建筑师，国家一级注册建筑师，香港注册建筑师，陕西建工集团总公司设计院总建筑师，国家人事部批准博士后科研工作站导师。主题讲座在西安美术学院主楼一楼学术报告厅举行。讲座由西安美术学院建筑环境艺术系系主任周维娜教授主持，孙院长的讲座结合无痕设计理论并围绕建筑及文化对关系展开。倡导如下观点：

一、以绿色生态的理论，针对不同的项目挖掘文化，历史，理念新颖，设计创新，具有前瞻性，建好故事（策划）。

二、合法合规、因地制宜、科学合理，做好项目规划。让项目平稳滑翔。

三、方圆有度，功能适用，积极合理，美观愉悦地做好项目设计，让项目能够落地。

四、按图施工，慎重变更，做好现场服务，做好施工组织设计，合理工期、安全有序、验证策划、规划、设计、科学管理、健康运行、永继发展。

五、建筑是凝固的音乐，扎哈·哈迪德："使建筑流动起来"。

六、伴随着经济的发展，物质的极大丰富，人类文明进步，建筑作为凝固的音符与人类的生活息息相关，紧密相伴，从以往只注重建筑的实用价值，从而转变为追求其精神内涵以艺术形式的表达，其文化价值越来越受到社会的广泛关注，而不断创新的建筑设计又赋予了建筑时代的灵魂，使建筑与环境和谐共存。讲座最后，由无痕设计课题组成员，建筑环境艺术系空间教研室主任周靓副教授进行学术总结和点评。

实验艺术场在地

主讲人 / 鲁　潇

2016年10月27日晚7点，无痕设计系列讲座邀请青年实验艺术家鲁潇在西安美术学院主楼一楼学术报告厅举行了“让设计与艺术共舞” 学术讲座——《实验艺术+场+在地》。此次讲座旨在通过探讨于艺术的维度中，建构空间与场的途径，并试图表述当面对艺术与技术——设计的两个途径之时，艺术设计类学生应该更多的向内观看，向内寻找力量。讲座主要包括五个方面的内容：1.平面作品空间的探索与创作；2.作品进入真实空间作品的展示方式；3.直接介入空间进行创作（要求空间和物品产生有效的沟通）。4.身体与空间——场——剧场与现场（区域中的能量影响着空间的质感，也影响着人对于空间的感知。空间从一个物质化、可视的空间变成一个能量性的空间。）5.文学里的空间（巴什拉的空间诗学——感知带来的空间转化）。讲座由景观设计教研室主任李媛副教授主持，其在总结中谈道：1.过度的视觉形式类设计需要反思，设计师需要向后退一点，放慢脚步，向内心观看；2.从国外的实验艺术空间介入的作品中，能看到最终呈现的表述状态是很朴素的，是场所的一部分，是能量不可或缺的构成者，但在这概念、场、形式之后，却是艺术家长期的内在逻辑探寻过程，这便是观念产生的根源；3.“在地”与“真实”的根源皆来自于人，在这一本源关注点上设计与艺术是相通的，所以，要让设计与艺术共舞，让艺术设计类学生在关注技术和向外观看的前提下，更懂得向内心观看，以唤醒其内心艺术的力量和更为自由的认识世界、认识设计、认识自己。

艺术感知与创意重构

主讲人 / 黄建成

2016年12月2日，无痕设计系列讲座邀请到了中央美术学院城市学院副院长黄建成教授。黄建成教授是中国著名的空间整合设计师、艺术家，现为中央美术学院城市设计学院副院长、教授、博士生导师；同时担任中国美术家协会环境设计艺委会副主任、教育部高等学校工业设计专业教学指导委员会委员；并兼任纽约室内设计学院、罗马圣拉斐尔大学建筑与设计学院、广州美术学院等院校的客座教授。黄建成教授曾担任2005日本爱知世博会中国馆艺术总监、总设计师；2010上海世博会中国国家馆设计总监；2015、2016年度中国文化部“欢乐春节•艺术中国汇”纽约系列活动总设计。黄建成的作品曾参加多次国家级和国际性美展和设计展，获多项重要奖项；2014年“场域•黄建成设计”艺术展曾分别在中央美术学院美术馆、广州美术学院美术馆及上海新美术馆成功举办。本次，黄教授为同学带来了《艺术感知与创意重构》主题讲座。黄教授从艺术和创意入手，结合近年来所设计的项目及创作的艺术作品向大家展现了其对科技、艺术与设计的思考。在黄建成教授看来，科技、艺术、设计、空间几个要素构成多维语言并紧密关联，也可以将它们理解为事物之间及内部多点、多重、交织的关系，既有其自身本质的客观性，又有互含、互隐和互动的动态属性。科技与艺术是可以融合的，设计与空间也可以是一体的，空间是科技、艺术与设计的呈现平台和整合容器。基于对数字时代艺术感知与创意重构的思考，黄建成以对现实的批判态度，审视艺术与世界本源的关系，试图追问现实世界的合理性。本次讲座由西安美术学院建筑环境艺术系系主任周维娜教授主持。

ARTISTIC
PERCEPTION
AND
CREATIVE
RECONSTRUCTION
艺术感知与创意重构
主讲人:黄HUANG 建 成JIANCHENG
学术主持:周维娜 教授
主办单位:西安美术学院建筑环境艺术系
时 间:2016年12月2日晚7点至9点
地 点:西安美术学院三号楼105报告厅

# 成果汇报

2015 国家艺术基金《无痕设计——环境设计艺术人才培养项目》结题汇报展览暨研讨会顺利召开

2016 年 12 月 3 日，西安美术学院 2015 国家艺术基金《无痕设计——环境设计艺术人才培养项目》结题汇报展览暨研讨会在陕西臻美文化艺术展厅顺利召开。

会议由西安美术学院建筑环境艺术系主任也是项目的首席导师周维娜教授主持。

西安美术学院院长郭线庐、副院长贺荣敏、陕西省文化厅艺术处处长徐敏、西安美院科研处处长朱尽晖参加了此次会议并分别发表了讲话。

项目负责人孙鸣春教授对项目总体情况，无痕设计理念体系，培训情况，相关成果及媒体报道进行了较为详尽的介绍。随后，学员们分别谈了自己的学习情况和感受。

受邀专家，中央美术学院城市设计学院副院长，博士生导师黄建成教授、山东艺术学院设计学院副院长远宏教授、中建西北设计研究院有限公司院总，教授级高级建筑师，博导赵元超教授、中建西北设计研究院有限公司院总，教授级高级建筑师，博导安军教授、陕西建工集团总公司建筑设计院，高级工程师，博导孙西京教授、西安美术学院建筑环艺系创始人陆楣教授、西安美术学院设计系博导彭程教授、西安美术学院工艺系博导任焕斌教授分别对无痕设计课题做了精彩的点评。专家普遍认为无痕设计项目具有很大的社会意义、学术意义和研究价值。无痕设计的理论体系系统完善，学员水平层次高，是此项目的最大亮点，以文本和书籍作为成果也是这个项目区别于其他项目的最大特点，希望项目组一定要重视这个特点。无痕设计项目组在短时间内所取得丰硕成果难能可贵，并希望将成果中的学术活动纳入到教学体系中。

贺荣敏

朱尽晖

周维娜

孙鸣春

吴晶晶

陆丹丹

2015年资助项目
无痕设计
环境设计艺术人才培养项目
结题汇报展览暨研讨会
后记

无痕设计

无痕设计
无痕设计
后记
无痕设计

# 学员培训成果

Contents of Training

# 无痕设计在当今中国城市现状下的可行性分析

曹峻博 / 文

**曹峻博 / 兰州文理学院美术学院环境设计系教师**
**研究方向 / 生态环境规划与设计研究**

西安美术学院建筑环境艺术系硕士研究生毕业；中国建筑学会室内设计分会会员，高级室内建筑师；2014 年成立和合空间设计工作室； 2003 年至今于兰州文理学院美术学院从事环境设计教学与科研工作。

摘　要：无痕设计理念是顺应历史变迁、符合中国社会可持续发展的一种新理念，它作为社会受众体与社会资本之间的桥梁，期望努力推动城市环境生态、社会生态和人文生态的可持续发展，从而达到最理想状态下的城市环境生命共生关系。无痕设计在实施过程中将面对诸多城市疾病，本文就无痕设计在当今中国城市发展现状下的可行性进行分析，并期待"无痕"时代的到来。

关键词：无痕设计　生命共生　城市污染　社会群体心态　可持续发展

## 一、解读无痕设计

无痕设计从本质上说，不单纯指视觉世界中的某种设计语言或外在形式，而是站在客观正视人类生存发展危机的思想高度上，基于对当前现实物质及人类精神世界出现不良状态的深刻思考上，而产生的一种广义的生命共生设计理念。这一设计理念既关乎环境生态平衡，也关乎社会群体心理健康。无痕设计通过其本体价值、溢价价值和远代共生价值的有序释放，期望努力推动环境生态、社会生态和人文生态的可持续发展，从而达到最理想状态下的生命共生关系。

## 二、无痕设计对城市的积极作用

城市在发展过程中，会出现盲目规划、重复建设、生态环境污染、社会群体不良心态等导致的各种资源浪费，这是由于社会资本流向的不合理造成的，其中有政策层面和社会受众体层面的双重作用，其结果就是，在追求正 GDP 的同时也在产生负 GDP，对社会资源造成极大消耗。无痕设计理念作为社会受众体与社会资本之间的桥梁，设计师通过其前瞻性和敏锐洞察力，从某种程度上引导资本的正确流向，遵循节约、适度、生态、情感、资本和资源循环再生等原则，使社会受众体获得便利的、健康的，并且具有情感吸附力的城市环境。

## 三、无痕设计的溯本追源

无痕设计理念，是人类回归本心的理性思考，是内心深处对于理想生存环境的真实渴望。早在中国古代，对于环境与社会的理解，本身出于一种主动的认知，儒家思想当中，对于合理利用和保护生态资源的主张已经十分全面，既包括山林、动物等有生之物，也包括土地、水资源等无生之物，保护对象十分广泛。例如："修火宪，养山林"、提倡植树，反对随意破坏林木、禁止用药物捕杀动物、禁"合围"与"掩群"、保护动物生境等。我国最早的森林保护法《禹之禁》规定："春三月山林不登斧，已成草木之长。"《荀子・王制》提出："草木荣华滋硕之时，则斧斤不入山林。"《诗经・鱼丽》则主张用之有度："取之以时，用只有道，不妄夭杀，使得生养，则物莫不多矣。"这里不一一列举。但是在当代，迫于已经形成的环境压力，我们则是无可奈何被动接受，并且到了不得不做出改变的地步。因此，我们有必要先了解如今的城市环境和生存现状。

## 四、无痕设计理念所面对的城市现状

现代城市环境从根本上来说，是由必不可少的空气、水、土壤等自然要素、人工建筑物以及由人和人组成的社会群体所构成，而这一切正在遭受破坏。首先，我们对这些现状逐个进行分析。

### （一）空气

目前，我国高危空气污染物排放量（二氧化硫及混在其中的极小微粒、二氧化氮等）占全球总排放量的 1/3。仅以雾霾污染为例：中国《环境空气质量标准》规定，PM2.5 年均浓度每立方米 35 微克（及以下）为达标 ,2013 年底首次参与《环境空气质量标准》雾霾调查的 74 座城市中就有 92% 不达标，超标两倍以上的城市有 32 座，排行前十的城市均超标三倍以上，石家庄、邢台等城市更是超标四倍以上。2015 年，全国空气质量排名中达标的城市只有 85 座，仅占总数的 22.6%（图 1）。世界卫生组织发布的最新全球雾霾报告指出，中国有 88% 的居民生活在不符合空气质量水平规定的城市中，近 50% 的群众生活在建议水平 2.5 倍以上的空气污染中，这些人将面临严重的健康风险。《2010 年全球疾病负担研究》报告称，目前 120 万中国人过早死亡的主因之一就是空气污染，而且这一数字占全世界因污染过早死亡人数的 40%。从 2001 年到 2010 年，北京因雾霾导致肺癌死亡人数增加了 56%。2013 年美国《国家科学院院刊》显示，由于长期燃煤取暖，导致中国淮河以北居民平均寿命减少了五年。环境署《全球环境展望》也指出：空气污染是导致人类尤其是儿童过早死亡的主因：每立方米空气中每增加 10 微克 PM2.5 颗粒，肺癌死亡率就会上升 15%~27%，目前中国肺癌患者已从 50 岁以上提前到 30~50 岁。2013 年，江苏省肿瘤医院就收治了一位因雾霾引发肺癌的八岁小女孩（图 2）。如果经济发展是为提高人民生活水平和 GDP，那么，雾霾却是破坏人类健康和生活质量最致命的副产品（图 3）。

图 1 雾霾指数爆表

图 2 我要呼吸

图 3 城市雾霾

### （二）土壤

我国土壤污染问题正在加剧，如不及时治理，其负面作用还将持续三十年之久。土壤污染类型包括棕色地块（工业搬迁后未经修复的土地）、农耕用地和矿区地块。土壤污染包括重金属、化工、塑料、电子废弃物和农药化肥污染等。2014 环境保护部和国土资源部公布《全国土壤污染状况调查公报》称：全国调查点土壤污染总超标率 16.1%，重度污染点位比例为 1.1%；耕地点位超标率 19.4%，其中镉超标率 7.0%；重污染企业及周边土壤点位超标率 36.3%; 垃圾处理场地土壤点位超标率 21.3%（图 4）。以重金属污染为例：2013 年全国有 16% 以上的土地受到重金属污染，面积超过 3 亿亩。每年因重金属污染的粮食高达 1200 万吨，造成直接经济损失超过 200 亿元。重金属污染是不可完全逆转过程，许多受污染地区已超出土壤自净能力，在没有外力的干预下，

图 4 污染的土壤

千百年也无法自净，甚至有的地块永远无法自净。以农药、化肥污染为例：2012 年我国农药使用量达到 130 万吨，是世界平均水平的 2.5 倍，但是其中只有 0.1% 作用于病虫害，99.9% 都会进入生态系统；化肥的实际利用率也不到 30%，其余 70% 都会污染环境，由此导致我国粮食每年减产 100 亿公斤（图 5）。如果要对受污染土壤进行修复，其代价将十分巨大，例如对受重金属污染的土地采用最低成本的植物修复法进行修复，所需资金就将达到六万亿元；如果对城市中近 30 万块棕色地块进行修复，资金总额甚至高达几十万亿元；而对废弃矿山约 150 多万公顷的土壤进行修复，也需资金 1400 多亿元，而这一切，还不包括时间成本。目前为止，我国土壤污染还出现工业向农业、城市向农村、地表向地下、上游向下游、水土污染向食品链转移的趋势，例如 2014 年“镉大米”事件就是其中之一，目前全国 10% 的大米都存在镉超标（图 6）。由此可见，土壤污染正在对人们身体健康和城市可持续发展构成严重威胁。

图 5 污染的农田

图 6 镉大米

### （三）水

水环境污染与以上两种污染一样，在中国也不容乐观。《中国环境状况公报》指出，2014 年我国近三分之二地下水和三分之一地表水不能直接接触。时至 2015 年底，不达标的地下水量从 61.5% 陡然上升到 80.2%。2016 年水利部《地下水动态月报》结果显示，全国 2103 口地下水井有 32.9% 为四类水，47.3% 为五类水。宁夏回族自治区地下水污染最为严重，100% 无法饮用。黑龙江、辽宁、内蒙古、湖北和河南各省合格率也不足 10%。地表水污染同样令人触目惊心，2014 年环保部监测的 968 处地表水中仅有 3.4% 达到一级标准。全国地表水 972 个国控断面中基本丧失水体使用功能的劣五类水占 9.2%；湖泊有 24.6% 呈富营养状态，许多城市内河流已经变成臭沟黑渠（图 7）。与此同时，我国城市每年缺水高达六十亿吨，年均造成经济损失约 2000 亿元。由于用水需求持续增长，许多城市迫不得已超采地下水，导致各大城市普遍出现地面沉降、塌陷、地裂等问题，直接造成经济损失和人员伤亡。另外，约 80% 的工业企业布局在水系沿岸，造纸、化工原料和化学品制造、纺织等四个行业占到工业污水排放量的一半以上。2014 年重大突发环境事件中，60%以上涉及水污染。更为严重的是，目前农业源和生活源水污染已超过工业源，成为我国水污染的最大诱因。中国近 6 亿农村人口饮水安全问题受到严峻挑战，约 1.9 亿农村人口饮用水有害物质超标，6300 万人饮用水氟超标，200 万人饮用水砷超标等（图 8）。

图 7 “红河水”

图 8 污染致死的鱼

图 9 中国“白宫海关”

图 10 “假古董”建筑

### （四）城市建筑

中国正在经历前所未有的城市扩张，中国已经成为这个世界上最大的建筑消费国与浪费国，年均二十亿平方米新建面积世界第一，年均消耗全球 40% 的钢材和水泥世界第一，但是，年均产生五亿吨建筑垃圾同样也是世界第一。由于缺乏前瞻性、严肃性、强制性和公开性的整体规划，中国已然成为各色建筑的试验场，城市中产生了大量的

图 11 楼龄 18 年
被爆破拆除的沈阳五里河体育场

图 12 楼龄 20 年
被爆破拆除的青岛大酒店

图 13 “方便面楼”

图 14 “大茶壶楼”

“大洋怪建筑”（图 9）、“假古董建筑”（图 10）和“非正常死亡建筑”（图 11、图 12）。盲目追求城市规模扩大化、大拆大建的过程中，建筑物贪大、媚洋、求怪等现象频发，“大裤衩”、“棺材板”、“唐僧帽”、“大秋裤”、“酒瓶楼”、“福禄寿”、“铜钱楼”等丑陋建筑不断出现，巨额资金浪费在对奇形怪状的追求上已成为理所当然（图 13、图 14）。城镇化加速的进程中，政府部门和群众对建筑文物保护意识缺乏，国家也没有完备的城市遗产保护法体系，在拆旧建新的过程中造成“千城一面”、“拆真建假”、“拆旧建洋”的三大误区。以上海弄堂为例，其面积由 20 世纪的两千多万平方米减少到现在的不足四百万平方米，同时拆真文物，造假古董，致使旧区中大量历史建筑遭受灭顶之灾。拆除老建筑，丢失了中国建筑应有的传统文化承载，失去中国山水人文柔韧圆通的精髓，也折射出当代中国人文化与精神上的扭曲。由于各地政府过分追求短期利益，普遍存在为求政绩搞形象工程、为提高当地经济拆迁卖地、决策层藐视专家意见和公众监督、由于官员腐败产生豆腐渣工程、一届政府一套规划等问题，最终导致很多建筑“非正常死亡”。例如：兰州“中立黄河大桥”在 1997 年主体完工后，由于投资商经济纠纷问题导致停工，此桥历时 13 年却一天都没有投入使用，直到 2010 年 7 月 5 日兰州市政府花巨资将其拆除；再如：投资 2.5 亿的沈阳五里河体育场仅仅存活了 18 年，于 2001 年 10 月 7 日被拆除，其地块以 16 亿拍卖，并新建投资 19 亿的奥林匹克中心。这样的例子实在是不胜枚举。美国的建筑平均寿命是 80 年、法国是 85 年、英国则达到 125 年。与此相比，目前我国建筑平均寿命却可怜的不到 30 年，有的甚至还未建成就被拆除。何镜堂院士曾提出“两观三性”的建筑创作论：“建筑要树立整体观和可持续发展观，建筑设计要体现地域性、文化性、时代性的和谐统一”。但是目前看来，还需假以时日。我们的城市不但高楼林立，城市地面也是硬化的，仅有的绿地大多也是人工的，每逢雨涝，城市排水都成问题，甚至暴雨季节造成市民溺亡的事件屡次发生。《2012 低碳城市与区域发展科技论坛》提出海绵城市概念，以提升城市生态系统功能和减少城市洪涝灾害，目前该项目只在 30 个试点城市实施，而且其正向作用也不会立竿见影。2010 年上海世博会主题是“城市，让生活更美好”，但是 6 年过去了，就以上现状来看，我们的城市还在继续生病，远没有达到美好这一程度。

（五）城市垃圾

随着人口的增长，城市垃圾产生量也在增加，其成分复杂，危害也日益突出。2004 年中国就已超过美国成为城市垃圾总量世界第一。当前，我国城市垃圾的主要构成是厨余垃圾、建筑垃圾、塑料、纸类、金属、织物及玻璃等可回收物、大件垃圾以及有毒有害废物。中国城市环境卫生协会数据显示，目前我国人均生活垃圾年产生量 440 公斤，我国年均产生垃圾近 10 亿吨，其中生活垃圾 4 亿吨，建筑垃圾 5 亿吨，餐厨垃圾不少于 6000 万吨，同时这些垃圾产生量正在以每年 8%~10% 的速度增长。此外，我国每年危险废物总量超过 1 亿吨，并且约有 7000 万吨未纳入统计，致使环境风险

图 15 垃圾围城

图 16 垃圾中觅食的动物

图 17 中国式抢购

图 18 中国式哄抢

图 19 中国式穿越

图 20 社会戾气严重

处于不可控状态。当前，我国对大多数建筑垃圾采取填埋和露天堆放处理，生活垃圾与餐厨垃圾在绝大多数城市也采用混合堆放，处理方式基本以填埋、焚烧为主。这些垃圾资源化利用率在我国极其底下，发达国家建筑垃圾资源化利用率平均 80% 以上，而我国利用率不足却不足 5%。餐厨垃圾处理以广州为例：焚烧和填埋的年均净收益分别为 -2500 多万元和 -1400 多万元。我国“垃圾围城”的形势十分严峻，全国约 60% 的城市在垃圾包围之中，其中 25% 的城市已经没有填埋堆放场地，全国城市垃圾堆存累计侵占土地超过 5 亿平方米，每年经济损失高达 300 亿元（图 15）。这些填埋堆放的垃圾毫无疑问对土壤、地下水、河流、空气造成二次污染，对人民群众健康和城市环境造成伤害（图 16）。

（六）社会群体心态

中国改革开放三十多年来，经济建设得到长足发展，GDP 排名世界第二，人民物质生活水平显著提高，但是社会群体幸福指数并没有伴随财富的积累得到提升，社会问题日益突出，居民的城市认同感底下。2015 年《中国超大城市认同感调查报告》对重庆、上海、广州、天津、北京、深圳和武汉七座城市认同感调查结果显示：总体认同感中，重庆最高为 73.24 分，武汉最低只有 69.99 分，其中北京、武汉和深圳三座城市认同感均低于全国平均水平。不同年龄段群体城市认同感调查中，从“00”后到“50”后逐渐递减，“50”后认同感只有 68.96 分，这也正说明城市化进程中忽视了老年群体对宜居环境的要求。调查中还显示，社会群体对城市的认同感高低与城市经济发展水平并不完全一致，“重物轻人”的城市发展模式存在严重不足，一方面城市扩张导致环境生态失衡；另一方面导致社会群体城市生活观念的扭曲，为了能够在城市中“幸福地生存”，人们不惜各种代价获得立足之本，我们随时随处可以听到关于“钱”和“房子”的讨论。随着社会群体贫富差距进一步加大，更生出各种媚洋心态、炫富心态、仇富心态、犬儒心态。社会群体普遍存在心理失衡和行为偏执，由此产生畸形消费和过度浪费（图 17）；为一些小事剑拔弩张，甚至闹出人命；盗抢、诈骗、拐卖人口、贪腐等犯罪案件频发。总之，当今社会群体心态已十分扭曲（图 18、图 19）。以国内居民境外旅游消费为例：2015 年中国游客购物消费比超过 50%，其中奢侈品消费近 1200 亿美元; 2016 年仅春节期间，六百万中国游客出境花费高达 900 亿元，再次创下新高，由此中国人被戏谑为“行走的钱包”。如果消费是满足正常需要，那么以上更像畸形消费或浪费，是对资源和产品过度的消耗挥霍，他们所购买和使用的消费品被异化，消费行为也被异化。当今中国，社会暴戾之气也十分严重，反映出部分社会群体心理失衡和行为偏执已经到了一种令人发指的程度（图 20）。举几个极端实例：2013 年北京大兴区一名母亲推着童车经过一辆轿车时，与车内人员发生冲突，车内一男子将她的孩子重摔在地并致其重伤; 2009 年 7 月，62 岁的成都男子张云良因悲观厌世，用汽油点燃行驶中的公交汽车，造成车内 27 名乘客死亡、74 人受伤。类似的公共车辆纵火案在 2013 年的贵阳和厦门、2014 年的杭州、

2016年的宁夏多次上演。虽然这只是社会中极少数人所为，但屡次发生，造成的危害极大，反映出当前城市综合环境现状给社会个体带来的心态扭曲已经到了十分严重的地步。

## 五．无痕设计的到来

通过以上现状分析发现，我们片面强调经济高速发展和城市大规模扩张，造成的负面问题范围广、破坏大、治理难，涉及城市环境生态、居民身心健康和社会安定等多个方面，若再不及时改变，最终会阻碍中国的可持续发展，甚至危及国家安全。当今中国，需要我们摒弃美国式的自由主义、享乐主义、消费主义和金钱至上观念，这些思想是我们的国家、社会和人民将要蒙难的毒草。无痕设计作为一种有活力的思想，能够对各种社会问题给予深刻的诊断，虽然还不能直接切除社会病灶，但其提出可供选择的、有针对性的思想和阶段性成果可以使人获得思考。无痕设计理念强调自然意识、反对以破坏生态和浪费资源为前提的不良设计、注重优秀传统文化基因的传承延续，旨在建立和谐的生命共生关系，用温和的态度重新塑造我们生存环境的各个方面，使社会发生整体的正向运转；无痕设计传递“物我相依”的设计理念，通过“物化”的设计和设计行为本身，使社会群体感知生态共生的重要性和必要性，使人们内心充满对自然环境的敬畏与呵护，进而能够理解“最大的智慧是保持欲望与能力的平衡”；无痕设计理念也是一种大爱思想，它将感化人们的内心，使之归于平和，并重新构建人与人之间和谐的社会关系。人类对待自然与社会的态度，折射出他应对周围环境的能力以及生活方式。这种态度在空间和时间双重作用下，绝对是动态的、随着生存环境和人类自身的发展而发生变化的。无痕设计理念符合当前中国社会健康发展的迫切需求，我们城市的生态文明建设也在呼唤无痕设计的到来。

## 六．结语

无痕设计理念的产生绝对不是无源之水、无本之木，它是当今人们将要洗去浮华后，内心最真实的渴望和可以期待的曙光，我们必须主动而非被动地对待现实环境，就像中国古代“道法自然”思想与“天人合一”思想伴随我们的出生一样，使无痕设计理念与我们的思想、行动融为一体。参与“无痕”的设计同仁们，更应该具备心怀天下的“士”之精神和悲天悯人的设计情怀，其产生的结果必然也是积极与正向的、能够遵循生态共生法则的、能够被社会广大受众群体情感所接受的、并将内在需求与外在条件折中平衡的好设计。无痕设计是一种思考，更是一种践行，随着我国对城市发展过程中产生的问题日益重视并加大治理力度，无痕设计理念的价值也必然会得到充分展现。

参考文献：

[1] 陈亚新 . 儒家生态意识与中国古代环境保护研究 . 上海：上海交通大学出版社，2012.

[2] （美）莱斯特 .R. 布朗 . 崩溃边缘的世界 —— 如何拯救我们的生态和经济环境 . 林自新，胡晓梅，李康民译 . 上海：上海科技教育出版社，2011.

[3] 何清涟 . 现代化的陷阱 . 北京：今日中国出版社，1998.

[4] [ 美 ] 爱德华 . 格莱泽 . 城市的胜利 . 刘润泉译 . 上海：上海社会科学院出版社，2012.

[5] ( 加拿大 ) 简 . 雅各布斯 . 美国大城市的死与生 . 金衡山译 . 南京：译林出版社，2006.

[6] 河清 . 全球化与国家意识的衰微 . 北京：中国人民大学出版社，2010.

[7] 曹泽州 . 符号消费时代超常消费行为研究 . 北京：北京交通大学出版社，2015.

[8] 王俊秀，杨宜音 . 中国社会心态研究报告 ( 2015 ) . 北京：社会科学文献出版社，2015.

[9] ( 英 ) 杰拉尔德 .G. 马尔腾 . 人类生态学——可持续发展的基本概念 . 顾朝林，袁晓辉译 . 北京：商务印书馆，2012.

[10] 胡飞 . 中国传统设计思维方式探索 . 北京：中国建筑工业出版社，2007.

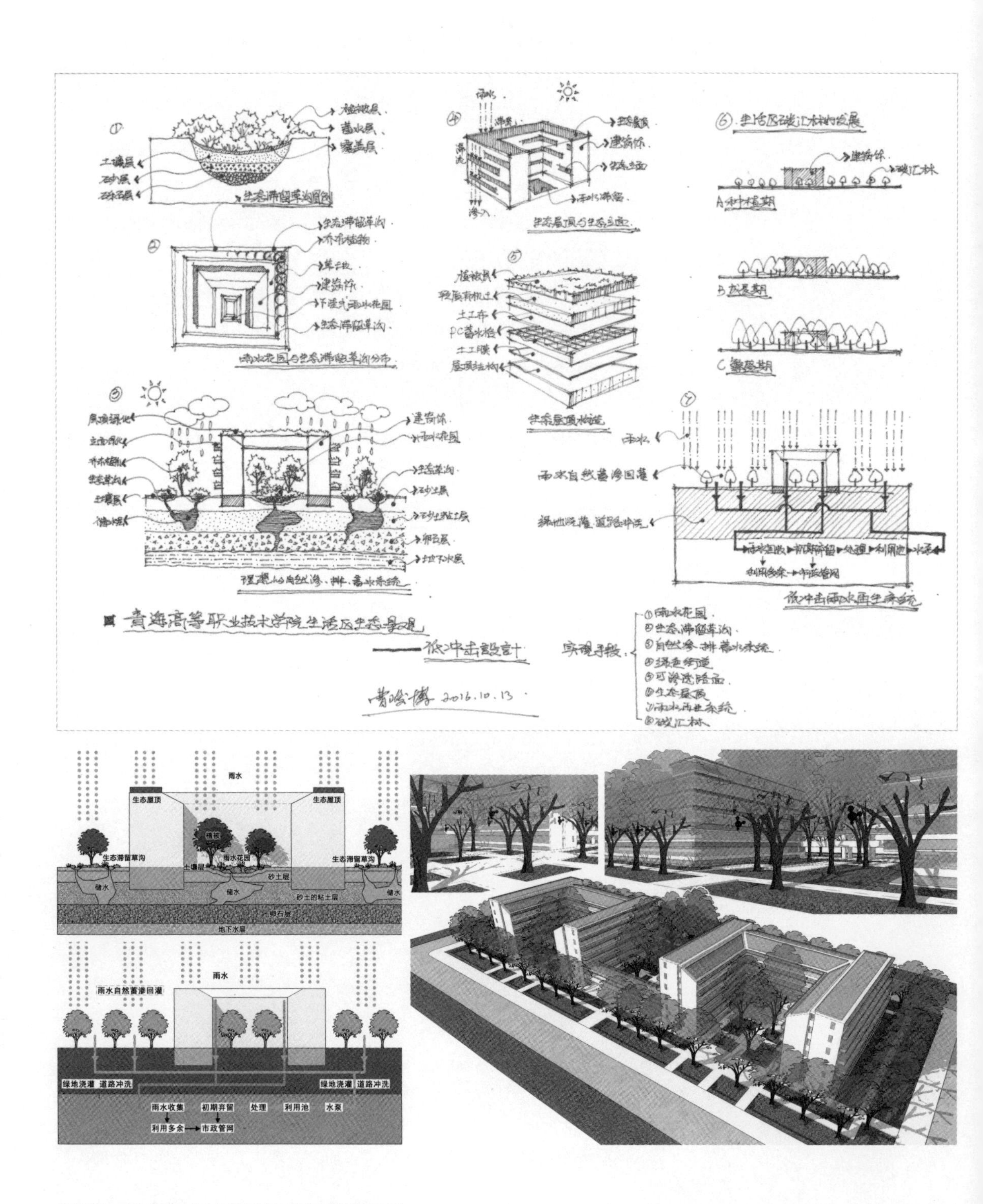


作品名称：青海高等职业技术学院生活区生态景观低冲击设计

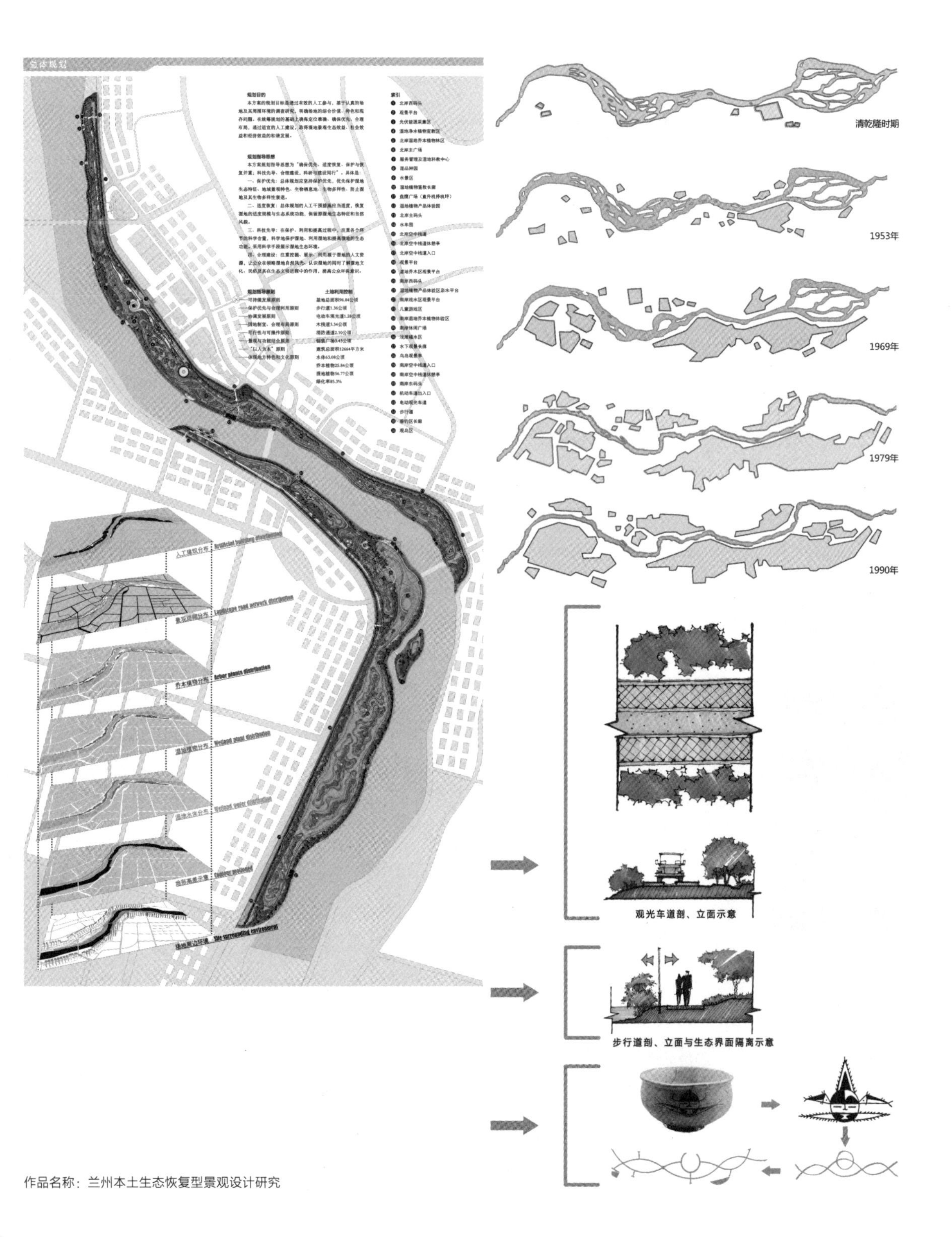


作品名称：兰州本土生态恢复型景观设计研究

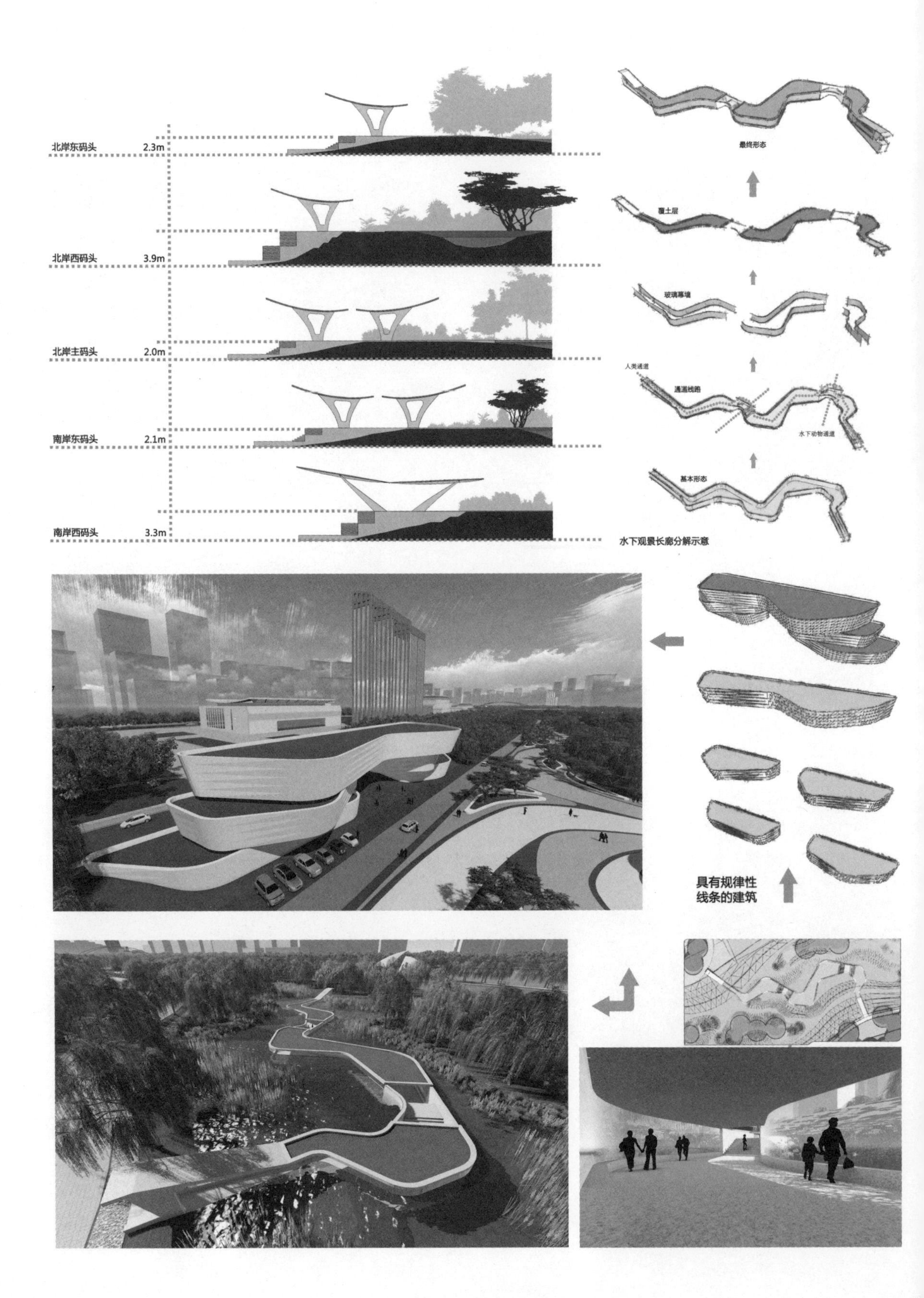
北岸东码头 2.3m
北岸西码头 3.9m
北岸主码头 2.0m
南岸东码头 2.1m
南岸西码头 3.3m
最终形态
覆土层
玻璃幕墙
人类通道
通道线路
水下动物通道
基本形态
水下观景长廊分解示意
具有规律性
线条的建筑

马家窑类型彩陶鸟纹演变
空间拉伸
广场装置造型
图形立面推演
图形平面推演
广场铺装造型

# “现代主义”之后的中国环境设计艺术人才培养体系

## ——以“无痕设计”为例

陆丹丹／文

**陆丹丹／苏州科技大学传媒与视觉艺术学院副教授**

**研究方向　／设计理论与批评研究**

毕业于西安美术学院设计系、法国蒙彼利埃第三大学，艺术学博士。现为苏州科技大学传媒与视觉艺术学院副教授，从事设计史论研究、视觉传达设计实践与教学工作。

摘 要：我国的设计正处于转型期，对于设计教育的改革迫在眉睫，国家艺术基金特别设立艺术人才培养资助，为研究前沿的艺术人才培养体系提供资金保障。“无痕设计——环境设计艺术人才培养体系”在2015年获得了国家艺术基金的资助，一直致力于以“无痕设计”理念为先导的环境设计艺术人才培养体系的研究。本文系统的梳理了我国和西方环境艺术设计教育的发展和演变。在此基础上，阐述了“无痕设计——环境设计艺术人才培养体系”的教学特征，提出在中国的设计教育经过“布扎——摩登”体系之后，出现“以设计教学为研究、以设计本体价值观为主导、以中国传统哲学逻辑构建概念”的高层次设计人才培养体系是非常值得业内关注的。

关键词：无痕设计 环境设计 艺术人才培养体系

## 一、我国环境艺术设计教育发展与演变

与英国、法国等西方国家相比，我国的环境艺术设计的高等专业教育起步较晚，新中国成立后十大建筑[1]的修建促进了室内装饰设计的发展。直到1957年，中央工艺美术学院成立了室内装饰系，侧重于以室内装饰陈列为特色的室内设计方向。改革开放后，随着社会文化和经济的发展，我国的建筑环境设计领域也得到了进一步发展，由于专业领域和业务需求的不断扩大，在1988年，中央工艺美术学院将其“室内装饰系”更名为“环境艺术设计系”，同年，同济大学等高校的建筑系设立室内设计方向。20世纪90年代之后，无论是专业院校还是综合大学，百余所高校设立环境艺术设计专业。

我国的环境艺术设计教育在建立之初受装饰主义影响较大，但随着时代的发展和多学科的相互渗透，环境艺术设计的概念及其涵盖的内容越来越大，从最初侧重室内装饰陈列转向室内空间、展示、景观、规划等设计方向。

环境艺术设计概念的扩大促使了环境艺术设计教育也有了显著的变化。从20世纪50年代开始，我国的环境艺术设计教育同建筑设计教育一样，受西方“布扎（Beaux-art）”教学体系的影响较大。根据顾大庆在《图房、工作坊和设计实验室》一文中的描述：“布扎”体系也就是俗称的“学院派”，其设计训练模式被称为“图房”式的训练模式，首先训练学生的绘画造型能力，然后通过在图房里师徒制的“言传身教”来传授“只可意会不可言传”的知识，它主要取决于教师和学生之间通过解释和示范来沟通交流，其特点是在动态情境中的即时反应。[1]“布扎”的设计方法“存在于它组织设计教学的一系列安排之中。一门通常两个月的设计课程包含快图和设计渲染两个阶段。学生的设计想法在一天（12小时）中就基本确定，而后在余下的两个月中将基本的想法发展成具体的方案并以渲染的方式进行精致地表现。[2]”

这样的设计教育方式虽然有些地方一直沿用至今，但随着20世纪60年代起，西方建筑、设计运动的风起云涌，设计教育也开始从古典主义的“布扎”模式转向现代主义设计教育。在顾大庆的另一篇文章《“布扎一摩登”中国建筑教育现代转型之基本特征》中指出，中国建筑教育的发展并非“布扎”单一线索，“现代主义建筑的影响也几乎是

1.20世纪50年代的北京十大建筑是：人民大会堂、中国历史博物馆与中国革命博物馆（两馆属同一建筑内，即今中国国家博物馆）、中国人民革命军事博物馆、民族文化宫、民族饭店、钓鱼台国宾馆、华侨大厦（已被拆除，现已重建）、北京火车站、全国农业展览馆、北京工人体育场。

在相同的时间引入到中国建筑教育中，并始终与‘布扎’在交织纠缠中演进”[3]。这样的交织和纠缠事实上一直到今天都在很多专业院校和综合大学的环境艺术设计教育中能看到。但在 20 世纪 50 年代之后的三十年间，这样的交织纠缠似乎被政治原因而中断，一直到 20 世纪 80 年代，由于改革开放，迅速打开了与西方国家交流的渠道，一些走在前面的院校在建筑环境设计领域引入了包豪斯基础课程训练模式，即从日本引进的针对艺术设计学科的专业基础训练——“形式构成”课程 。此后，我国的建筑、环境设计教学快速走上现代主义的转型之路。20 世纪 90 年代之后，我们又看到一些专业或综合院校的环境艺术设计专业开始从基础课程到设计方法进行全面的向现代设计的转向。

## 二、西方环境艺术设计教育的发展与启示

虽然环境艺术设计是舶来物，我国的环境艺术设计教育也深受西方的影响，但西方的环境艺术设计教育发展却与我国有所不同。早在 19 世纪中后期，英国、法国等国家已经开始环境艺术设计的高等专业教育，比如法国国立布尔高等实用艺术学校的前身“布尔室内装饰学校”在 1884 年就已经成立。通常来说，环境艺术设计教育的发展不能与现代建筑设计教育的发展割裂。欧美的现代建筑设计教育大致经历了三个阶段：第一阶段在 20 世纪 10 年代之前，以法国巴黎美术学院“布扎”教育体系相匹配的设计教育体系。第二阶段在 20 世纪 20 年代至 50 年代，受包豪斯设计教育思想影响转向现代主义建筑和设计基础教育体系。第三个阶段是非常重要的转折期，那就是建立和传授现代主义建筑设计方法阶段，时间在 20 世纪 50 年代末至 60 年代。

这里，我们重点来谈一谈第三个阶段，以 20 世纪 50 年代中后期在美国德州大学建筑系进行的一次被称为“史无前例的建筑教育改革实验”作为此阶段的谈论对象。在 1951~1958 年间，美国的德克萨斯大学建筑系（The University of Texas School of Architecture at Austin）在其系主任哈维尔 · 哈里斯（Harwell Harris）的领导下，一批当时还默默无闻的年轻教师，如本哈德 · 赫斯里（B. Hoesli）、科林 · 罗（C. Rowe）、约翰 · 海杜克（J. Hejduk）、沃纳 · 赛立葛曼（W. Seligman）等，针对当时的建筑教育状况提出了自己的看法：一方面质疑和批判包豪斯教育理念和现代建筑法则，认为，建筑设计应该有其自身的设计特点和规律；另一方面则表现为对当时已经过时的“布扎”教学方式的鄙视。他们希望能建立一个能与“布扎”教育相匹敌的教学体系[4]，这就是著名的“德州骑警”[2]。

“德州骑警”认为建筑的本质是空间，提出以空间组织为主线的现代建筑设计教学体系，以设计产生过程为中心的建筑设计教学法。将建筑的空间设计还原到最基本的几何逻辑上，成为一个对于建筑学本质问题的抽象思考，使建筑学的基本问题得到了抽象化的还原，具有普遍性意义，而不仅仅只是对建筑个体的风格再现。

约翰 · 海杜克与斯拉斯基共同发明的一套建筑空间与形式的训练方法，称为“九宫格练习”。“九宫格练习”成了战后最流行的当代建筑设计入门的一个经典练习，它为建筑学提供了一套可以用于训练的“语言”，用以讨论建筑的结构与空间的本质逻辑问题，

2.“德州骑警”是学生用当时当地正在上映的电影中的主人公，美国开发西部地区早期的一个松散的军事组织——德州骑警，来称呼当时参加设计教学改革的年轻教师们。德州骑警的成员个个善骑马，有好眼力和好枪法，这些特点和这群年轻教师个个善于设计，有敏锐的空间感和形式感的特征形成呼应。

处理建筑学中各种“关系”和“元素”的基本问题。在海杜克看来，九宫格问题所涉及的是对于建筑基本要素的理解问题，其中一系列“成对”的要素，已不仅仅局限于“结构—空间”的问题，而是“在抽象形式和具体构件之间的各个层面上展开了更普遍的对话关系”[5]。遗憾的是，这群年轻教师的教学改革最终在重重阻力下宣告破产，但留下的设计教学方法却使20世纪60年代欧美建筑教育的现代转型得以完成。

从这个角度来看，“德州骑警”的探索和研究对于欧美现代建筑设计教育的贡献是至关重要的。当然，这样的教学方法前些年也被引入我们国内，比如东南大学建筑学院、香港中文大学建筑学院等。但是，显然，我国的现代建筑教育、现代设计教育抑或环境艺术设计教育，都没有经历类似“德州骑警”这样的现代主义设计教育探索，即使有些学者认为冯纪忠在20世纪60年代在同济大学所做的教学大纲《空间原理》里所提出“建筑的本质是空间，建筑设计教学应该以空间组织作为核心”的观点[6]与“德州骑警”不谋而合[7]，但由于历史原因冯先生的观点并未能得到发展。

改革开放之后，很多院校通过国际交流、学习等方式引进西方先进的建筑教学方法。然而，随着时代的变迁，社会文化的发展，现代主义设计教育的方法是否还适用于今天的时代？在“德州骑警”探索建筑教学体系半个多世纪后的今天，我们又该如何去思考今天的设计教学体系？是否能够寻求到一种建立在设计的一般规律之上的设计教育方法？设计教学除了传授设计的基本原理、知识、技法之外，其最主要的核心价值又是什么？

## 三、“无痕设计”环境设计艺术人才培养体系的特征

带着对这些问题的思考，“无痕设计”——环境设计艺术人才培养体系的研究应运而生。因此，它具有以下几个方面的显著特征：

### （一）将设计教学作为研究

将设计教学作为学术研究的行为并不太多见，其主要原因在于在传统的大学固有观念中，教学和学术研究是两根分离的平行线，是现代大学所具备的两大功能，研究和教学有本质的区别：研究重在发展知识，而教学则重在传授知识。然而，设计教学知识的传播过程是一个设计的过程，它并不仅仅是知识的传播，更多的是对于设计对象的研究、对设计的新想法或新形式进行实验、对实施到实际运用中的设计产品进行分析和论证的过程。因此，研究性的设计教学其目的是通过教学的手段来发展知识和方法，教学是研究的手段，也是研究的目的。

“无痕设计”——环境设计艺术人才培养体系借助国家艺术基金的科研平台，将设计教学作为学术研究的手段和目的。从整体共生体系的角度，进行系统化的管理设计、流程设计和环境设计研究，对设计思想及意识的多元化、设计功能的深度完善、文化元素的重新解读、技术与艺术的相互协调、造型审美与心理因素等方面的内容进行了大量的前期研究。并在已取得的研究成果基础上，对于设计的隐性价值进行深入研究，涉及行为引导、心理构建、价值构建、资源整合、生命周期等内容。它是在环境设计教学中提出新问题、创造新形式、发展新方法的一种设计实践活动，是具有探索性和实验性的学术研究行为。

### （二）以“有人文关怀责任”的设计价值观为理念先导的设计教学体系

“无痕设计”—— 环境设计艺术人才培养体系的核心理念为“无痕设计价值体系”，具体体现为三个主要的价值次体系。其一为本体价值，包括设计需求生态、环境空间生态、审美观念生态三个方面，意在寻求环境设计专业本体的设计价值体系，并通过设计的基本方法、设计生产过程来探讨建筑、环境空间设计的本体价值。其二为溢价价值，表现为通过建筑、环境设计的设计方法、生产过程和设计产品所引发的社会价值的思考。其三为远代共生价值，是指在全球化不断推进的过程中，人类生命基因和文化基因的差异化渐渐消失，如何使人与自然、社会的各种不同的基因存在于其各自的体系中，尊重基因的差异化，在自然的体系中共生共融，这是“无痕设计”价值体系最高的追求。

“无痕设计”—— 环境设计艺术人才培养体系不同于“德州骑警”突破现代主义大师们作品的束缚来讨论建筑的结构与空间的本质逻辑问题。它是建立在环境设计本体价值上，试图探索一种体现设计本体价值的设计方法。以设计价值观作为设计理念先导，再回归具体的设计问题，探索基本的设计方法，表现于抽象的视觉形式。

### （三）“无痕”概念的构建具有中国文化所特有的辩证逻辑，突出形式空间和知觉空间

“无痕设计”价值体系具有中国文化所特有的文化辩证逻辑，其主要的哲学观点来自于中国传统道家哲学“无为”论的辩证逻辑，意在追求“埏埴以为器，当其无，有器之用。凿户牖以为室，当其无，有室之用。故有之以为利，无之以为用。”（《道德经 · 无之为用》）的自然生态演变的设计之道。

根据《“无痕”设计之探索》（2014）一文中的阐述，“无痕设计是一种注重人文设计理念、遵循客体环境规律、倡导生态循环、倡导民俗文化内涵、生命持续发展共生的设计方式。”其主要分为三个方面的内容：首先，表现在设计师对于“生命”的敬畏；其次，无痕设计的目的在于消化设计的痕迹，达到另一种设计境界，谓之“大无痕”；最后，“无痕设计”是一种对空间有积极意义的创造性设计思维，它的创造性在于“小无痕”而“大有痕”[8]。

“无痕设计”的设计理念同样认为建筑、环境设计的本质是空间，其教育应该以空间的组织作为核心问题，即从单一的、单个的空间到复合的、多元的空间；从单一维度的空间到多维度的空间。因此，“无痕设计”对于空间的认识，并不只存在功能空间层面，它注重创造性的形式空间和能够被感知的知觉空间，注重多维度、多元空间中产生的不同价值表现。

### （四）构建于“布扎 —— 摩登”教学体系之上的高层次教学

“无痕设计”—— 环境设计艺术人才培养体系是构建于中国式“布扎一摩登”设计教学体系之上的高层次教学体系，其教学人员和学员都有接受过美术学院“布扎”教学体系或建筑大学专业建筑系“布扎一摩登”设计教学体系的训练，对于“布扎一摩登”设计教学体系非常了解。然而，身处其中的这些设计人员并不认同或满意这样的教育体系，随着国际交流的进一步深入和设计认知水平的不断提升，这些教学人员和学员们怀着和“德州骑警”一样的野心，试图探索出一种与“布扎一摩登”体系可以媲美的设计教学体系。一方面，他们深刻地认识到“布扎一摩登”体系在中国建筑、环境设计教育发展初期的贡献巨大，但历经半个多世纪的时代变迁，这样的设计教学体系已经过时，对设计教育需要有新的思考，一种

适合当代性的设计方式。另一方面，现代主义建筑的全球化泛滥，对于设计伦理和设计价值方面的思考使他们不得不考虑建筑、环境设计除了空间和建构之外，是否还有更重要的本体价值值得思考。

环境艺术设计教育从 20 世纪 50 年代在我国正式开设以来，一直以单纯地“输入”西方模式为主，无论是“布扎”体系还是现代主义建筑和设计体系，依靠留学人员、国际交流和外国人指教等方式，嫁接艺术设计和建筑设计的教学体系，混杂式地“输入”西方设计教学体系，因地制宜的以民族形式，使“布扎一摩登”体系与意识形态相符，从而获得“正统”的合法地位。但对于“布扎”体系或是西方现代主义建筑设计教学体系的进行独立的思考的教学和科研人员并不多，“无痕设计”—— 环境设计艺术人才培养体系在全球化推进迅猛的后工业时期，在还未经过现代主义式设计风暴洗礼过中国环境艺术设计领域被正式提出，不得不说将是一个值得被关注的事情。

参考文献：

[1] 顾大庆 . 图房、工作坊和设计实验室：设计工作室制度以及设计教学法的沿革 [J]. 建筑师 .2001(98)：20-36.

[2] 顾大庆 . 建筑教育的核心价值 个人探索与时代特征 [J]. 时代建筑 .2012(4)：16-23.

[3] 顾大庆 .“布扎一摩登”中国建筑教育现代转型之基本特征 [J]. 时代建筑 .2015(5)：48-55.

[4]Hoesli, B. Architektur Lehren, ETH-Zurich, Institut fuer Geschite und Theorie der Architektur GTA, 1989：9.

[5] 徐大路：从得克萨斯住宅到墙宅一海杜克的形式逻辑与诗意 [D]，中国美术学院学位论文，2010.

[6] 冯纪忠 . 空间原理（建筑空间组合原理）述要 [J]. 同济大学学报 . 1978(2): 1-9.

[7] 顾大庆 .“布扎一摩登”中国建筑教育现代转型之基本特征 [J]. 时代建筑 .2015(5)：48-55.

[8] 周维娜，孙鸣春 .“无痕”设计之探索 [J]. 美术观察 .2014(2)：98-101.

# 繁荣下的危机还是契机？

## ——设计创意产业十年反思

陆丹丹 / 文

摘　要：本文参加《美术观察》“十年艺术创意产业反思”的专题讨论，从设计创意产业的角度提出思考。文化创意产业的发展在我国已经经历了十来个年头了，设计作为创意产业的一个主要门类，在近十年的发展中发生了非常明显的变化。本文首先从设计门类的变化、合作领域的扩大、交流平台的增多、设计师文化自信的提升四个方面展现了我国设计产业近十年的繁荣发展。之后提出，在发展的繁荣之下，日益凸显的种种设计问题不得不引起反思。通过对设计问题和现象的剖析，提出应能够时刻保持清醒的发展思路，在危机中寻找发展契机的可能。

关键词：创意产业　设计产业　反思

创意”成为我们这个时代最热门、最时髦的词汇，甚至我们几乎无法找到“创意产业”的边界在什么地方，各行各业都在讲“创意”，似乎不讲“创意”就是不入流的“乡下人”。事实上，在“创意”还没有变得那么时髦的时候，设计俨然是创意产业的重要组成部分，设计师是创意的构建者、实现者和推广者。可以说，我国当代设计的发展直接催生了我国近十年来创意产业的发展，同时，这十年创意产业的发展也推动着我国设计创意领域的繁荣。

自 20 世纪 90 年代末以来，我国的设计行业发展迅猛，主要表现在：

### 一、新的设计门类和设计领域不断增加，传统设计门类被边缘化现象凸显

交互设计、用户体验设计、游戏设计、UI 设计等一些新兴媒介的设计兴起并得到飞速发展。传统的设计门类如染织设计、图案设计等领域设计研究人员和从业人员越来越少。

### 二、跨学科、跨领域合作范围扩大、模式多样

跨学科性是现代设计具有的特性之一，从现代设计诞生之初开始，设计就承担着解决工业技术和艺术文化之间平衡关系的角色，横跨生产和消费两大领域，搭建工业化生产和大众

消费之间的桥梁。但随着社会文化和经济的发展，设计的跨学科、跨领域的合作范围不断扩大，特别是与智能技术、生物技术等领域的合作发展，取得了革命性的成果。

三、国际性设计交流平台增多，大大推动了设计创意产业的发展

十年中，深圳、上海、北京陆续被联合国教科文组织全球创意城市网络分别授予“设计之都”称号，每年在此三地的设计周活动成了我国重要的国际性设计交流平台。与此同时，各种各类大中小型的设计展览、设计论坛、国际会议等交流活动也为设计创意产业的发展推波助澜。

四、经济的飞速发展使设计师的文化自信不断提高

我国近十多年来飞速的经济发展使设计的需求空间扩大，进一步打开的设计市场吸引了很多国外的设计师前来工作，为了适应中国的社会文化，促使这些国外的设计师了解和研究我国的社会、文化信息，这也使大量的中国元素被国外（特别是欧美）的设计师运用到国际化的设计产品中。这一现象使得我国的设计师不再盲目地追随西方的设计，开始理性地思考和挖掘本土文化中的精华因子。同时，由于我国的国际影响力不断提升，很多西方大型的国际性设计展览、设计周纷纷独立开设中国专区，介绍和展示我国当代设计产品和设计现状。因此，近十年以来，对于中国设计如何发展的东西方二元争论渐渐消失，取而代之的是在众多新生代的设计师和他们的作品所体现的一种站立在中华文明土地上具有世界视野的文化自信。

以上几个方面的发展使设计创意领域看上去一片繁荣，热闹非凡，蓬勃生机。然而，在这样的繁荣之下，我们却不得不反思日益凸显的种种设计问题。

随着数字高科技快节奏地更新换代，新型设计领域的兴起和迅猛发展，设计媒介的不断更新，今天设计不再像现代时期那样仅仅忠实地为工业社会提供工业设计产品，设计产品的概念在新时期发生了质的变化，它不再仅仅只是一种批量化的、工业化的物质形态，同时它可以是一种提供用户体验的服务或是一种跨学科跨领域的设计思维。设计概念和设计门类的不断扩大颠覆了工业时期人们对设计的理解，使工业时期发展起来的一些现代设计专业的市场受到严重的冲击，一时间，设计界充斥着各种对于职业身份的担忧、恐慌和骚动，很多平面设计师、工业设计师、环境设计师纷纷在担忧中离开了自己从事了多年的本专业，而转向了新兴数字设计领域。大多数情况下，那些转型“成功”的设计师并没有为这种转型做好了充分的准备，他们对于新兴设计领域专业知识的掌握还处于一知半解的学习状态，信息技术的日新月异向设计师的专业能力提出严峻的考验。于是，数码技术领域的人工智能、3D 打印、虚拟现实、大数据分析等技术被设计师所膜拜，各种先进的技术设备充斥在大大小小的设计展览中，包括在很多院校的本科生毕业展中都已经成了常用的配置。这些现象不无在表明设计在“创意”大行其道的时代失去了创作的动力，转而成为炫耀技术、膜拜工具的场所。

其次，近年来，跨界、融合等词汇成了设计界最热门的概念。跨界设计似乎逐渐发展成为一个与产品设计、平面设计、空间设计并列的设计方向，比如在 2012 年的首届中国大展中，

跨界设计与其他三大设计门类的并列独立展出。于是，各种跨界模式被一夜间开启，设计师客串美食圈，电影明星客串服装设计界等现象比比皆是。本该属于高级别的设计交流和展示平台的设计周、创博会，变成了闹哄哄的生活集市。设计的专业性、学科性开始变得模糊，设计的本体价值渐渐消失，“人人都是设计师”成为一种口号。

再次，我国设计师文化自信心不断提升的同时也催生出一大片幼稚的民族主义分子。其最典型的表现在对于传统文化的过度消费，中国元素在设计中的滥用，使我国的设计作品同质化问题严重，原创性设计产品和观念缺失；并常常以“具有中国特色的设计”自居，贬低或无视西方设计，以抬高中国设计的方式将我国的设计发展独立于世界设计发展历史之外，画自己的“小圈子”。这种现象在设计展览和设计理论界并不少见。

这种表面繁荣下所呈现的种种混乱不得不让人深思。设计并不会在信息时代就停止发展的脚步，恰恰相反，这十多年的经验告诉我们，运用新技术、新发明，融合新兴领域的新成果将大大推动设计的飞速发展。那么如何在新兴科技领域使设计大放光彩是值得整个设计领域的设计师、设计研究人员、设计教育者都应该思考的问题。

随着设计概念和外延的不断扩大，设计教育改革势在必行，设计教育如何走出以仅传授设计专业知识和工艺技术为主要任务的教学模式成为非常值得探讨的问题。信息时代的发展对于设计理念与观点、设计意识与思维、设计管理等专业能力的需求是目前我国的设计教育所无法满足的。而这些需求恰恰是设计师所需要具备的基本专业能力和素养，它可以帮助设计师不轻易陷入技术主义和工具理性的漩涡，去寻找设计在信息时代的价值地位。

跨学科、跨领域的合作是整个社会经济、文化发展的方向和趋势。设计作为一门专业的学科领域，具有其特殊的学科属性，具备横跨艺术学和工学的先天跨学科特征，但不是一个大杂烩，设计学科的“跨界”应具有明确的学科或领域方向。不是所有的“跨界”都具有学科性和创新性，只有那些具有明确的学科方向、提出新问题、创造新形式、发展新方法、拓展新领域的设计实践才能是跨界的设计。同时，设计师的创新能力、思维方式、所具备的基本专业知识等都显示出他们的专业素养，设计学科与其他自然、人文、社会学科一样，具有其他学科无法替代的专业性，保持设计学科的专业性高度是我国在创意产业发展过程中非常值得关注的问题。

俗话说，前途是光明的，但道路是曲折的。现代设计的发展史告诉我们，政府的大力扶持和社会不断增加的需求是现代设计得以发展的两大主要推动力。在国家“文化强国”的战略方针政策指导下，我国的设计创意产业将会呈现更加繁荣的景象。但在“繁荣”下，我们应该时刻保持清醒的发展思路，在危机面前应该努力寻找发展契机的可能。笔者相信，经过今后十年的发展，我国的设计创意产业将是另一番新的景象。

“第六届中国设计学青年论坛”无痕设计主题演讲

苏州轨道交通四号线艺术品设计项目

“苏州轨道交通四号线艺术品设计项目”是学员陆丹丹所参与的一项设计实践项目。该项目由苏州科技大学传媒与视觉艺术学院完成，主要设计师有伍立峰、崔冀文、莫军华、陆丹丹等。该项目围绕苏州城市轨道交通 4 号线龙道浜站、平泷路西站、北寺塔站、察院场站、南门站、红庄站、苏州湾东站、吴江汽车站、同里站、越溪站及苏州湾北站等 11 个车站的周边地域文化、经济、社会发展及地理环境，结合以“诗画江南”为创作主题室内装修风格，进行车站艺术品设计。

# 基于无痕理念再谈西安古城的保护问题

苏义鼎 / 文

**苏义鼎 / 西安理工大学艺术设计学院环艺设计系教师**
**研究方向 / 中国传统建筑研究**

西安建筑科技大学建筑学院博士研究生毕业，攻读建筑历史及其理论方向。在攻读博士期间至今，将中国传统建筑的历史与理论领域作为主要研究方向，在平日的项目实践中也主要致力于中国传统建筑的设计。2014 年至今任教于西安理工大学艺术设计学院，主要负责传统建筑、景观的设计教学。

摘 要：文章对于西安古城内数次“存废”危机以及保护现状问题进行了概括性的阐述，并分析了问题的成因，同时也对于支撑古城历史文化底蕴的原真性资源进行了分析。这些资源既有历史建筑，也包含着由这些历史建筑、传统建筑空间共同构成的礼制空间文章最后从保护的政策、管理以及技术理念这两个层面提出了相应的保护理念以及在未来的西安古城保护与发展规划制定中应当重视的几个方面。

关键词：古城保护 礼制空间 无痕

## 一、西安古城之劫——新中国成立后至今西安古城所遭遇的数次危机与存在问题

### （一）新中国成立后至 20 世纪 90 年代的“城墙保卫战”

自新中国成立至今已经有 67 个年头了。但关于西安城墙“拆与留”的话题至今仍有余音。在这漫长的 67 年中，城墙也经历了大致三次生死存亡的危机。

第一次危机爆发于 1950 年，这一年的 4 月 7 日，习仲勋主持了西北军政委员会第三次集体办公会议。这次会议中的一项重要议题为是否拆除西安城墙。通过此次会议，习仲勋不仅否定了拆除城墙的提议，而且进一步强调西安城墙的重要意义，并且提出要对其加强保护。随后，西北军政委员会发出了《禁止拆运城墙砖石的通令》。

第二次危机始于 1958 年，此时“大跃进”开始。西安古城墙存在与否的争议再次被推到了风口浪尖。当年 10 月 25 日，陕西省人民委员会原则上同意了拆除西安城墙的意见。当此危急之时，文物学家武伯伦、王翰等人联名上书国务院，并请其干预此事。除了学者上书以外，时任陕西省省长的赵伯平也以个人名义给国务院写了关于保护西安古城墙的请求。上述举措，对当时城墙得以保留具有决定性作用。

第三次危机与上述两次不同，并非是由于决策层的意见而产生的危机，而是由于城墙保存现状而产生的。这次危机则是到了 20 世纪的 80 年代，此时的城墙由于年久失修，而且疏于保护，已是满目疮痍，保存现状十分堪忧。1981 年 12 月 31 日，针对西安古城墙所遭受到的严重破坏，国家文物事业管理局遵照习仲勋的批示，制订了《请加强西安城墙保护工作的意见》，在这个意见中，明确禁止一切肆意拆除破坏城墙砖，乱挖城墙角的行为。1982 年西安市政府发布了《关于保护西安城墙的通告》，直至 1983 年 2 月，西安环城建设委员会成立，城墙在官方层面上的保护才得以正式确定与落实。[1] 综上所述，这一时期西安古城所面临的最大危机主要集中于城墙本体的留与存。但通过有关国家领导人以及有识之士的不断努力，最终保证其得以完整地保存了下来。

### （二）无可奈何花落去——古城老宅之殇

时至今日，西安古城面临的最大问题就是有墙无城的问题。自 20 世纪 90 年代以前，西安古城墙内两三百年以上的老民宅占所有宅院数量的半数以上。但从 90 年代开始，古城内陆续展开了旧城改造工作，这些老宅也多数被裹挟在政策之内而被改造掉了。1990 年书院门改造拉开了这一改造的序幕。当时这一片区大量极具历史价值的老宅被拆除，通过一番设计、营造。最终成就了如今的仿古建筑一条街。如此代价不可谓不大！紧接着，2002 年湘子庙街改造；1990 年，柏树林改造；1998 年北大街改造；2001 年，西大街改造；

2005 年，洒金桥改造；2009 年，解放路改造。这一条条街巷改造项目对当时的短期目标（经济、城市形象等）而言，可能是具有立竿见影的效果。但作为古城历史遗产保护方面而言，却是十分艰难。在这一系列的拆改过程中，有着曾经牵动我们公众神经的“几起事件”，其中之一就是督军府老宅被拆事件。督军府老宅是夏家十字传统民居建筑群中面积最大的一座。占地面积达 600 平方米，它无论是历史价值还是建筑价值都应当得以妥善的保护与重视，而事实却恰恰相反。督军老宅被一夜之间暴力拆除了，此次事件，不可不说是古城保护中的一次惨痛失败。

除了督军府老宅外，仅存的几座老宅依然面临着被拆的威胁。柏树林高家大院如今仍苦于拆迁部门、地产商的种种刁难。经常遭到断水、断电的威胁，生存堪忧。但高家后人为了这一份祖业，仍旧坚守于此。相较于城墙本体所面临的数次危机以及诸多问题。城内的传统建筑群所遭受到的破坏可谓是毁灭性的，不可挽回的损失。

## 二、西安古城保护中存在的问题分析

### （一）“存与废”思维模式

这一思维模式从新中国成立后便一直影响并困扰着古城历史文化遗产的保护。一开始，只是古城墙的存废去留之争，后来通过国家出台政策，这一争议与危机才得以尘埃落定，“城墙是文化遗产”的认识也逐渐被大众所接受。但“存废”这一思维模式，却在改革开放之后，因为以经济建设为中心的主要思想被再次激活，并逐步在古城的发展中扩大其影响。一夜之间，似乎传统民居的保留与经济建设是水火不容的两件事情。最终，式微的传统民居，被作为经济发展的阻碍以及城市形象的眼中钉被大量清除也就不足为奇。可悲的是，若干年后同样是出于经济发展的原因，传统民居、传统街巷、传统民俗再次被重视起来，不过这一次出现的却是大量粗制滥造的钢筋混凝土仿古建筑而已。

### （二）鸠占鹊巢式的文脉置入现象

古城内传统民居被拆的原因，除了由于经济发展的原因之外，也有其他的原因。文章认为主要是规划者对城市文化的理解与定位的问题。西安是一座千年古都。西安城也历经隋唐直至明清的历史演变。但时至今日，西安城的规模、形式、地面建筑遗存则多以明清为主。但如今的城市规划中为了体现古城悠久的历史文脉，确定了东西南北四条大街要呈现不同历史朝代的风格特色，而这个规划定位思想就十分值得商榷。因为，这样会忽视城市历史风貌的自然演变规律，也会破坏城市历史风貌的和谐统一。

从西大街改造的最终效果来看，它可以说是被强行置入了所谓的唐代文脉，一大堆大体量的唐风商业建筑，取代了过往的街区尺度以及大量传统商业建筑、民居建筑。这一条唐风大街建成后，很多西安市民对这条街的第一感觉多是陌生，过往的记忆随之消失。（图 1、图 2）

### （三）其他问题分析

多部门管理是我国历史文化名城管理体制的一个显著特征，表面上看，管理机构众多，应当能够保证文化遗产保护中的多方监督与牵制，而实际情况却是，在极大的经济利益诱惑之下，鲜有一个机构能够为历史文化名城的保护问题负主要责任，因而会时常出现有了问题

图 1 20 世纪 80 年代的西大街

图 2 西大街现状

互相推诿、办事效率低下，有利益互相争抢、没有利益谁都不管的局面。督军老宅的遭遇的也正是由于此，该负起责任出面进行强有力保护的机构一家也没有，那么最后也就剩下唯一可从中获利的拆迁部门以及该地块的开发商来解决问题了。这也就是悲剧产生的主要原因之一。这一问题不仅在西安老城改造中十分突出，而且在国内也具有相当的普遍性。

## 三、西安古城的家底子——古城原真性资源分析

### （一）历史建筑

#### 1. 大型公共性历史建筑

（1）城墙

西安城墙基于隋唐，定型于明清。历经隋、唐、五代、宋、元、明、清五个朝代一千多年的演变。时至今日，城墙本体虽然历经磨难、也饱受破坏之苦，但仍旧顽强的存在下来，且仍具有较为完整的原真性，西安城墙在很大程度上成了这座千年古城有别于其他城市的特点，极具历史文化魅力与精神象征意义。（当然，近年的一些事关城墙本体的改造是否具有一定的破坏性也极具争议）。

（2）城楼、箭楼

据载，西安城于明洪武七年（1374 年）在原唐长安城的基础上重新加固与修筑，并于明洪武十一年（1378 年）竣工。城楼以及箭楼是在同一时间兴建起来。明嘉靖五年（1526 年）被重修。自 1983 年开始，陕西省和西安市人民政府对西安古城墙进行了大规模的修缮，除南门箭楼为 2013 年重建外，其余城楼与箭楼都是在原有明代建筑基础上进行修缮，且皆能够保证修旧如旧的效果，很好地保证了历史的原真性。（图 3）

（3）钟、鼓楼

钟、鼓楼的建筑风格与我们目前教科书上所描述的明清官式建筑有所不同。钟、鼓楼建于明初定都南京时期，因而体现的是明初南京的官式建筑风格样式。它们更多地保留了宋元以来江南地区的传统做法，是明清官式建筑风格样式随着国家政治中心从南到北、从雏形到成熟的发展过渡时期中的重要实物例证，因而极具历史价值、艺术价值。钟鼓楼得以完好保存至今实属难得。[2]（图 4、图 5）

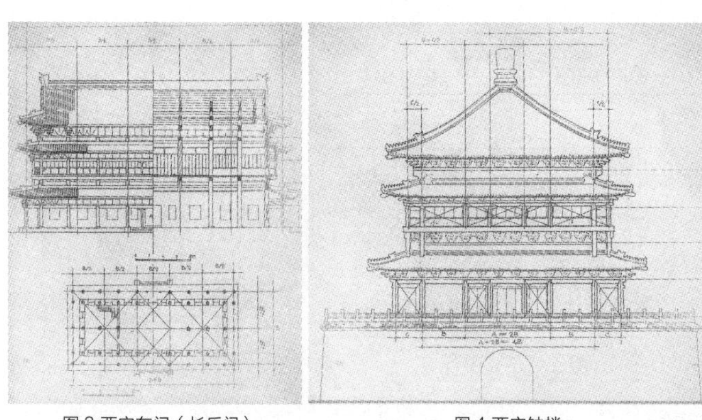

图 3 西安东门（长乐门）　　图 4 西安钟楼

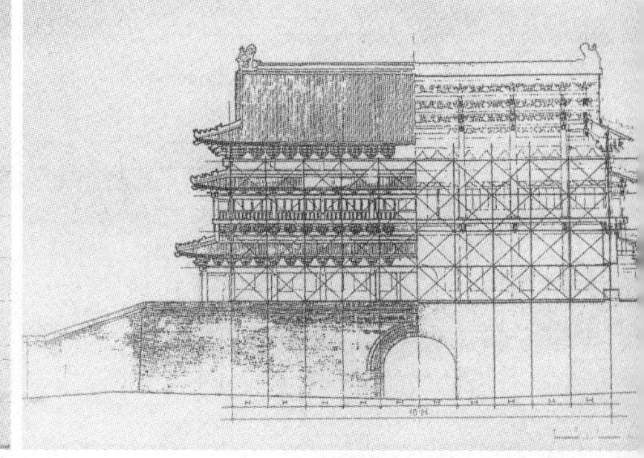

图 5 西安鼓楼

（4）宗教类建筑

**①佛寺：广仁寺、云居寺**

目前西安城内的宗教建筑涵盖佛教、伊斯兰教以及道教这三大类建筑。佛教寺院有广仁寺（陕西省唯——座藏传佛寺）、西五台云居寺。这两座寺院都是唐代寺院，如今的广仁寺内，除保留有少量清代建筑外其余皆是近年重建。而南五台云居寺则是在原址完全重建的明清风格建筑群。

**②清真寺：七寺**

西安的伊斯兰建筑主要为清真寺，大小清真寺共有七座之多，这七座寺院都集中于回坊，因而有“七寺”之称。七寺指的是：化觉巷清真大寺、大学习巷清真寺、大皮院清真寺、小皮院清真寺、小学习巷清真营里寺、北广济街清真寺和洒金桥清真古寺。这七座清真寺中无论是建筑的原真性保存程度、艺术性、寺院格局完整度以及寺院规模而言，都是以化觉巷清真寺为最。其次是大学习巷清真寺以及北广济街清真寺。这些清真寺中大都较为完好地保留着原有建筑，这些建筑普遍具有较高的历史价值以及艺术价值。

**③道教建筑：东岳庙、城隍庙**

道教建筑遗存有两处，那就是东门西北方向的东岳庙以及西大街的城隍庙。它始建于宋政和六年（公元 1116 年），明清时期曾多次修缮与扩建。原庙有华表、山门、会堂、牌坊、牌坊和三教宫，如今仅存大殿、二殿、台阁三座古建筑。新中国成立后至今，东岳庙身处闹市却从未对外开放。据记载，西安的东岳庙是供奉东岳泰山大帝及诸神的道教场所，它曾经配置完备，大殿内的墙壁彩绘有民间传说故事，颇具历史、文化与艺术价值。西安东岳庙大殿里的壁画还是陕西现存宫观壁画中单体面积最大的壁画。

西安的城隍庙与北京、南京城隍庙齐名，为天下三大城隍庙之一。原主要建筑有大门、玉皇阁、乐舞楼、牌楼、大殿、道舍、厢房等，后大多被毁，如今现仅存有清雍正元年（1723 年）重修大殿一座，虽说这座大殿始建于清初，但当时修建它的很多构建都是从明秦王府拆下来的。因而总体风貌体现的是明代建筑特色。但是自 2010 年对大殿为期一年的修缮，从修缮后的最终效果来看，失误颇多，并未很好地做到了原真性的保留，除了大殿以外，近年来政

**④天主教建筑：五星街天主教堂**

在古城内偏西南隅的五星街北，有一座历史悠久的天主教堂。由于其所处位置位于五星街，因此又被称为五星街教堂。除此之外，也有天主教西安南堂、圣方济各主教座堂的称谓。它始建于康熙五十四年（1716 年）并在之后的几百年间得以扩建。“文革”中，它被糖果厂所占，被作为仓库使用。“文革”过后，由于国家实行宗教信仰自由政策，该教堂于 1980 年交归当地教会，由于年久失修，破败不堪，1990 年由政府拨款对其进行修缮，并恢复其原貌。如今该教堂不仅是城内一处知名的历史建筑，同时也是天主教在西安地区发展传播的重要场所。

（5）传统文化类建筑

**①关中书院**

西安自古也是文人辈出之地，即便失去了首都的地位，这里依然是崇文重礼之地。如今书院门里仍旧较为完整地保留着始建于明万历三十七年的关中书院。它是明、清两代陕西的最高学府，西北四大书院之冠。明朝末年因魏忠贤下令毁天下书院，因此关中书院也未能幸免。明末崇祯元年（1628 年）得以复建，清康熙三年（1664 年），关中书院得到了进一步的扩建。如今的关中书院仍旧保留着大量的清代建筑，总体呈现着清代书院建筑群的完整风貌。

**②孔庙**

西安的孔庙属于全国重点文物保护单位，它至今仍保留着众多明清时期的建筑以及当时的建筑格局。孔庙中最主要的建筑便是大成殿，该建筑形制级别较高，建筑尺度也很大，可惜毁于 1959 年的一场雷火。在孔庙的中轴线上仍保留着大量的礼制建筑，如两庑、戟门、棂星门、泮水桥、太和元气坊、碑亭等，这些建筑至今仍旧完好地保存着。在孔庙中还保存着目前国内规模最大、文化价值、历史价值最高的碑林。碑林是中国收藏古代石刻碑铭时间最早、种类最多的一座艺术宝库。它不仅保存着大量的中国古代文化典籍刻石，也是历代著名书法艺术珍品的宝库，碑林中的这些文化遗产，时间跨度长达 2000 多年，有着极其珍贵的历史价值与艺术价值。

2. 民居建筑

西安的传统民居，从总体风格上而言，呈现一种舒缓、低调、素朴的风貌，墙体一般较为高大厚实，对外较为封闭。而内部却有着精巧但又素雅的木建筑构造。空间上呈现着纵向长方形的窄院形态。因而无论是空间还是装饰，都与周边北方省份的传统民居建筑有所不同。

20 世纪 90 年代以前的西安古城中，传统民宅随处可见，城内的建筑风貌浑然质朴，且与那些高大雄伟的钟鼓楼以及四门城楼相得益彰。20 世纪 90 年代以后这些老民宅也随着旧城改造而逐渐消失。目前仅剩 45 处古民居，这个数字仍在减少，其保护现状也不容乐观。

（二）传统空间格局

1. 礼制空间格局

影响中国古代城市规划的思想体系主要有三种。它们分别是：（1）礼制思想体系；（2）以《管子》为代表的重环境求实用的思想体系；（3）追求天地人合一的哲学思想体系。而在这三者之中，礼制思想体系，往往成为城市营建中的主要思想来源以及指导方针。[3]

礼制思想是上溯西周下至明清，贯穿华夏将近 3000 年的城市规划思想依据。“礼”是一种伦理政治，提倡君惠臣忠、父慈子孝、兄友弟恭、夫义妇顺、朋友友信的社会秩序和人伦和谐。其内核为宗法和等级制度。而这一人际社会的秩序思想，也同样被附会到了社会的物质层面，这其中就包括了城市的规划以及城市的建筑。众所周知的《周礼考工记》中的《匠人》“营国制度”就规定了：“匠人营国，方九里，旁三门。国中九经九纬，经涂九轨。左祖右社、面朝后市。市朝一夫”。此段讲的是王城形制。《匠人》还将城邑分为了三级。有王城诸侯城和作为宗室卿大夫采邑的“都”。但从目前的文献记载以及实物留存来看，也并未完全按照这样的具体方式进行布局。但仍从其各自的具体情况出发呈现着不同的礼制格局形态以及思想。

（1）对西安古城礼制空间构成要素的认识

文章通过对于西安古城的调研，发现西安的古城在规划思想层面主要呈现着礼制规划思想。 西安的城墙，基于隋唐，但最终确定了今天这种形制以及总体格局的却是明代，尤其是明初洪武七年开始的城墙扩建工程，以及之后数代的改造而最终确定了今日的总体格局。文章通过对于这些原真性资源的梳理，提出并且初步总结了西安古城的礼制格局的基本面貌。并以简明易懂的四字骈文形式描述如下：

东以文泽，福荫士子；神道其中，教化苍生；钟鼓长鸣，授时以礼；城阙四达，以利交通；四垣耸峙，佑我城民。

**①东以文泽，福荫士子**

在中国传统的五行方位属性中，西代表阴、金，在季节中又代表“秋”，亦有“用兵杀伐”之意，进而也代表着“武”。东代表阳、木，文昌以及生长之意。这个理念也在中国古代的建筑规划中，得以明确地体现且尤以明清两代的紫禁城最为鲜明。紫禁城南北分为前朝和后寝两大部分，其中前朝中轴线西边的为武英殿，东边为文华殿，一文一武东西对峙，便是取法于此。

西安古城的格局也暗合这种礼制思想，从明清两代的西安府城图来看，南大街之东恰好分布着孔庙以及书院，其中关中书院在几百年中一直滋养着关中大地乃至全国仰慕与渴求官学的文人士子们，如今的关中书院内仍旧作为高等学府，教化着孜孜以求的学子们。而文庙更是自始建至今已有上千年的历史，结合其内储量丰沛的历代石刻碑铭，至今仍旧释放着其巨大的文化魅力。但东文西武的理念却并未完全应用于古城内的功能布局，南大街之西却并未有以武备为主的场所。因为从明代府城图以致清代府城图来看，用于武备的场所遍布于城内各处，这也说明了在规划布局的过程中存在一定的灵活性，也是由于城内的规划并非一次定型，而且随着时代的变迁而逐步发生变化的过程。

**②神道其中，教化苍生**

在西安城内如今仍保留着始建于唐宋的一些宗教场所，在城之西隅分布着两座佛寺，分别是广仁寺和云居寺；在鼓楼大街之西以及东门长乐门之西北方向分别建有两座道教场所，分别是城隍庙以及东岳庙；而在如今的回坊则分布着大大小小七座清真寺。这些清真寺深藏于居民区中，与日常的民众生活保持着紧密的联系，因而仍旧发挥着教化民众，弘扬教门的作用。

除此之外，城内的两处道教场所其一为城隍庙，也深入在回坊之中，百年间与遍布清真寺的回坊和谐共存。另一处为东门内的东岳庙。

这些不同种类的宗教场所散布于古城内，千百年来将影响着、教化着城内甚至城外的人们，是形成古城内潜在社会伦理秩序的重要场所。

目前，这些宗教场所分布于城内的南北大街之西、城墙西北隅、城内东部以及南部地区，但若将城内四条大街将成分为西北、西南、东北、东南四个部分的话，这些宗教场所则主要集中于城之西北。而东北及东南则各有一处。

**③钟鼓长鸣，授时以礼**

钟、鼓楼是城内当之无愧的地标性古代建筑。它们的功能在古代就是用以为城内进行报时与警示。钟楼原来位于桥梓口北广济街的迎祥观，这里一直是五代、宋、元长安城的中心，自从明代西安城扩建以后，由于城市交通中心位置的变化，自明神宗万历十年（1582 年）迁至今址。西安的钟楼由于其所处的位置不仅成为入城人的视觉焦点，也由于其功用成为千百年来，西安人共同的精神地标。

鼓楼的地理位置虽然没有像钟楼一样处于城市的交通中心点，但鼓楼因其庞大的建筑尺度以及建筑本身气宇轩昂的雄姿，依旧成为西安城内的另一座地标。

钟楼与鼓楼，一东一西，几百年来不仅是西安人了解时间的重要场所，而且也塑造与限定了城市的秩序与格局。每当晨钟暮鼓之声在城市中响起的时候便会产生一种油然而生的崇敬感，整座城市的秩序氛围也顿时发生了变化，因而可以说这两座建筑的意义已经超出了物质本身所体现的价值意义，而成了城市精神性的元炁所在。

**④城阙四达，以利交通**

四通八达的城市交通也是中国古代城市规划中所强调的，但这些城市内的道路并非多就好，而是应当遵循一定的规制与礼法。西安城内的主要交通干道是十字星交叉的形态，这一形态与城门的方位与数量紧密型相关。由于钟楼位于十字干道的中心位置，因为既满足风水中的要求（一眼望不到头，即南北东西四门无法相互对望。）又能满足城内主要交通干道的需求。

**⑤四垣耸峙，佑我城民**

明洪武初年，由于朱元璋非常重视西安的战略地位。大臣们也力荐以西安为都。为此，朱元璋遣太子朱标，勘察西安地区作为都城的条件。后来，朱元璋封次子朱樉为秦王，封地就在西安。此时的城墙完全按照“防御”战略体系的标准来营造，城墙的厚度大于高度，十分坚固，城墙顶面也非常的宽阔，可以跑车和操练。与城墙相互配套的设施也十分完备，包括护城河、吊桥、闸楼、箭楼、正楼、角楼、敌楼、女儿墙、垛口等一系列防御性设施。从日后的数次战争中来看，乃至近现代的战争中（刘振华攻打西安也即二虎守长安的历史事件）来看，西安的城墙也的确堪称一道十分坚固难以攻克的防御工事，妥善地保全了城内居民的安危。

（2）构成西安古城礼制空间的结构性元素分析

文章通过进一步的分析后认为，上述的这些构成元素分别从时间、空间、心理三个方面塑造并限定了这座古城专属的礼制秩序。具体说来，塑造时间秩序的有钟、鼓楼；塑造空间的为城墙及其内部的街巷空间；塑造心理秩序的为所有宗教建筑以及文化类建筑，即佛寺、城隍庙、东岳庙、文庙以及关中书院。如此归纳并非溯源其初始规划思想，而是试图分析出西安这座古城如今仍旧具备的无法名状的历史气蕴的结构性因素。

用中国传统数术理论的三才观来看，它们又分别代表着天（时间秩序）、地（物质空间秩序）、人（心理的活动）。只有三才具备才能有我们可感知到的宇宙。一座城的秩序也离不开这三个方面。虽然它如今已满目疮痍，但这些事物依然在坚守着并影响着这座城市。（图6）

2. 传统街区骨架

除了很多直观的竖向要素（建筑、构筑物）可以作为一座城市的历史性要素以外，以道路骨架为主的平面要素也是其重要的构成要素，它与每一位于此城市发生关系的人在头脑中的认知地图息息相关。

作为一座历史积淀深厚的历史文化名城，城市道路骨架往往具有三种属性，即整体性、稳定性、交通性。城市骨架是基于对周边客观环境的认知、沿着城市轴线展开的。与此同时也伴随着周边客观环境以及人文环境的变迁而发展成熟。因此，它往往具有一定的整体性，这种整体性又是基于一定的秩序之上，各个构成元素基于这种秩序因而确定了骨架的整体性。稳定性体现于长期积淀而构成的骨架所具备天然的稳定性。交通性，城市骨架也同时肩负着交通的功能，因此，它也随着步行或者车行等不同的交通方式而呈现着各自不同的物理状态以及组织方式。[4]

一座城市记忆、城市特色都是附着于、共生于这个骨架之中的。因此，应当将西安古城

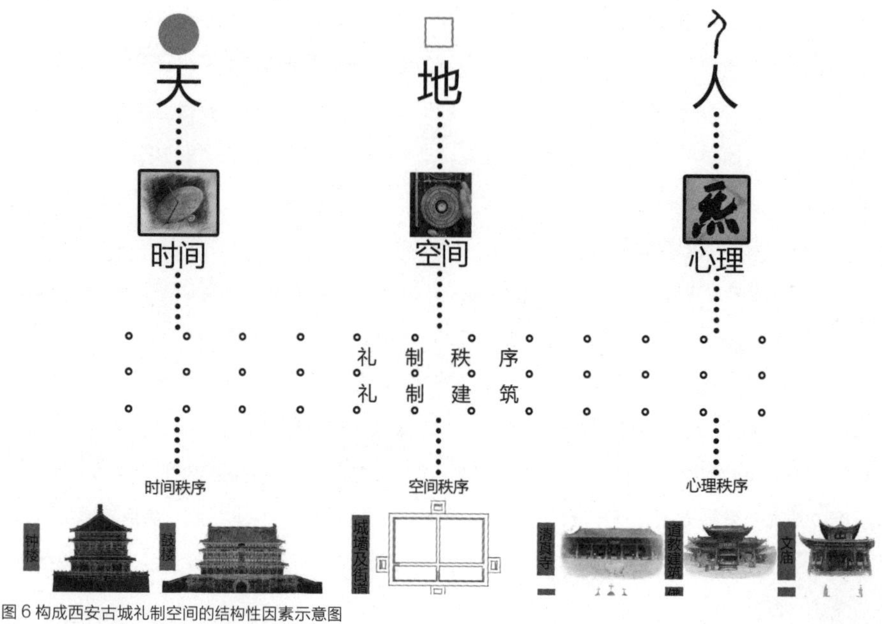

图6 构成西安古城礼制空间的结构性因素示意图

内的道路骨架也视为一种重要的，构成具有西安历史地理特色文化格局的要素。不仅要保护街巷本身的存在性，与此同时，传统街巷的尺度、建筑风貌、景观风貌也应当被视为重要的构成要素。

## 四、国外古城保护中可借鉴的经验

### （一）日本

文化遗产保护在日本是有着深厚的历史传统的，珍惜资源，珍视本民族文化遗产这一思想传统在日本大众的心中本身就有着普遍的共识。除此以外，值得我们学习的就是他们对待文化遗产的保护政策与保护机制。

针对文化遗产的保护，日本有着非常清晰的管理体制。其行政管理体系呈阶梯结构，负责该国文化遗产保护的行政管理主要是由文物保护行政管理部门以及城市规划行政管理部门两个相对独立、平行的机构来执行。与此同时，政府为了使得保护工作得到更为可靠的理论指导。还将行政管理与学术紧密地联系起来，在地方政府机构中还设立“审议会”（常设咨询机构）。

文化遗产在日本也叫“文化财”，从这个词来看，它们是被视为整个国家的文化财富。但与我国不同的是，往往这些“文化财”，并不会被政府视为赚钱机器。而是更加注重其历史文化的内在意义。因而，对其的保护理念方式很纯粹。并且非常注重对这些文化的传承，毕竟文化只有传承才有延续的可能，才能具有生机。不仅如此，日本的民众大都也对于自己家乡的文化财十分重视，并且都引以为傲。

兵马未动，粮草先行。保护经费也是保证文化遗产的保护得以落实的关键要素。在日本，文化财的保护经费来源于以补助金、银行贷款和公用事业费为主，拨款数额则由被保护对象的重要性来决定。此外，保护费用还可以根据担保贷款的形式由银行提供，并可向地方政府申请利息补助。日本的文保事业种类多样，保护资金的筹集、使用和分配常由当地居民参加的财团等组织出面管理并决定其用途。这样一来便使得公众可以广泛地参与到文保事业中来。资金也得以更为、有效更为直接地用于文保事业中去，很大程度地保护了日本的文化遗产。

不仅如此，日本的各个地方政府，还制订了一系列保证历史景观原真性的条例。以此严格控制文化景观被过度商业化，保证其历史信息不受侵害，这样一来，也减少了很多火灾的隐患。从保护的成果来看，日本很多的历史文化城市至今仍旧保留着较为稳定的历史风貌，大量历史建筑被视若国宝，其中不乏千年之久的大型木构建筑。这些都是值得我们国家值得学习的地方。

### （二）法国

法国对于本国文化遗产的保护意识起步较早，可追溯至 18 实际末期，时至今日经历了较为久远的发展时间，因而有着相对成熟的经验，总结一下，法国目前对于文化遗产的保护具有以下几个特点：

1. 在保护内容方面，不仅包含这对历史建筑的保护，同时也包含着对历史环境的保护。建筑只是构成历史环境中的一个元素，因而相对孤立、静止。而要达到一种积极的保护效果，则要保证历史建筑所处的历史环境也被纳入保护视野中。

2. 专业保护与综合保护双管齐下。在法国的历史文化保护法中，有着一整套行政管理、资金保障体系、监督体系、公众参与体系等， 使得保护制度非常社会化。

3. 不仅存留历史而且要重现其价值，在法国，经常可以见到将历史建筑维护改造后，赋予博物馆或者是纪念馆的功能。不仅如此，政府还将与这些建筑有关的周边历史风貌价值重现作为了非常重要的目标。从目前的保护效果来看，很多历史区，除了建筑外，其所处的历史环境风貌也能得到有效的保护。保护的手段也教早期强制性的更加灵活，便于针对不同的保护对象制定相应的保护策略、实施相应的保护工作。

## 五、基于“无痕”理念探讨西安古城的保护思想与策略

### （一）对“无痕”的理解

所谓“无痕”理念，实际上是一种面对人类改造客观世界的问题中，始终持有一种“中和”、“谦逊”甚或是“退让”的态度，而非长期以来所普遍持有的“俯视”、“先入为主”、“人定胜天”的态度。它所倡导的理念则是要使得设计的最终效果达到人与自然、人与文化、人与人之间可持续与和谐共生的状态。当然，这一认知态度以及理念并非追赶时髦或标新立异的刻意为之，而是在以一种人性的、客观的、科学的态度，对于人类发展长期以来的诸多问题进行了深刻的总结与反省之后得出的阶段性认知。

在具体的宏观政策制定、设计方案确定以至最终的实际操作中，无痕理念始终倡导着最大可能地减少资源浪费、环境污染、历史人文资源的破坏，并尽最大可能实现资源的有机循环、历史文化（物质与非物质）的良好传承、社会秩序的和谐稳定。

### （二）对“无痕”理念在历史文化保护中意义的认识

在历史文化遗产保护中，“无痕”并非是追求纯粹的保留、原封不动、绝对的静止，而应当是以充分尊重历史文化文、尊重人对于故土的情感与记忆前提的，同时正视时间的流动性、社会发展的动态性、人类需求的变化性等一系列变动新因素，进而以一种理智、中和、内敛、有节制、可延续的态度，通过对于理论的分析研究、政策与策略的制定、具体方案的设计以及最终的实践。而最终令我们切身感知到的事物，无论是小到一件文物，还是一座建筑，一片传统文化聚落，一座历史文化积淀深厚的城市，直至一个文明古国，我们所感知到的文化气息应是自然的、亲切、似曾相识的，它沉静又不失生气并能与观者产生精神共鸣的。没有多一笔的修饰也没有过多的记忆缺失。正如有人曾经嘲笑罗马这座城市路灯很少一样，而罗马当地人的回答却是那样的简单，他说：“罗马的光辉需要路灯来照亮么？”

反观中国，5000 年文明古国。但目前无论是对于本民族传统文化的传承情况、认知度还是国内对于物质文化遗产的保护情况来看，可以说是危机四伏，文化断代问题已经十分严重。单从南北方各个城市的总体面貌而言，“千城一面”的问题十分严重，包括很多历史文化名城，也在面临着文化识别性不断减弱的尴尬问题。

“大道废，有仁义。慧智出，有大伪”。当此之时“无痕”理念可谓应劫而生。俗话说，

亡羊补牢，为时未晚。此时提出“无痕”面对当前国内满目疮痍的文化遗产保护现状，不可不谓一剂良药。它具有如下几点意义：

第一，它能够起到遏制目前传统文化逐渐式微，乃至逐渐消失的趋势。第二，它能够从某种程度上改善我们的城市面貌，去除一味地追求浮华而追求设计中本源的东西。第三，历史文化名城可因此得以在既保存原有文化遗产资源的前提下，得以朝正确的方向良性发展。第四，在视觉与知觉方面，更加重视与强调历史面貌原真性与内涵的体现，因而会有效杜绝浮夸而缺乏文脉延续性的伪历史元素在需要保护原真性的历史文化区的滋生与泛滥。

（三）基于“无痕”理念探讨在西安古城历史文化保护中的理念与方法

前文已经对于西安古城的保护问题以及问题产生原因进行了初步的分析与探讨，这里仅就文章对于“无痕”理念的认识基础上，探讨关于西安古城历史文化保护的一些理念以及具体方法。

1. 保护理念

（1）政策与管理层面

首先，政府机构应当明确权责，分级、分层设立相应的管理机构，清晰主要管理以及决策部门，各机构既能够互相监督又可保证在问题发生之前有最终出面并且对问题进行决策、负责的机构。因为文化遗产保护的决策以及保护工作应当未雨绸缪、提前着手，要有极强的预见性，而一旦工作滞后所造成的损失将会是无法挽回的。政府领导不要在管理中因个人好恶或利益因素，强加干预、影响保护工作的正常开展。

针对目前极为稀缺的古城历史民宅，应当明确保护红线范围，并且明确指定相应的主要管理机构，明晰其权责，并赋予其行使保护工作的充分权利。

第二，各个相关政府机构，应当广泛听取、充分尊重专家、学者、社区居民等一系列相关或者关心有关文化遗产保护问题人士的意见，并做好充分的调研，以便从多角度为政策的科学性、合理性、长远性提供有效的支撑。针对西大街、北大街改造过程中主管领导对于建筑历史价值过于主观、片面非专业的评估而造成的一系列不可估量的损失，在日后的工作做中应当针对旧城改造相关的问题，广泛听取各方意见，并将这些意见与城市发展的客观需求相互平衡，制定出合理、合情的政策。

第三，政策制定得再好，也要得以有效执行，因此，应当打造相应的信息平台，发动政府、企业、民众共同对于所在城市的文化遗产，从各自的权责出发做好相应的监督、保护工作。

（2）技术层面

首先，监管方面充分利用专属或现有信息平台。

利用如今发达的信息平台，各方可充分行使监督、投诉权利，与此同时，这些平台应当与国家文保的最高机构联网，得以信息在第一时间上传与下达。如今的网络发展日新月异，地球另一端发生的事情，我们可以在极短的时间内获知。文化遗产保护是争分夺秒的事情，因此，应当在充分给予公民保护与监督权利的同时，打造或者利用好这些信息平台，有效阻止文保悲剧的发生。对于西安古城的保护，这项工作尤其重要，但时至今日还未出现专属的信息监督、信息发布、各方建言的信息互动、收集平台。建议为了更有效地管理保护西安古城历史文化资源，也为了与西安这样极具重要意义的历史文化名城身份相匹配，政府应当近早考虑此项工作的开展。

第二，在规划设计领域，针对西安老城历史文化遗产的保护规划制定以及改造设计方案制定中，应当强化以下几点认识：

**1. 保证现存礼制空间格局的原真性**

现存的礼制空间格局是支撑西安这座古城文化底蕴的重要支柱之一，它既保留有原初城市规划的形态，同时也是几百年甚至上千年城市文化空间格局演变的活化石。

因而，无论是单体历史建筑、建筑群还是由这些建筑所共同构成的空间。都应当被视为一个有机的统一体。这个统一体表达着古人对“以礼营城”的重视，而这一礼制空间即限定着城市的秩序同时又是承载着城市的秩序。钟鼓楼及其相邻的空间诠释着时间秩序（每日的时间、四季）；所有的宗教建筑及其相邻的空间诠释着道德秩序；它们又与民居建筑共同构成了社会伦理秩序。因此，无论是城内的一砖一石、一街一巷、一座老宅乃至一楼一阁等，都是这一统一体内的一部分，不应有大小、贵贱、时间长短之分而轻易地决定取舍。

**2. 控制非自然文脉延续下的历史风格泛滥**

这一点前文已经提到，就是我们在近年的以皇城复兴为背景的城市建设中，以拆毁一座座老宅为代价，建造了一座座我们引以为傲的，体量庞大的唐风建筑群。 但这些唐风建筑只是后人通过对唐代建筑支离破碎资料的理解而主观臆想的产物，再通过现代建造技术手段，强行置入城市之中。它反倒成了割裂文脉的重要因素。

因此，文脉是脆弱的，不是随便就可以植入的。一旦破坏也无法修补。因此，在日后的规划建设中应当杜绝这种割裂本已非常脆弱的城市文脉的现象发生。

**3. 合理化确定古城的功能定位，充分尊重古城所目前具备的环境承载量，杜绝与定位不符的一切开发**

作为国内少有的历史文化名城，西安有着相对完整的古代城垣建筑、城楼建筑以及城内的数座极具历史价值的大型公共历史建筑、民居建筑等资源。而且依旧保有着较为完整的礼制格局。但由于改革开放后经济的不断发展，城内的建设量也在不断地增加，这其中除了给原有城市的文化遗产资源带来的较大程度的破坏外，还给这座本已脆弱的城市自然承载力带来了越来越重的负担。

因此，文章认为，古城内在未来不仅应当不忘初衷地贯彻执行“皇城复兴计划中”弱化政府、居住、交通职能。而且应当严格控制大型商业建筑的建设。目前，还是有不少大型商业建筑出现在古城历史文化信息较为重要与密集的地方，如新建的宏府大厦。其庞大的体量对于钟楼乃至鼓楼在该区域的视觉中心性造成了较为明显的削弱。所以，在未来可以借助网络经济的不断发展，开拓更多的与古城历史文化环境与地位相符的商业经营模式以及产品，以分散化、小型化、人性化、人文化为城内的商业发展特点。

## 六、总结与期望

时至今日，关于西安古城保护、发展的学术研究成果已经很多，也产生了不少这方面的专家学者，这其中也不乏知名学者。这一领域的不同层次、不同角度的话题至今仍在继续着。与此同时，古城内的文化遗产也在不断地减少、城市内曾经稳定的文化肌理也在不断地萎缩、消失。这种“道”、“器”严重分离的极不寻常的现象着实需要今天的我们认真反思。不同领域的人们在这一问题上长期各说各话，互相无法影响对方，尤其是专家学者的意见时常在以经济建设为中心的背景下屡遭忽视。最终的受害者却是我们的古城。

文章在最后希望在未来的西安古城保护问题中，不要再在规划理念层面、决策管理层面出现大是大非，甚至是极具破坏性的问题。问题肯定会有，但应仅限于具体微观层面的保护技术的方式、方法上而已。我们的古城再也经不起折腾了。

**参考文献：**

[1] 丘濂 . 习仲勋三护西安城墙 [J]，三联生活周刊，2014:26.

[2] 傅熹年 . 中国古代城市规划建筑群布局及建筑设计方法研究（上册）. 北京：中国建筑工业出版社，2001.

[3] 吴庆洲 . 建筑哲理、意匠与文化 . 北京：中国建筑工业出版社，2009.

[4] 王树声 . 黄河晋陕沿岸历史城市人居环境营造研究，北京：中国建筑出版社，2009.

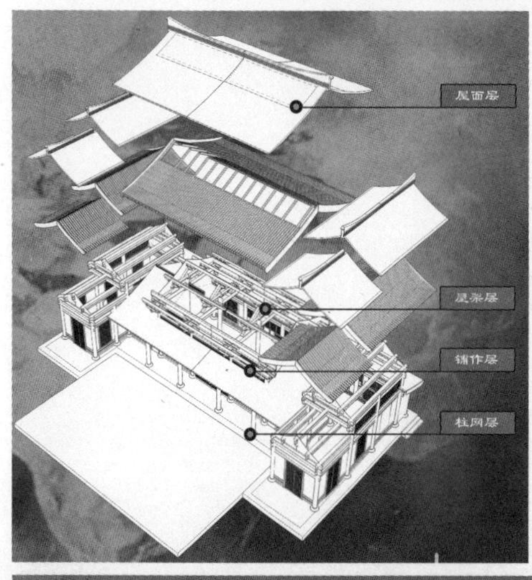

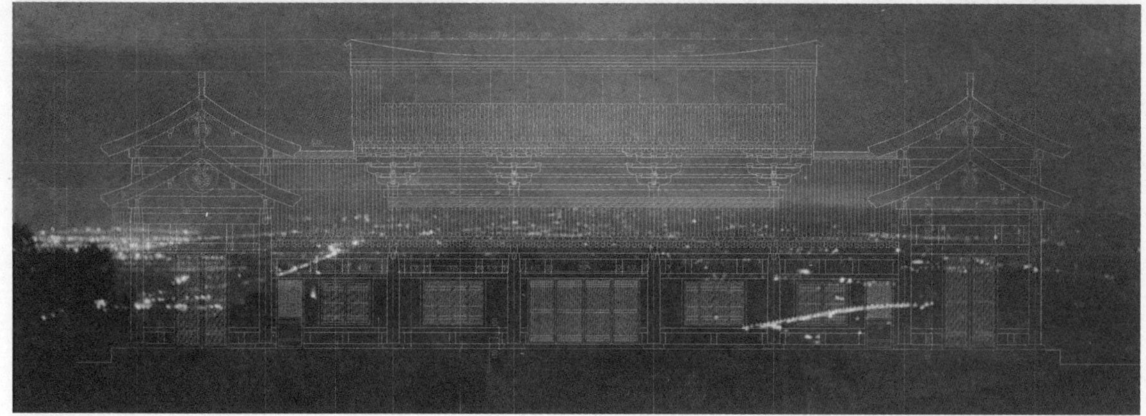

陕西西安混元殿建筑设计

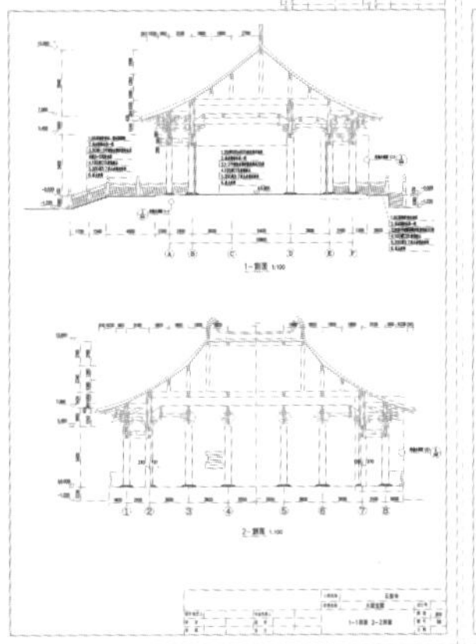

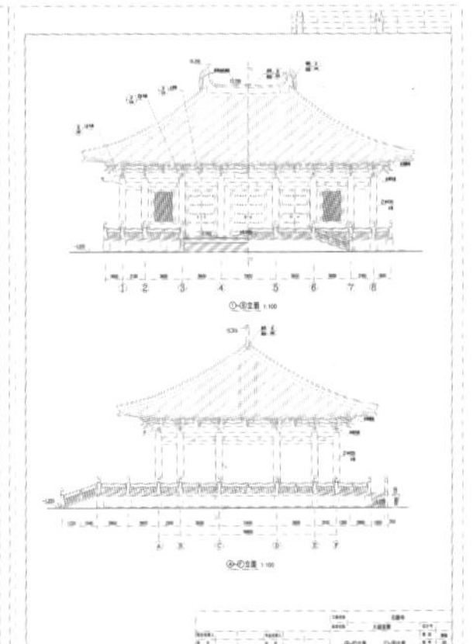

陕西宝鸡石鼓寺规划及建筑设计

# 传统聚落规划设计蕴含的“无痕设计”理念研究

## ——以青海省东部河湟地区少数民族聚落为例

吴晶晶 / 文

**吴晶晶 / 沣东新城规划建设局局长助理 / 工程师**
**研究方向 / 城市规划研究**

西安建筑科技大学建筑学院博士研究生毕业，主要从事建筑历史与建筑遗产保护、传统聚落研究，曾参与《高家堡古城保护规划》、《陕西灵石夏门村历史文化名村保护规划》、《西北民居》考察、书稿编撰等项目。

摘　要：城市是放大的聚落，民居是缩小了的住宅，而庙宇则是古老的公共建筑。中国传统聚落与民居是凝结祖先生活智慧的结晶，是对自然干预最小的规划与设计先例。散布在我国西北地区的少数民族聚落、民居既是对自然条件、宗教信仰、传统习俗完美适应，更是一种承袭和融合的典范。它们不仅特点鲜明、造型丰富，而且低碳环保，其中蕴含的无痕设计理念值得我们进一步发掘总结。本文在作者探访青海省东部，河湟地区传统聚落和民居的基础上，发掘其选址与建筑的特色，分析传统民居所具备的低能耗、零污染等方面的生态优势，总结当地地域性建筑设计中的无痕设计方法，以期对今日千城一面、高能耗建筑林立的规划设计现状有一定的启发意义。

关键词：传统聚落 无痕设计 生态智慧 规划设计

## 一、青海省河湟地区自然、历史环境概述

青海省东部河湟地区[1]，“北依山作镇，南跨河而为疆。地接青海、西域之冲，治介三军万马之会。”[1]包括月山以东祁连山以南，西宁四区三县、海东以及海南、黄南等地的沿河区域。从自然地理角度分析，这里正处于黄土高原、内蒙古高原和青藏高原三大高原之间的过渡地带，大部分地区平均海拔在1500~2500米之间，水源丰富，黄河及其支流湟水等河流贯穿其间，气候相对温暖，宜农宜牧。[2]

特殊的地理位置、温和的气候与丰富的自然资源成就了这里悠久的历史与人文环境。使得河湟地区作为黄河流域人类活动最早的地区之一，和中原汉族政权和边远少数民族势力抗争的过渡地带，在漫长的历史演进过程中，最终磨合形成了今天融合了汉族、藏族、回族、土族、蒙古族和撒拉族等众多民族和谐共生的多元文化特质，以及普遍适应地域自然环境的聚落与民居建筑，如表1所示。

### （一）. 民族文化与宗教信仰影响下的聚居模式

青海省河湟地区少数民族聚落总体呈现出“大杂散，小聚居”的分布态势。这与中原地区民族聚落分布及汉族传统民居聚落内部“血缘或业缘”聚落构成大不相同。具体分析，青海省河湟地区少数民族是在地缘文化影响下呈现出的以民族文化为主，以宗教信仰为聚落精神核心，围绕宗教寺庙建设聚落结构核心的聚居模式，加上以父系家族成员为首，组成的群体聚居形式；而中原汉族民居聚落则多是以血缘为纽带，以宗祠为聚落结构核心，以宗法制度为维持聚落内部日常秩序、等级关系的聚居模式（图1）。

### （二）多重文化影响下的地域民居建筑

青海省东部河湟地区在自然地理环境和人文历史环境的双重影响下，吸收游牧民族和汉族居住文化特点，形成了独具地域特色的民居建筑。

#### 1. 单层庄廓院

庄者村庄，俗称庄子，廓即郭，字义为城墙外围之防护墙，是由高大的土筑围墙、厚实的大门组成的合院。[4]外观看似一座夯土堡垒，是青海省东部河湟地区各民族人民普遍采用的民居建筑类型。庄廓院根据各家经济条件和人口数量的不同，又可分为一字院、

1.“河湟”一词最早见于《后汉书·西羌传》，其中有“乃度河湟，筑令居塞”的记载。这里的“河湟”指的是今甘青两省交界地带的黄河及其支流湟水。此后，“河湟”逐渐演变为一个地域概念，次指黄河上游、湟水流域及大通河流域构成的“三河间”地区。其地理范围包括今日月山以东，祁连山以南，西宁四区三县、海东以及海南、黄南等地的沿河区域和甘肃省的临夏回族自治州。

| 时代 | 文化构成和行政区属 | 民族构成主体 |
| --- | --- | --- |
| 新石器时期 | 马家窑文化、齐家文化 | 羌人 |
| 秦 | 汉族中央政权统治下设陇西郡 | 羌族、汉人 |
| 汉 | 汉族中央政权统治下 | 羌族，汉族大量移民屯边 |
| 公元3世纪-公元6世纪 | 少数民族地方割据势力统治下 | 汉、匈奴、鲜卑、匈奴、氐、羌、柔然等民族融合 |
| 隋唐 | 初为汉族中央政权统治下设鄯、廓二州，后期为吐蕃统治 | 汉族、藏族等其他民族 |
| 宋 | 吐蕃建立隶属宋的唃厮啰政权 | 汉族、藏族双向融合 |
| 元 | 蒙古族建立的中央政权统治下 | 蒙古人、色目人不断迁入，促生了撒拉族、土族、东乡族等少数民族 |
| 明 | 汉族政权统治下 | 汉族移民戍边，明中期达25万人 |
| 清 | 满族建立的中央政权统治下 | 汉、藏、回、蒙古、撒拉、土、东乡、保安等近十余种民族文化杂陈的多元鼎立, |

表1青海东河湟地区历史沿革表[3]

（a）藏族民居聚落与精神核心“寺庙和喇嘛塔”

（b）青海省循化县大庄村撒拉族聚落平面图

（c）青海省循化县大庄村精神核心“清真寺”

图1青海少数民族聚落聚居结构

图2 山西省灵石县夏门村汉族传统聚落与精神核心“祭祖堂”

三合院、四合院和组合式院落，功能包括了日常起居、牲口圈养、晾晒稻草、牛粪、储放粮食等生产和生活资料。这里的民居院落构成虽然受到汉族传统四合院的影响，但布局更灵活实用，一般根据当地居住生活功能需求排布建筑，院落与院落之间的组合也依据需要连接无明显的轴线和次序，反映了当地民居文化的多样性、兼容性和地域性。（图2）

2. 多层土木楼

除了单层的庄廓院以外，在河湟地区也能见到由夯土和轻质木结构组合构建的多层土木楼。因受到材料和结构体系的限制，这里的土木楼多见为两层民居建筑，形式大体上表现为一层厚夯土墙间加木立柱，二层在一层土木结构的基础上，搭建木质地板和轻质隔墙，其中，尤以撒拉族利用枝条编织建筑二层外墙为典型，成为当地别具特色的建筑形式。（图3）

(a) 四合院

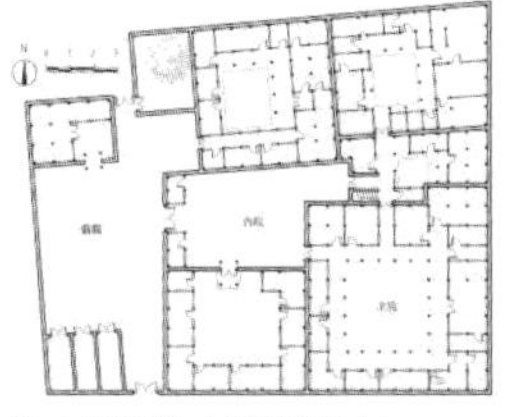

(b) 组合院 十世班禅故居

图 3 青海省东部河湟地区民居“庄廓”院落布局形式

(a) 藏族民居

(b) 街子乡撒拉族民居篱笆木楼

图 4 青海省东部河湟地区多层土木楼民居建筑

图 5 庄廓外观

## 三、青海省东部河湟地区少数民族聚落与民居建筑中蕴含的无痕设计理念

### (一) 尊崇信仰，和谐共生

作为历史上多民族迁徙和战争频频波及的地区，生存在这里少数民族要面临抵御大自然和战争的双重挑战。一方面，虔诚的信仰是聚落居民面对现实，自觉承担起社会使命的出发点和动力 [5]，使零散的民居形成有序的聚落，帮助生存在这片土地上的人们共同与寒冷和相对中原贫瘠的生存环境抗争；另一方面，宗教信仰虽然没有严格科学的生态学，但是却具有辞源学意义上的生态学。就藏族、蒙古族和土族的生产生活来看，藏传佛教中关于生态保护的基本要求在其生态保护方面已经完全被世俗化。在藏传佛教影响下，藏族、蒙古族和土族的生产生活中广泛流行着以自然崇拜为重要内容的生态文化。[6]

城市是聚落的集成，共同的信仰是城市建设的灵魂。伴随我国快速的城市化进程，城市建设中的矛盾也日益突显，主要表现为割断历史文脉的“建设性破坏”、缺乏地域文化特色的“千城一面”现象，其实质都是对城市文脉和城市文化的忽视。这些日趋严重的问题导致了城市的环境危机、特色危机、文化危机。为此，学界也在探寻解决城市问题的新方向，提出以城市文脉的传承、弘扬与可持续发展来彰显城市特色。其实答案已经蕴含在这些传统聚落里，从实际出发，以客观问题为导向，就地取材，以地域生活的共同需要、文化信仰出发的设计就是我们寻找的无痕设计思想和理念。

### (二) 就地取材、保温隔热

河湟地区与黄土高原接壤，丰富的黄土成为修建庄廓廉价便利的主要建筑材料，一方面，夯土良好的保温隔热作用很适合青海昼夜温差大的地域气候特征，另一方面夯土墙或土坯墙所形成的封闭、结实的外观在历史上有过很好的防御作用。(图 4)

现代建筑设计是源于西方“发达国家”建立在高资源消耗基础上的现代化途径，然而，其忽略地域气候特征，过多地依赖技术营造舒适的建筑环境，是造成建筑高能耗的根本原因，也是我国设计不宜直接借鉴的实质原因。我国幅员辽阔，各城市之间的地域差异明显，因此要实现中国特色的建筑节能，就要求我们因地制宜，根据不同地区的特点，不同的建筑功能需求，最大可能地利用各种自然条件，在满足基本健康舒适要求下，以降低建筑运行能耗总量为目标，力争在建筑总量不断增长的同时，使建筑能耗总量的增长低于建筑面积总量的增长，真正实现建筑节能与“自然和谐”。[7]

### (三) 土木结合、结构合理

坐北朝南的院落布局，配合土木结构构建的民居是我国北方传统建筑适应气候环境的合理选择。一层使用就地取材的厚重夯土墙，土坯墙做围护结构，用木材做承重结构，具有“墙倒屋不倒”的抗震特性；同时，二层使用轻型木质维护结构，既符合结构力学原理又营造了舒适美观的室内使用环境，如用循化撒拉族特有的使用柳条编制成篱笆，然后敷抹上草泥做维护墙面构成的篱笆楼便是此类建筑的典范。(图 5)

建筑的实用性，是推动建筑设计不断前进发展的本源动力，现代建筑设计过分讲求艺术，制造违抗力学原理的建筑物，也是造成当今城市建筑贪大、媚洋、求怪等乱象产生的主要原因之一，也是无痕设计呼吁建筑师、设计师回归自然、取法自然的主要目的之一。

图 6 循化大庄村篱笆木楼

（四）利用自然、环保低碳

伴随着全国城市化进程的加快和全球“低碳经济”时代的到来，探求低耗能零污染的建筑体系成为建筑界讨论的热点，然而就在我们身边的民居建筑却时常是这方面经验的总结。以青海省河湟地区为例，丰富的太阳能资源和农牧资料，使得这里的民居几乎家家都装有环保、高效的太阳能灶，同时结合当地生产方式大量牲畜粪便被晒干后成为节约能源、无污染的有机燃料，如图 7 所示。

（a）撒拉族民居屋顶的太阳能灶

（b）土族居民院落里的太阳能灶

（c）藏族民居聚落的牛粪燃料

图 7 青海省东部河湟地区少数民族利用太阳能资源

近年来，我国也在逐步推行“绿色建筑”设计和建设，就笔者接触而言，大量城市“绿色建筑”仍停留在政府审批时强制执行的层面上，缺乏设计师参与的主动性和建设方实施的动力。一方面，绿色建筑高昂的设计施工费用没有得到有力的政府支持和补贴；另一方面，“绿色建筑”实际的节能效果和可持续使用性并没有得到现实认证，“绿色建筑”缺乏良好的市场回馈，变成了政策“一厢情愿”的要求，甚至产生为了通过评估拿到许可而走的弯路，浪费了更多人力、财力。中国北方是太阳能、风能十分充足的地方，很有发展绿色节能建筑的潜力，尤其是西北地区农村大有推广既节能又环保住宅的必要。

近年来，我国也在逐步推行“绿色建筑”设计和建设，就笔者接触而言，大量城市“绿色建筑”仍停留在政府审批时强制执行的层面上，缺乏设计师参与的主动性和建设方实施的动力。一方面，绿色建筑高昂的设计施工费用没有得到有力的政府支持和补贴；另一方面，“绿色建筑”实际的节能效果和可持续使用性并没有得到现实认证，“绿色建筑”缺乏良好的市场回馈，变成了政策“一厢情愿”的要求，甚至产生为了通过评估拿到许可而走的弯路，浪费了更多人力、财力。中国北方是太阳能、风能十分充足的地方，很有发展绿色节能建筑的潜力，尤其是西北地区农村大有推广既节能又环保住宅的必要。

## 四、总结

特殊的地质、地理环境区位造就了青海特殊的人居生存环境，鲜明的少数民族文化奠定了其深厚文化内涵。这些因素交织在一起，赋予了青海聚落和民居独特而生动的面貌。其中反映出的生态智慧正是我们苦苦寻求的设计方法，让我们深切地感受到大自然是设计师的老师，取材于自然、源于生活的设计就是最好的无痕设计，当我们在苦于寻找新的设计方法的时候，可以回头看看：城市就是放大的聚落，民居是缩小了的住宅，庙宇是古老的公共建筑，它们特点鲜明、造型丰富的设计方法和低碳环保的建造理念是值得缺乏文化归属而又无序扩张的城市好好学习和反思的。

图片来源：

文章中所有图片均由作者提供。

参考文献：

[1]《西宁府新志》转载于陈新海.河湟文化的历史地理特征[J].青海民族学院学报(社会科学版),2002(4):29.

[2]丁柏峰.河湟文化圈的形成历史与特征[J].青海师范大学学报(哲学社会科学版),2007(6):69.

[3]根据马灿.河湟文化演变以及文化景观的地理组合特征[D].青海：青海师范大学，2009:13绘制.

[4]王军.西北民居[M].北京：中国建筑工业出版社，2009.

[5]朱越利.宗教信仰与社会使命[J].中国宗教，2011(2):49.

[6]李长友，吴文平.宗教信仰对生态保护法治化的贡献–青藏高原世居少数民族生态文化的诠释[J].吉首大学学报(社会科学版)，2011(5):107.

[7]江忆.中国建筑能耗现状[J].新建筑，2008(2):4.

**作品名称：绿色公交站点设计**

设计说明：

城市交通组织对城市规划有重要意义，其中城市公共交通又是城市内交通体系的重要组织部分，是建设绿色城市、高效城市的有效途径。城市绿色公交车站的相关设计与研究在我国起步较晚，西北地区较为落后。调查以西安市南郊省肿瘤医院站点附近交通环境为例，在“无痕设计”大的框架下，探讨城市绿色公交车站的设计，矫正群体偏执行为，从色彩，造型，功能，材料技术等方面打造绿色公交车站，缓解候车人群的焦躁，提供候车人群简单基本的功能需求，从心理情感上疏导受众，缓解车站拥挤和脏乱的现象，提升城市形象。

•法国植物公交汽车站设计

植物公交汽车站的方案是众多增加城市植物覆盖面积的一个例子,都是减少城市车辆和限制温室气体排放典型的城市装置。它捕获雨水自给自足，还采用低能耗的照明设施节省能源。

•麻省理工学院设想的未来公交车站EyeStop

它利用了太阳能、e-INK 触摸屏和互联网技术，不仅可以显示出公交线路和到达时刻，还可以查询自己所在的位置，寻找最短的巴士路线，检查空气质量，浏览网页，通过移动设备与其进行交互，甚至用它来发布广告和社区通知。

## 绿色公交站点设计思考

•阿尔卑斯山BUS STOP

设计师运用简洁的线条，黑与白的低调点缀，塑造出犹如一张巨大的纸张折叠形状的巴士站。

•风箱式BUS STOP

如相机镜头一般的造型，为你捕捉下克伦巴赫小镇的一隅，同时也为你记录下当下的美好，寓意极美。

•透明玻璃盒 BUS STOP

坐在里面可以静静地欣赏着克伦巴赫小镇的美景，同时也能为即将到达的友人创造出小小的休息空间。

•报废校巴车公交候车亭

退役的校巴被送进废料场，或许被拆卸为废铁片和废塑料片，再进行熔铸和生产，最后再回到生活周边。这个候车亭，从报废校巴车上精心选择了些车厢片材和座椅，焊接。

# 教学研究成果

# Teaching Research Contribution

# "无痕"设计之探索

周维娜 孙鸣春 / 文

摘 要："无痕"设计是一种注重人文设计理念、遵循客体环境规律、倡导生态循环、倡导民俗文化内涵、生命持续发展共生的设计方式。"无痕"是一种理想状态下的词汇，设计师在实际环节中努力寻求"无痕"的视觉传达，寻求必要的表现、表达方式。我们所强调的"无痕"设计概念，是真正站在可持续发展的历史长河中，以不破坏我们未来子孙们的希望为主体的设计介入方式，此方式在未来的发展中，一定会成为人们生存手段的首选。"无痕"设计理念及手段，从根本上树立起持续发展的意识、从源头上解放了被人类几乎无限度滥用的地球资源，这将是一场伟大的生存方式的尝试，可以说"无痕"设计理念及它所带来的生存环境，将是我们人类潜在的精神需求。

"无痕"设计在执行过程中存在着诸多的综合因素，本文将就"无痕"设计的本质内涵、价值取舍及人文因素、意识境界等方面展开论述，以求为当代及未来的环境艺术可持续发展的研究提出一种可借鉴的方式方法。

关键词：无痕设计过 度习性 价值取舍意入无痕

## 一、"无痕"设计的本质内涵

"无痕"是设计师对环境生态学的一种自我的倡导与保护，是用精神与意识的高审美境界，来替代低俗的、张扬的、无节制的环境状态，从而使被扭曲的表现形式和环境表现情感得以自然，同时，也使人们对于各种资源的索取降至最低。

"无痕"设计手段的运用，有以下几个方面的含义：

### （一）"无痕"设计本质意义在于始于自然、流于自然、成与自然，因地制宜，且在形态上具有融合环境意识的超视觉功能，以意识上满足了受众体的生活本能及健康的审美情趣、审美情感

我们举一个描述环境的对话例子，从中我们能够感受到"无痕"设计的本质："这庭院美吗？""我没有看到什么啊！"而她走下台阶，双脚轻轻地踏在满是金色的落叶上，同时用手轻轻地摇动那棵银杏树，只见金色的叶片飘飘洒洒地落向地面，同时闪烁着金色的阳光。"多美啊"她动情地说道……这情景是设计中高境界"大无痕"典型状态。这一情景的设计表现正是这一动态的景观情景，它没有教化的造型、机械冰冷的符号，而仅一棵在阳光下健康生长的银杏树，却带来能够与心交流的空间环境，我们从中分析出，它既有其对时间的设计——阳光；又有其对动静态环境的设计——小路、庭院；也有对深层情节的设计理解——飘落的树叶在描述的环境中，我们看不到刻意的视觉造型、看不到强迫你眼睛接受的图形、体量表现。有的只是一种空灵、机敏、充满自然生机的元素：阳光、清新空气、小路、质朴的台阶、建筑体、随风飘落的树叶。这一切将纷繁、杂乱、无序的生存状态，从我们的心灵

中抽离出去，使真实的生命重新相互融合。自然被放生、生命被注以新的、恒久的生机。可以说是自然造就了我们的生命状态，而不是我们创造了自然。

伟大的美国建筑哲学家路易·康曾这样对建筑材料红砖说：“砖，你愿意在什么环境中生长，你愿意长成什么才能表现出你的性格？”他对生命存在状态的探索，去挖掘表达出设计对象的生命体征，从而最大限度地烘托出空间、环境的存在灵魂，而不仅是客观存在的冰冷状态，或是视觉符号存在的绝对静止状态。

“无痕”设计语言的悄然体现，在我们的整体感观上，既能充分地认知环境，同时在脑海里也深深地印下了这种“无痕”设计的艺术境界。

### （二）“无痕”设计的第二个内涵在于小无痕而大有痕

小与大的区别，在于不以小聪明设计语言来占有公共的环境资源，打破和消除固有的视觉主导设计手段的最为有效的方法，即为必须先去揭示出现存的固有经验的模式定律。

设计是一个思考过程、是一个复杂的对潜能和限制的思考过程，区别于有些按照完美、有条理的直线所产生的思考。新的思维、意识反应产生于各种关联及造型数量的闪现，我们运用脑海中已有的造型、经验来设计，如同厨师，好的厨师可以用他现有的材料做出超乎寻常的菜肴，从而在他们的调配上有更广泛的可能性。这一可能性，是超越固有思维状态的有利契机。丰实的菜肴属小聪明式的阶段产物，它从现存的模式当中寻求最传统的设计语言，令我们视觉上有强烈的丰实感。但超越传统只存在于可能性之中，应当通过进一步可能性的分析之后，新的、超越视觉的创造性思维模式由此产生，这时，先前的由经验取得的丰实视觉感观概念随即消失，取而代之的是简洁而有生命力的新思维形式，丰实的菜肴消失之后，升华出新的饮食文化，后者即为大有痕。一个儿童，看见小河溪流之后的天性表现，即为兴奋而欢笑，有本能欲望与之亲近，而成人首先对于危险的感受成为主要模式，儿童看见烟花，本能的欢乐感是理所当然的，但是有先前固有经验的成人感受到的很大成分是根深蒂固的恐惧状态（潜意识活动）。

“在我的整个生命中所要做的就是尽力保持像少年时期一样的开放性思维。”这是毕加索对其后来生活的注解。

“大有痕”存于开放性思维过程中，就如同儿童的天性感知，当里特维德设计“Z”形折椅的时候，他希望保持空间的完整性，因而椅子从空气中切过，它没有取代空间，也没有占据空间，你可能会产生疑问，这些东西是索取了空间还是创造了空间?

维韦住宅的院墙是由勒·柯布西埃为他父母建造的，恰位于日内瓦湖堤上，湖对面高大的阿尔卑斯山脉映入眼帘，一张石桌，一扇敞开的石窗，坐在窗前，映入眼帘的湖及山脉的宽广巨大似乎过于不设防，但通过从一个相对室内概念的窗空间望出之后，你会减弱对巨大的整体的注意。同时框内的景观因而获得了深度及美感。

未做任何视觉的造型及修饰，无痕的窗空间却带来了无限广阔的自然风景，每一眸都将会映在心灵的深处，设计完全融于自然，与风景共生、与人共生，小无痕而大有痕。

## 二、“无痕设计”大隐于视觉设计的升华阶段

尽管我们不能用语言表达出什么使得空间美好或打动感情，但它会在很多方面影响，这包括了所有会影响空间效果的因素，例如光的质量、声音、特殊气味、人，最重要的一个因

素就是情绪。

经过我们分析这种情绪的起因发现，“无痕设计”的本源也在此之中，我们归纳如下：

### （一）“无痕设计”本源理解——“渗透环境”

“无痕设计”是对未来生态环境设计和生活的先驱解析。“无痕”的状态，是我们现实生活环境中太缺乏的一种视觉空间表现，在我们生活的空间中，到处都能看过不顾一切闯入眼帘的庞杂烦乱的环境、灯光、视觉造型、符号，到处都能感受到缺乏文化的文化景点、杂乱的色彩、极不和谐的建筑、不知羞涩的城市超大广场与游人一起茫然地存在着、教化的景观……低俗的审美表现，造成了一个城市，甚至一个国家对美学素养的集体丧失。

“无痕设计”本源功能就在于设计升华，对环境的意识渗透，通过调整、顺应自然规律、人体的生理规律、心灵情绪来深刻体会出设计之外的意识环境存在，释放出人性中最为美好的本真，以求得心灵的愉悦。

我们人类的生存痕迹，已经无法让后人轻松地擦去和延续，以便能按照后来生存的人类的发展愿望继续健康地生存下去，对能源无节制的需求，高技术带来的高速度破坏，建设性的远期破坏，地球气候的变异及失衡，各类自然资源的商业化……导致人类会有更大的生存危机的担忧。

21 世纪是人类文明生死存亡的关键，也是资源浪费全球化、环境风险全球化的时代，我们可以看看这样一组数字：地球每秒钟有一人饿死，每分钟有 30 公顷的雨林遭到破坏，每小时有一种动物物种灭绝，每天有 60 种植物物种灭绝，每星期有超出 5 亿吨的温室气体排放到大气中，每个月沙漠延展 50 万公顷，每年臭氧层变薄 1%（Franz Alt,2005 中译本 P20）。尤其全球有一半资源消耗于建筑产业中……

未来社会的发展，迫切需要环境的“无痕”，不仅视觉需要“无痕”、心理也需要“无痕”。以这一高度来思考，“无痕”设计是对未来生态环境设计的诠释。“无痕”的状态是生活最为本质的行为，心理的本源状态是我们现实生活环境中长久缺失的一种意识形态，它的真正意义还在于当前消费环境对于公共资源的过度消耗，导致了当下一种缺失消费理性、非健康形态的化时代产生，环境沦落为消费高低的筹码，成为消费环节中的道具或场景，从本质上已失去了环境本身存在的意义。当梁思成的故居在北京被规划所摧毁、当鲁迅的故居无法得以保留的时候，经济的变革及其一夜暴富的心理，促使整个社会建筑形态在加速变革，传统的文化资源正在被无情的破坏……

大“无痕”设计概念的应用迫在眉睫。

### （二）“无痕”的本源理解——“意入无痕”

一个设计项目，在主体文化立意之后，环境表达出现了特殊的气息，仅有其造型的传达，可能会制约甚至是破坏其主题自然“流动状态”。“无痕”设计所要完成的是减去不必要的造型状态，意随空间形态，寻找出自然的脉络，就像树木分叉一样自然，由此形成了视觉为意识的临界面，例如我们欣赏树木的美，不会因为它某一个枝、叉的具体表现形式，而是总体给我们带来愉悦心灵的精神美感，这种感受瞬间转为意识、意向的、多层面的理解与情节的流露。

“意入无痕”是一种境界，它几乎不带任何的附加条件，不变任何的粉饰、说明，无论对于室内环境还是景观环境，它的表现都像是一阵清风，所过之处，挡去一切繁杂，清澈、透明，境界的本源状态跃然眼前，设计的一切手段、技法、痕迹消然无存，所有一切溶入美的意境中，与心灵产生了脉动。

“无痕”设计是“意”的渗透 “无痕”之后，使意境得到了最大的表现张力，“无痕”是高境界、高意识、高质量的最为本质的基础平台，它使我们人类心理最为健康的一面得以释放，是我们在多年真实美的禁锢之后，悄然流露出的一种心境，超越一切物质状态，使我们在完成审美活动之后，能够逐渐将自身的心理状态调节到本我的状态，更重要的是恢复了自我的人格、风格、性格的本原状态，加之有健康的心态，最终不断地推进了设计境界、意识的不断提高。设计手段不再是表象的特征，每个人都有其本质审美情结，设计的创作深度也将大为提高，因此“设计——反馈——设计”的良性循环将会建立起来。

“无痕”设计也是一种设计文化，目的是消化设计的痕迹，达到另一种设计境界。例如居室设计，在国内设计领域，设计师与居室主人之间的主次关系往往是对立的、互不理解的，居室使用者往往无法阐释出自己本原的真实需求，而设计师或将取代业主的一切审美资格，或无原则地满足业主低俗的、杂乱的、所谓个性的需求而不加以干预。由此以来，造成的结果是设计的不完善和审美的不完善。而国外很多设计多样化的原因，就在于客户对居住空间的理解和设计师对空间的理解具有比较健康的协商和相互的尊重，达到双方本我意识的真实交流，其结果必然是顺畅的审美表现，达到业主最终的愉悦心灵境界。

### （三）“无痕”的本源理解——“直取内心”

在生活中能够被环境感动的状态，绝不只是繁华的视觉造型， 而是“无痕”穿过了视觉和固有的障碍，进入意境的审美氛围，摆脱了形态、色彩、造型的约束，在意境中，人感受得到极大地丰富、审美的愉悦到达心灵的深处，即“直取内心”。设计需要理性的思考，但同时也需更激情酣畅，对于设计语言来讲，直取内心是设计的一种最高理想手段，不用造型等视觉的基础形态来打动观者，借用意识在整个空间、环境中的停顿、流动，形成“节点”即景点、景观，以审美意识的需要为主，一切视觉状态的出现均在意识的流动，传播和取舍。

“直取内心”是对“无痕”设计理念的最高诠释，它是我们人类发展当今阶段最为健康而迫切的最佳设计手段之一。无论我们人类以怎样的方式生活、生存，“无为”之当今，而“有为”之未来，对于地球上任何一个国家的生态发展，都有其实质的意义。“无痕”设计理念的最高境界——取之内心、愉悦心灵，要由视觉的界面来传达。我们研究、探索这一境界的设计语言，成为未来城市景观建设过程中的一项质朴而伟大的使命。

## 三、结语

超越固有的、不健康的理念的过程，是一个经历痛苦和痛思的过程，但最终我们获得的是欣喜、健康和欢乐。我们可以承载着文化、人类本体的健康以及心灵的愉悦，完成我们最为本质的生活历程，把空间、资源与希望留给未来的子孙后代，使他们能以更健康的生活状态面对生命存在的意义。

我们期待有更多的设计师关注自身内心的本源需求，关注人类社会最为本质的健康生活需求，我们才能内省于设计的当代及未来，才能将环境还给生态、还给人类自己。

# 格式塔心理学与情境设计
## ——环境设计课程教学探析

孙鸣春 / 文

摘　要：我们有很多方法，去从视觉和意识的状态了解和阐释任何一种形态环境。其中论述环境的作用中，德国著名格式塔心理学家考夫卡的论述有物理环境（视觉的）和心理环境（意识的）两种形态。这两种环境在现实设计中分别起着视觉的和心理的相互沟通作用，当视觉的环境出现的同时，心理感受也同时出现。因此，我们在教学的设计传达中发现了这两种空间的不同性格，同时我们在专业教学过程中不断地发现、分析和探索这两种不同性格的空间环境。对心理学及这两种空间的教学与研究极大的改观了设计教学的深度问题，也解决了设计过程中的诸多空间的“性格”问题。利用格式塔心理学中物理场及心理的概念，将其引入环境空间教学体系，使教学更具深刻的理性思辨过程。通过对格式塔心理学典型实例的简要剖析，以笔者总结的视觉概念形态传达，分析及给予明确的诠释。分析表明，格式塔心理学中对于心物场的阐述与环境空间的深入设计语言有内质的联系，这一联系，对于环境空间教学有着重大意义。运用心理学知识、图形解析形态等综合手段，培养设计过程中的理性思辨能力是极具现实意义的研究。

关键词：格式塔心理学 物理场 心物场 界面

近代设计的全方位发展，经人类在生产、生活、工作、愉悦方面带来很多的便利，但同时也提出了一些深度的思考：飞速的社会发展推动着人们需求欲望的提升，东西部若干城市处在发展中的设计体系尚不够完善，以专业院校为研究基地的一线教学团队，如何能博采古今，旁征博引地开发、寻找、利用相关或其他学科的研究成果，为专业学院的一线教学提供充足的养分，使西部地区的环境空间设计体系不断地走向完善，不断地走向深入的研究环节，针对教学体系的综合建立、充实、完善都具有重要的意义。

### 一、环境现象

我们普遍认为视觉所能够传达的环境，或是表现出的场景，是准确而且可信的，它通过我们的视觉，忠实地反映出所看到的场景，使我们依视觉而做出相应的判断，我们认为这一判断是正确的。但是，事实并非如此，视觉的观察只是反映出客观的环境某一阶段的某一形态，它不能够表明一个环境的综合真实内在的指标，例如在一个风雪交加的夜晚，一个骑着马飞奔到客栈的男子，当他听到店主告诉他，他已经骑马穿过了一个无比宽阔的河流之后，极度惊讶而倒地。很显然，他并不知道自己长途飞奔穿越的竟是一条宽广的河流，他依据视觉的感观而获得他认为真实的场景就是陆地。

这一现象，在我们的现实生活中很多，它表明一种状态、环境是有多重状态和意义的，著名景观规划大师芦原义信就提出，在环境中，每隔 25 米时，如果没有造型、色彩、尺度等方面的变化，视觉就会产生疲劳感。这说明，环境除视觉的客观反映外，还有心理的需求和认知。

一个人不可能两次站在同一条河流中，这一现象正说明环境具有很大的变化性，时间的变化导致环境的不同；同一环境下，意识的不同也导致环境的表现意义不同。研究这一课题，将有着重大的学术意义。

因此，我们有更好的层面去理解，感知一个更深层面的环境。曾经纷繁的和正在纷繁的视觉环境、生活环境、功能环境、社会环境等，给了我们诸多的影响，但我们更深理解一下，影响是客观的，其暗示才是更为准确的一种认知，其中暗示即观察者心理对环境的反映，随着时间的延长，我们发现能够留在记忆当中的是无形的情怀波动痕迹，其后才是被映射到的物体，这一过程我们也称为“环境质量”的产生过程。

我们依据哥式塔心理学的描述，可以明确的感受一个环境，空间所拥有的视觉存在价值，它帮助我们理解了很多不为语言而能够诠释清楚的许多环境和空间类型。

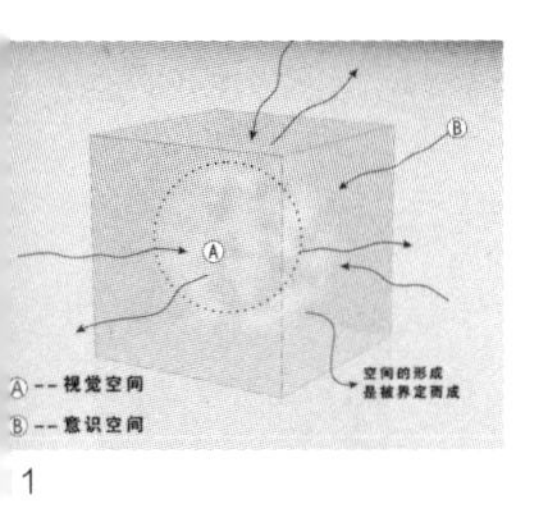

1

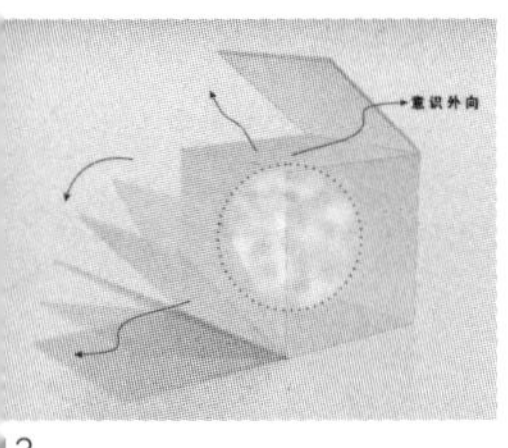

2

3

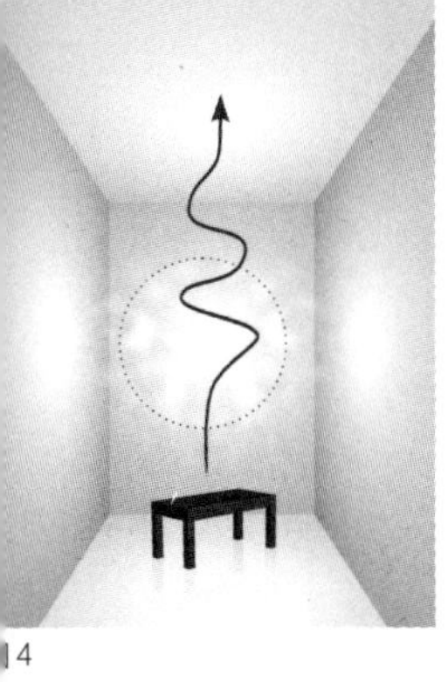
4

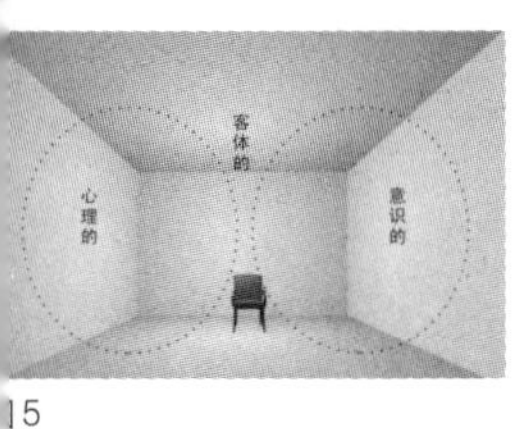

5

### 二、环境心理解析

这是一个心理理解环境的尝试。我们可以进行一个分析和剖析。当出现一个以 6 面体为界定的空间时，一个空间（室内）就瞬间存在了（图 1），心理的感知状态也同时具备（图 2）。这时我们感知到它的客观存在功能，同时依照视觉感受的先后关系，形成了视觉空间的客观存在，我们也称为客体空间的存在，这是第一感知。纯净的空间里我们切入一张桌子（图 3）。这时整体空间性质，由原来无特质的层面，瞬间被提升到一个有意识的层面，由于桌子具有相应的功能特质，这时我们发现空间具有了某种意识，这一意识的切入，导致空间的属性随桌子的存在而存在，空间由无特性转为有感知特性。这一变化由何而来？我们说，是由人所熟知而接受的某一种功能的媒介质的切入，而带来一个客体空间的较高层面的表现。我们再分析，一只桌子，所具备的只是功能，因此，我们又引出一个层面，载体（桌子）具有何等的承载能力？它能承载的是什么？它能带来何种精神因素？这又是我们要剖析的一个问题（图 4）。我们现在有两个意识层面的问题，一是物质的切入后产生了客观存在的意识空间；二是切入的载体具有其所函纳的意识，我们认为两者共存组成了空间存在的两大重要因素。

物质的切入具有其客观形态与主观形态的表现，当环境、空间不具备物质存在意识时，这是一种客体空间形态，与人没有建立起对话的平台，意识是弥散的，不定位的。空间中切入了一把椅子，它导致整体空间进入意识范围层面。椅子是人的视觉再现，因此，椅子是一个物质的介质，但同时也是一个双向载体，即对物体和意识的双向承载，也是对于主体空间形态的质量判定。

我们有这样一个分析：一个男孩走进了（图 5）一个空间当中，他发现了一把陈旧的靠背椅。这是他第一次约他的女友来家中，当看到的第一视觉感知后，男孩瞬间对于空间的认知大为失望，因为具有其双重身份的介质所传达的信息，造成男孩对于空间环境质量的怀疑。男孩明显的产生排斥心理情绪。这样，空间的存在意义，也为之大受影响，这时，母亲出现了，值得注意的是，这把旧椅是母亲出嫁时最为喜爱的一把椅，它跟随母亲多年，母亲对于它，有太多的美好回忆，椅子承载着太多的甜蜜往事，自出母亲对于空间的感知，是何等的美好。同是一把椅子，但形成了两个反差很大的空间质量形态。

我们研究哥式塔心理学发现，这一过程，是人类心理活动当中的心物场的存在结果，心物场由物理场和心理场组成，椅子真实的状态为物理场，而母子对于椅子不同感知称为心理场。

### 三、情境感知

通过对格式塔心理学简要的分析了解，我们发现心理学的应用价值在于对心理审美情境的产生价值的运用。因此，心理学与情境是具有内在联系的，它不仅有其相互的影响，而且具有心理质量的导入，观察者对环境空间的认知程度，很大程度上是对心理感知的评价程度，即掌握设计语言的真正实质的核心是心理感知部分。

空间的形成有其不定位的多重因素，大致可分为客体的、心理的、意识的三重层面，一把椅子的切入（客体的），对椅子的心理感受（心理的），外延至对所属空间的情境意识感受（意识的）。每一件物体都具有其生存附加的社会语言、风格、气息，每一人的个体都具有认知的一个层面，认知是由客观转化为心理的，最终转化为意识的，因此，空间的存在质量是具有其多重因素的。心理的感知质量是一个至关重要的环节，英国著名规划师高登·卡伦在《城市景观艺术》一书中，不断地用“思恋”、“亲切”、“粗鲁”、“神秘”等语言，大幅地阐释空间形成的多重要素影响下的空间质量。

格式塔心理学的魅力在于把功能的视觉形态，从心理的意识层面加以诠释，并由此升华了功能存在的意义。不仅以完美的视觉状态，同时以心理意识的双重完美，构成审美主题的深层面的价值取向（图6）。

把自身与周边环境的结合、联系是人类的意识本能，心物场的形成，从宏观的概念上说是空间存在的依据。

一个空间的形成、时间的切入，形成新的一个维度，无论形成的空间好与坏这不重要，而重要的是此空间承载着什么？能承载什么？这给所处其间的人具有怎样的心理暗示？承载是以时间为载体的，它是一个通道，把切入的物体，穿过心理意识之后，以视觉的方式表现出来。

如何定位空间视觉造型出现的准确性、完善状态、适合的位置、形态等，不是以造型本身的形态来完成的，而是要通过造型出现后，它所在的空间形态、环境是否能接纳它，是否能产生意识的对话局面，决定权在空间环境，而不是造型自己本身（图7)。

### 四、结语

通过研究我们总结出介面是虚，空间为实，做介面而非为介面，做实体而非实体，避虚而为虚，是设计理念中的最高意识氛围。

因此，环境、空间的存在质量和意义，是由双重介质的椅子所产生的心理场所影响。由此，我们得出一个结论：空间的质量关系，是与双重介质的切入，有着紧密的，不可割裂的内在联系，而不是由空间界面所决定。

环境，具有多重的性格元素，空间的存在，也有着多元素的影响。心理的感知，最终成为环境、空间存在质量的诠释。

在今天的环境设计教学中，激活式教学手段已成为新的教学方法，博引众采已成为此手段的主要养分来源，对心理学在设计语言中的有效引入及应用，对教学的深度有着不可轻视的作用，它在设计语言中的运用程度，决定了心理环境质量的提升深度。我们相信，利用这一设计语言导入教学后，将会给未来设计环境质量的提升打下良好的基础。

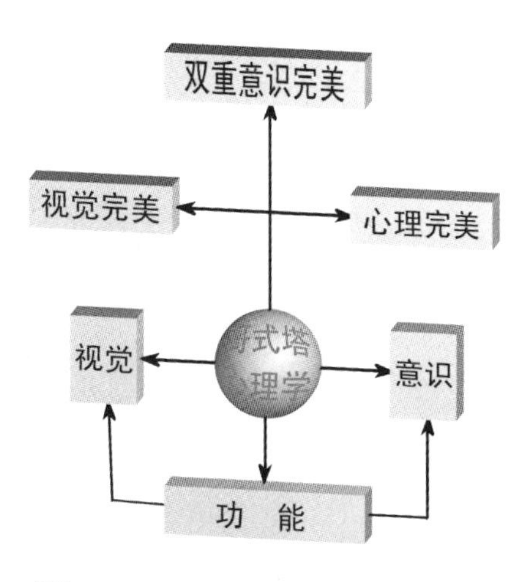


图6

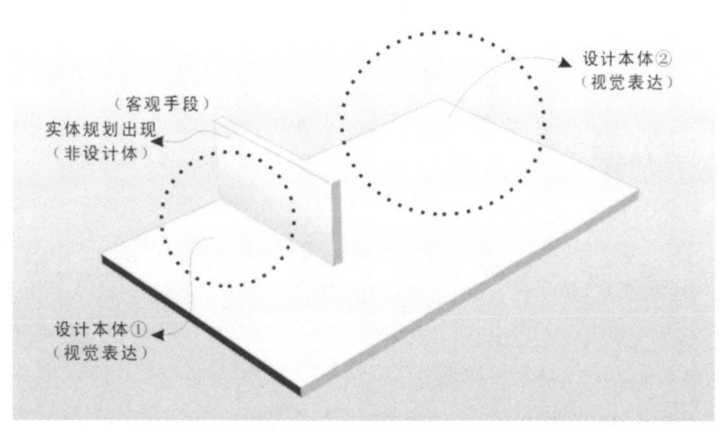


图7

参考文献：

「1」（美）考夫卡．格式塔心理学．

「2」（美）鲁道史·阿恩海姆．艺术与视知觉

「3」（美）西蒙兹．景观设计学．

# Application Explorations of " Light Emotion" Space Construction in Museum Design

Weina Zhou,Mingchu Sun

Abstract: The research shows that light artistic atmosphere usually has poor expression and a lack of depth in museum space design. Some even doesn' t have capabilities to demonstrate the interaction between visual communication and psychologically aesthetic communication. Therefore, to understand and analyze technical principles, expressed characters, and emotion changes of light from design source is urgently needed, in order to meet the demand of museum specific space exhibition through directivity control design. According to the parameter setting research of light "emotion" , this paper shows how to grasp and control the light "emotional fluctuation" to have great design representation of creative space, which can finally achieve the research goal—the best exhibition effect. The research methods include applying the physique principle of light source, analyzing interaction between light and space, and understanding the feeling of exploring light source as well as physiology and psychology of viewers. Long-time practices and experimental results show that, this system is not only feasible but also scientific and logical. The light emotional space in museums which apply this system has very strong and rich art space atmosphere and expressive force, which wins consistent psychological identification of viewers.

Keywords: Museum; Light emotion; Space transferring; Methods

Introduction: The subject of this paper is about the methods how to construct the "light emotion" by means of lighting effects in museum space. Studies of these effects covered various aspects of the light technology value, light effect, the manifestations of "light emotion" and their system. The function of analyzing these aspects is aim at telling that the balance point of design must be found between the light technology and the spacial art atmosphere, the sublimation must be achieve on the light emotion plane in museum space, and the symbiosis must be realize between technology and art.

It is well know that the "light emotion" is the most important level of interior design in museum space and the research of the balance point of design between light technology and spacial art atmosphere is the significant international academic subject. Most of scholars put more exuberance in researching construction techniques of light space, such as The interior light environment are in step with the expression of spacial atmosphere[J], Wang Qiang, in 2009. The interior light environment and decoration, Zhang Yong Feng[J], in 2003. The elementary analysis of interior light environment and color design about hospital buildings[J], Huang Wen Ting, in 2008. To construct the excellent residential interior light environment with green lighting design[J], Liu Bo, etc, in 2002. The effect of the interior light environment by color temperature and color rendering, Jin Hai, etc, in 2000. There also have been a few studies highlighting the art atmosphere of light space, for instance, The study of the humanization design about the interior light environment, Shang Zhe, etc, in 2008. The zen style space in modern interior light environmental design, Gao Xing, etc, in 2014. Instead, few scholars focus on the "light emotion", the construction of the light emotion space, and fewer focus on the importance and special meaning of the balance point between light art atmosphere and technology.

The primary goal of this research is analyzing light technology and "light emotion", Meanwhile investigating the balance point between them. Above all, this paper emphasize the most important matter which should be built a parameter system of "light emotion". This paper is divided into three major sections as follows: technology value of light , light and museum space, building of light effect system.

Light space construction plays a significant role in museum design, So to speak, the design and construction of light space atmosphere is the core problem which must be resolved in museum systematic design. As a matter of fact, among numerous practical processes, designs of light space and light environment are barely satisfactory, which is mainly reflected in the aborted application or simplified process of light design methods such as its strength, distance, height, project angle etc, especially the control of diffusion degree's strength and magnitude as well as the lack of experience and rational analysis. The lack of these elements results in weak expressive force of light space's "quality", "emotion", and "character". This is a vulnerable spot and problem for design, which has existed for long time and must draw others' attention. During recent years, some designers have paid attention to this problem and tried to find ways to deal with it. However, there is still no scientific system information based on existing conditions or design system which has been proved and is convincing, to completely control, unblock and express complex and various light "characters".

On account of those existing conditions mentioned above, the author consider, based on comprehensive rational analysis and on the premise that the author have 20 years' practical experience with many projects related to large museum space design, that: First, as to technology level, the space moderate expression of light emotion should be expressed according to design themes, which needs to be established in the comprehensive demand platform in specific space condition and the scientific technology parameter frame. Meanwhile, it also needs to be standardized and restricted with advanced techniques to make sure that "expression" of special luminous efficiency can be expressed precisely. Secondly, as to the space shaping, designers should confirm the premium meaning of light, consistently explore subconscious value of the interaction between people and light, and grasp and build a special language where luminous efficiency has "life" complex in order to completely express the application mode of light "character" after meeting the demand of its functions, techniques, and long-term operating costs.

1 Technical Value of Light. Technical expression of light, environment application and atmosphere construction of art space expression are three important parts of museum design and its design level is a significant indicator to measure the overall design level of museum. These three parts are complementary and the overall design should not only meet the requirements of basic lighting functions but also have high-level and long-term quality environment. Based on these two requirements, the core duty of museum design is to make sure that viewers can enjoy the art and leave general memories and impressions related to the culture in psychological level so that they could have "lasting and unforgettable" psychological effect.

1.1 Classification of Artificial Light Sources. As to museum design, artificial light sources can be classified into various modes of lighting according to differences of their characteristics, including general lighting, indirect lighting, accent lighting, developed area lighting, space lighting, flood lighting, etc. Every mode has different technical support. For example, general lighting source uses halogen tungsten lamp, high-strength discharge lamp, fluorescent lamp, PAR lamp with power of 20-500W, and should be easily replaceable, light adjustable, energy saving, and equipped with filter unit; indirect lighting uses T8, T5 fluorescent tubes, PAR lamp, and should have favorable optical system as well as visible and adjustable luminous efficiency; accent lighting uses PAR lamp with power of 20-500W, halogen tungsten lamp, T3, T4 lamp tubes, and should have diversified and flexible performance as well as simple electric wiring system; developed area lighting generally uses E12 lamp holder, 4-25W, tubular 7-9W compact fluorescent lamp, and should have flexible and adjustable intervals between lamps as well as adjustable incidence angle; space lighting needs optical fiber lamp and metal halide lamp, which has characteristics that lamp source is easy to be shaped and its size could be adjusted based on difference of spaces; flood lighting uses 15–250W halogen tungsten lamp, T5, T8 lamp tubes, high–strength discharge lamp, and is easy to be replaced and capable to filter ultraviolet radiation; special effects lighting uses focusing project lamp, follow spotlight, laser lamp, low–voltage halogen tungsten lamp, and has performances of accurate regulation, rotating color wheel and project image. Therefore, through classification of light sources by technical performance control, more than two lighting methods could be adopted according to different spaces, environments and exhibition forms so as to meet the requirements of visual communication quality to the utmost.

1.2 Classification of Light Source Performances. Light source performances could be classified into uniformity, contrast ratio, light color, color rendering, glare three–dimension, and mainline lighting by difference of exhibition contents and characteristics of exhibition space. Among these performances: uniformity ⩾ 0.8; glare: level 1; contrast ratio: 3.1~4.1; light color temperature: (K) 3300~6500K; visual adaptation: vector/scalar ratio: 1：2~1：3；illumination ratio: 1/3~1/5；color rendering index (CRI): ≧ 85~ ≧ 92.

2 Light and Museum Space. Artificial light source has a great significance in people’s lives since it has been produced. In modern museum design, it’s the existence and the application of function, which could not only make space environment visible without depending on natural light source, but also make people experience another aspect, character, and various “emotions” of space environment. However, no matter how light source changes, it has to be within certain space. Only those light sources which regard space as carrier and flow or still within space can have real value, which means, only if viewers experience with their hearts can light have the significance of “life”.

2.1 Function Analysis. In museum space design, light has four function intentions, namely, lighting, guidance, priority, and atmosphere. According to practical experience and experimental results, when space and these four light elements with different functions and characteristics produce moderate proportional relations, such as, suitable scale and reasonable illumination, viewers can have "favorable impression" to space, which begin to have "kind" emotion property. Then viewers can accept all elements of space, namely, exhibition contents, when they accept the space. If one of these intentions has inaccurate direction, for example, if light function of guidance intention is "ambiguous", viewers will instantly feel "at loss" and space will have "obscure" emotion property. The attraction of space exhibition elements to viewers gradually disappears when their attentions are dispersed. Meanwhile, exhibition quality and effect will largely degrade. Therefore, this general performance system composed of four light function intentions should be emphasized and this exhibition will form perfect first perception space combined with luminous efficiency in this basic space after properly applying this system.

2.2 Light Interacts with Space to Form Luminous Efficiency. The definition of luminous efficiency is, to construct space exhibition through light and bring art space atmosphere with complex to viewers, regarding light as visual perception subject. There are two aspects to realize luminous efficiency, one is that it must be supported by a series of strict technical conditions and measures; the other is that designers possess extreme sensitivity and maximum control degree of space characteristics, which is, designers should apply relevant and matched technical methods according to different design spaces, exhibition contents and psychological needs.

Light is the cognitive channel of human vision. When light has dialogue or integration with space, it is no longer singular optical sign but special form of luminous efficiency. This form structure is measured by emotion fluctuation of viewers and aiming at constructing exquisite site atmosphere. For example, when viewers feel repression in psychology, the main focus should be adjusting illumination of light source and examining if lamp source is reasonable at the same time. If the scene constructed doesn't focus on cultural relics but represent mysterious original scene only by visual atmosphere, then the control of ultraviolet content in light source should not be taken into account. Instead, halogen tungsten lamp (with 75UV content of ultraviolet) or adjustable project lamp should be applied, combining with low-voltage halogen tungsten lamp and diode special effect light source. Its illumination should be controlled within the

| Classification of material | Illumination limitation (lx) | Exposure limitation (lx.h) /a |
|---|---|---|
| No sensitivity | No limitation | No limitation |
| Low sensitivity | 200 | 600000 |
| Medium sensitivity | 50 | 150000 |
| High sensitivity | 50 | 15000 |

Tab.1classification of illumination value of material sensitivity and annual limit ( From:Author`s Research )

scope of 20–50lx. Mysterious atmosphere will disappear if its illumination is more than 50lx; viewers will have pressure in vision, which means its visual modeling is unclear, if its illumination is less than 20lx. Therefore, only appropriate luminous efficiency could construct appropriate space and scene complex.

Besides, classification control can also be achieved according to sensitization degree of modeling materials. (Tab. 1)

2.3 Expression Forms of "light emotion". "Life" signs of the light are usually explained with personification methods, such as sunshine moods, blue moods, mysterious shadows, frightened phantoms and warm lamplight and so on. All of them describe the psychological activities caused by the light, and they fully reveal the significance of the light in the space. Especially in the exhibitions, the light has changed from luminous visual diagram forms into major communication media featuring strong "life" performance.

From professional perspectives of design, the performance of "light emotion" can be divided into the following categories: dialogue; desire; mystery; nostalgia; lofty; interest and vicissitude. Therefore, the fluctuation and demonstration of each "light emotion" are compounds created by light and space exhibitions, and different spaces of "light emotion" will cause different psychologies of viewers, taking dialogic "light emotion" as an example, conversational and communicative psychological channel can be formed between exhibits and viewers through light media construction, which is the basic form of light in museum exhibition space, and the fundamental purpose is to let viewers understand or comprehend the contents and characteristics of the exhibits through constructed space atmosphere within short period of time. Fluorescent lamps are applied in displaying aiming to provide soft and constant illumination and better contrast ratio. Therefore, the maximum viewing distance between viewers and exhibits should be kept in 1.6 meters and the best position of sight should be 1.5 meters above the ground, so the equivalent formula of position, height and luminance of light source is X=Yxtan30 ° (X refers to viewing distance, Y refers to the height of exhibits)[ Specialized Committee of Illumination Design Committee of Beijing Illumination Engineering Society. Illumination Design Manual (2nd Edition)[1], which means the regular dialogue atmosphere between exhibits and viewers can be realized on condition that the above quantified values can be achieved. When the value of light source under such condition, bright, soft and intuitive status of "light emotion" can be revealed, and viewers can understand the connotation of exhibits with normal psychology. Another example is that giving lofty and grand space performance is the top priority in creating lofty "light emotion". The process of luminous efficiency is of great importance to the "character" and "quality" of exhibits, and light source will be set into focusing or project light, digital laser light, follow spotlight and low-voltage halogen tungsten lamp. The volume of exhibits is usually very big so the viewing distance should be kept between 3 to 5 meters, and axis X and Y of space design have visual extension, especially, there should

Specialized Committee of Illumination Design Committee of Beijing Illumination Engineering Society. Illumination Design Manual (2nd Edition)[M]. Beijing: China Electric Power Press, 2006.12,p.418

have an upward 60 degree viewing angle in axis Z. Project scope of light source regards the areas above two thirds of exhibits as major visual areas,

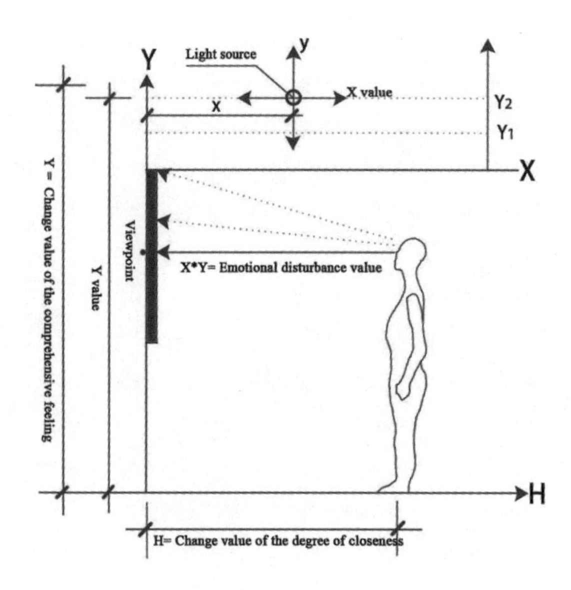


Fig. 1: The function value of the art atmosphere in light emotion space. (From: Author' painting)

and the rest of them are used for recognizing the modeling angle. Pictures or characters with details can be partly brightened in the form of follow spotlight beams, but its luminance can't surpass the major effect of the light. Meanwhile, 20-50lx flood light is applied in the background of major exhibits to protect the visual extending atmosphere of the theme and to form 360 degree major space item. At this point, viewers can only completely experience the sublime and qualities of exhibits constructed by luminous efficiency when they are on the spot. (Fig. 1 )

3 The establishment of luminous efficiency application system. Light has the potential meaning of life, and it becomes the visible reality in the air movement of facula, beam and halo, which is sometimes like gentle breeze blowing through your cheeks or sweet music floating into your heart. When the quality of light is measured by scale, then light will become quantitative aesthetic elements. By studying the illuminant, light space and luminous efficiency, a special operation system will be formed based on the methods of light application stated above. Meanwhile, after combining the long-term practical application of special environment requirements of the museum, the quality of light in the space could be constantly improved.

3.1 Application and selection system of original light. Original light is the main light composed of lamps and light sources featuring proper comprehensive

**Tab.2: Application system of the principle light** (*From: Author' Research*)

| Lighting category | Lighting method | Lighting selection | Technology expression |
|---|---|---|---|
| General lighting | Expression form, Dialog form, Directional form, Blood lighting | Incandescent light, Fluorescent light, Halogen tungsten light | Easily replaced, Good illumination, Energy conservation, controlled |
| Indirect lighting | Lightswith form, Built-in form, reflection form | T8,T4,T5 tube | Rich layer of illumination, Improved light quality |
| Accent lighting | Projection-type, Dominant form, Target form | 20~500WPAR light、Incandescent light, Halogen tungsten light | Easy to operate, Easy to adjust, Easy to replace |
| Physical lighting | Focusing projection-type, Follow spot | Low voltage halogen tungsten light, High intensity discharge light, Laser light | Precise, Adjustable |
| Scene lighting | Focusing projection-type, Follow spot, Controlled lighting | Low voltage halogen tungsten light, High intensity discharge light, Laser light | Precise, Adjustable, Multi-function compatible |
| Guided lighting | Adjustable projection-type, reflection form | Incandescent light, Fluorescent light, Diode | 50~100lx illumination |
| Background lighting | Adjustable form, Built-in form, Blood lighting | Low voltage halogen tungsten light, 7~9W fluorescent light, T4,T8 tube | Controlled, Secondary expression, To meet the dominating lighting effect |

xpression of lighting categories, lighting forms and technological performance, which is also the most essential characteristic. Therefore, whether the choice of original light is accurate or not will directly influence the environment effects of the design, which will also affect the psychology of viewers. Hence, as to the differences between the categories of spatial environments and luminous efficiency, demonstrative and instructive methods were generalized (Tab. 2) in this paper based on summary, screening and refining of related information, aiming to provide designers with technological references in accordance with the generalization in Table 2.

3.2 Application and selection system of luminous efficiency. When the expression of light in the space is absorbed by psychological perception system of the viewers, an image of "light character" will be formed within their psychological perception scope, and the overlapping space effect between psychological and physical space is called luminous efficiency. The complicated and various space environments of the museum form musical rhythms because of luminous effects. Meanwhile, the changes of "light character" are based on the change of exhibition contents, and the application of such luminous efficiency can be quantized by following statements. Differences exist in the effect and emotion of luminous efficiency in terms of different scales. By analyzing, the quantitative framework system of luminous efficiency application is elaborated in Table 3 and Figure 2.

Conclusion: The function and application of light have different levels and

**Tab.3: The selection system of lighting efficiency application** (*From: Author' Research*)

| Category of lighting efficiency | Selection of lighting source | Technical parameters | Use of forms | Scene results |
|---|---|---|---|---|
| Dialog | Incandescent light, Fluorescent light | uy<10 μ w/1m 100~200lx 2700~400k1 | Shot-light downward, Built-in form | High visual satisfaction, Clear graphic recognition, Stable psychological environment |
| Desire | Adjustable shot-light downward, Thin beam light | 500~200lx 2700k uy<10 μ w/1m | Adjustable form, Guide orbit form, Follow spot lighting form | Space atmosphere impact, Fancy Visual feeling, The strong tension of psychological hint |
| Mysterious | Focusing projection-type lighting, Follow spot lighting, Laser light | 20~100lx 2700k | Adjustable angle, Guide orbit space, Principle point construction | Attracted vision, Different sort of spacial atmosphere, Fluctuating mental consciousness |
| Reminiscence | Halogen tungsten light, 7~9W fluorescent light, T3, T4 tube | 7~9W 50~100lx uy<10 μ w/1m | Flexibility orbit, Cling to the theme, The blood light with hidden lighting source | Stable and in-depth vision, continuous and non-isolated space, The theme without break code point, Liner extension of thinking |
| Lofty | Focusing projection-type lighting, Thin beam light, Blood lighting, Follow spot | 50~1500lx 2700~4500k uy<10 μ w/1m | To highlight the principle part, The principle part with hard light, The construction of principle part | To move sight up, With spacial spirit atmosphere, Clear primary and secondary rhythm, Mental and consciousness with the sense of sublimation |
| Interest | Laser light, 7~9W fluorescent light, Thin beam light | 50~100lx uy<10 μ w/1m 2700~3500k | Point light source, The rhythm of lighting efficiency, The shared context of the light and exhibition | Relaxed vision, Fluent spacial rhythm, Clear primary and secondary point on the palm, Regular Psychological fluctuations |
| Vicissitudes | LED, Halogen tungsten light, Thin beam light, Blood lighting | 200~100lx uy<10 μ w/1m 2700k | Single point light source, The rhythmless expression, The lighting spacial dimension, Lighting and efficiency with the different layers | In-depth visual expression, The distance of psychological, The primary part of time element, The dialog between space and time |

aspects; however, if the function of light is only explained from visible level and objective lighting supply, its poetic and rich connotations will disappear. On the contrary, if the light is regarded as a major narrative media, it will generate millions of emotions that can be sensed and even sublimed as a rich spiritual world. In the design of light space of the museum, designers constantly attempt to apply the unique character of the light to reproduce the culture and inherit the history. Long-term practice and rich experience, together with progress and development of space design languages and techniques also make the performance of luminous efficiency become more and more perfect. Based on this, this paper attempts to conclude a quantitative criterion generated between luminous efficiency of museum and technical parameters of light, which regards the mature value of technical parameters of light as its technological basis and the psychological feelings generated by luminous efficiency as object of standardization; meanwhile, the paper attempts to conclude the application system matching visual effects of the museum and psychological aesthetic experience based on such criterion so as to provide museum' s light environment design with comparatively practical design references.

The graphic clearly shows that a light effect environment is interfered by related numerical value through a three-dimensional spacial graphic. According

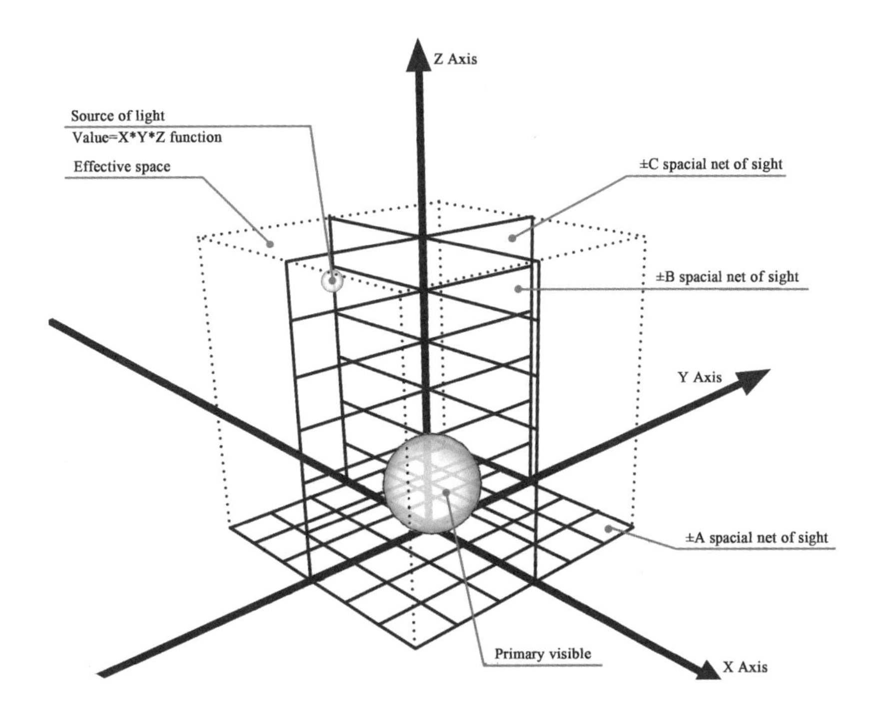


Fig. 2: Total-effective analysis graphic of the light effect environmental values interference. (From: Author' painting)

to the above phenomenon, it can be indicated that each numerical value' s change of the light source which is on the XYZ axis will result in the difference of the spacial lighting atmosphere, in other words, the effective space which is constituted by XYZ axis includes the whole spacial formative parameters. The two function systems of the light' s formative parameters—— one is spacial system: the function values of XYZ axis and psychological aesthetic fluctuating values; the other is the system of light effect: the parametric value of Lux、Lm、Φ and L and the psychological fluctuating value of aesthetic needs about the light—— each one of them has their personal parametric structure. Therefore the conclusion of this dissertation is that spacial value and its personal emotional character of the primary visible will be exactly conjectured by analyzing and applying two systems' parametric changing.

## References

[1] Specialized Committee of Illumination Design Committee of Beijing Illumination Engineering Society. Illumination Design Manual (2nd Edition)[M]. Beijing: China Electric Power Press, 2006，12.

[2] Lv Jiming. History of Chinese Museum[M]. Beijing: The Forbidden City Press, 2004，12.

[3] Gao Chao, Gan Huaming. The Illustration of Contemporary Science and Technology[M]. Beijing: The Red Flag Press, 1998，8.

[4] Dai Wusan, Liu Bing. Science and Technology[M]. Beijing: Tsinghua University Press, 2006，9.

# 无痕设计：传统基因在环境设计中的价值回归

濮苏卫 / 文

摘　要：本文试图分析经济高速发展所带来负面背后的文化成因，以及设计在文化的传承与构建中所承担的角色与历史所赋予的责任。探讨了在设计界特别是环境设计界树立正确设计价值观的紧迫性与重要性；探讨了 30 年，五千年的文明古国建立软实力的重要性。

中国有悠久的历史，有灿烂的古代文明，当代的中国设计，应从古代的优秀文化中提取基因，再结合当代的科学技术，从而提出人类未来生存可能的生存模式，以及化解经济高速发展所带来负面能量的方法：无痕设计。

关键词：设计与哲学　传统与未来　需求与消耗

墨西哥谚语："Don't go too fast, you will lose your heart。" "别跑得太快了，你会把灵魂跑丢的。" 含义是：人类在实现目标的同时，却丢失了人的本性！

20 世纪 80 年代初的改革开放，使中国进入了全球化的进程之中，经济建设得到了高速的发展，也带动了全球经济的发展。30 年经济高速发展得硕果累累的同时，我们也付出了巨大的代价：1. 社会矛盾日益突出，恶性事件层出不穷。2013 年 1 月 7 日，中国社会科学院社会学研究所和社会科学文献出版社在北京联合发布第二本《社会心态蓝皮书》，对一年来中国社会的心理健康、生活满意度、安全感、社会公平感、社会支持、尊重和认同、社会信任和社会情绪等方面进行了研讨，从总体上分析了目前中国社会心态的特点、发展态势及存在问题。2. 食品安全堪忧：毒奶粉、地沟油、僵尸肉。3. 建设中的巨大浪费：经济高速度发展造成的设计寿命缩短现象：我国是世界上每年新建建筑量最大的国家，每年新建面积达 20 亿平方米，建筑的平均寿命却只能维持 25~30 年。在这些重复建设的过程中，我国创造了两项世界第一——在消耗了全球最多的水泥和钢材的同时，我们也生产出全球最多的建筑垃圾——每年高达 4 亿吨，建筑垃圾数量已占到垃圾总量的 30% ~40%。短寿命与资源高消耗并存，已成为我国城市建设的一大通病，产生的浪费令人触目惊心！4. 垃圾围城：据人民日报报道，北京市日产垃圾 1.84 万吨，并以每年 8%的速度增长。目前，全国三分之一以上的城市被垃圾包围，城市垃圾堆存累计侵占土地 75 万亩。5. 城市雾霾：近日据媒体报道，全国十大最污染城市：石家庄、邢台、唐山、保定、太原、邯郸、衡水、沧州、济南和北京。石家庄成为污染最严重的城市。专家指出现在导致空气污染的源头主要是一些重工业，大部分属于煤炭、钢铁、火电、化工等废气的排放。6. 土地污染：2014 年 4 月，环保部和国土资源部联合发布的《全国土壤污染状况调查公报》显示，我国耕地土壤环境质量堪忧，点位超标率为 19.4%，其中轻微、轻度、中度和重度污染点位比例分别为 13.7%、2.8%、1.8% 和 1.1%，其中重金属污染问题比较突出。农业部农产品污染防治重点实验室对全国 30 万公顷基本农田保护区调查显示，重金属超标率 12.1%，粮食重金属超标率 10% 以上。7. 社会腐败严重：新一届中共领导上任后，反腐成为“新政”突破口。这有深刻的时代背景，也是不得不为。诚然，中国执政党从来都是高度重视反腐，从中央决议到各种文件、通知、规定，年年敲警钟，在司法体系之外，还拥强大的纪委，甚至对贪腐者可以判处死刑（例如杭州市副市长许迈永）。反腐姿态不可谓不高，手段不可谓不严厉。然而，从实际态势来看，中国构筑的反腐体系却是基本失效，腐败基本失控，以至于中共“十八大”报告厉声警告，“反腐问题解决不好，就会对党造成致命伤害，甚至亡党亡国。”

这是一个残酷的社会现实下，问题无法回避？唯有找准病灶，才有可能挣脱社会矛盾的漩涡对累累硕果侵蚀，才能面对子孙后代！

当下，社会各行业有必要重新审视一下我们在实现目标的同时，到底丢失了什么？作为生产消费产业链前端的设计行业，面对残酷的环境生存现实要有所行动，无痕设计理念的提出正是面对严峻现实回应。

无痕设计，这是对设计行为形而上的描述，无痕本意是不留痕迹，即设计要不留痕迹。我们有必要首先探讨一下设计为什么要不留痕迹的问题，设计是人将某种社会需求通过某种形式表达出来的过程，这种表达可以非常人工，也可以非常自然地不留痕迹，宛若天成！因而无痕设计有设计的境界之高的意思。其二，设计的表达过程亦是对资源的占有与消耗的过程，过度的占有与消耗资源，就使设计留下非常重的痕迹，这样的设计就不能称之为无痕。即较小占用资源的设计我们称之为无痕设计。其三，需求是否合理，一个扭曲的社会需求的表达一定与无痕设计沾不上边。扭曲的需求一定会产生扭曲的设计。其四，是设计行为背后的思想体系的问题。设计背后不可能没有在哲学高度的思想体系做支撑，无痕设计就是建立一个思想体系。

## 一 . 无痕设计的价值体系：

### （一）哲学层面的价值——远代共生的文化基因的价值逻辑，道教美学 / 禅宗美学

寻找失落的文明。30 年的经济高速发展从客观上也加剧了传统文化的流失，我们在物质走向富足的同时伴随着精神文化的流失。我们需要思考的是这种发展状态是否有明天？中国能否仅凭经济规模立于世界强国之林？割断历史，我们一定没有未来！无痕设计体系研究是在寻找失落的文明。

我们的环境设计理念的根在哪里？一个成熟的设计理念的维度是什么？他山之石可以攻玉，我们可以参考一下同为东方文化语境的邻国日本设计发展的路径，对于我国的设计发展路径，有非常重要的参照价值。

新陈代谢理论，源自日本设计界东方哲学体系对生命体的理解， 这一设计思潮在日本建筑界风行了十年。与中国当下很相似，当时的日本建筑设计深受西方现代主义建筑思潮、全球高速发展的科技影响，日本建筑的观念在立足于传统哲学的同时又吸收了 20 世纪遗传学、生物学、空间技术、计算机技术、信息技术以及现代艺术的精华。在这一点上特别值得中国学者借鉴：中国学者通常是将传统与现代割裂。新陈代谢理论，将设计行为视为一个充满变异与转化的生物世界，城市空间被看成一个活生生的有机体，与周边环境和谐共生。20 世纪 60 年代，新陈代谢派又做了未来主义的乌托邦城市畅想，以此在国际上建立日本形象与国家认同。尽管这一原初意愿未能在实际建设中完全实施，但却为日本奠定了以东方哲学体系为

核心以当代科技为支撑的乌托邦美学与建构了设计行为背后的基础理念框架，成为以后日本建筑设计立足于国际舞台的重要理论基础。这也是日本设计界代表东方文化在世界上产生重大影响的发声！从日本这颗他山之石我们看到了日本在经济高速发展阶段“两条腿”走路的步伐？对比之下，更加凸显我们发展的失衡！我们可是东方文化的“基因”国，设计界代表东方文化在世界上产生重大影响的发声仍是“零”的尴尬纪录仍旧在延续？

当下，古村古镇保护方兴未艾，大有燎原之势！但是这种保护背后都伴随的是旅游开发，与文化基因，在地居民生活与场所精神毫无关系。保护沦为了布景搭建，在地民众成了圈养的会行走蜡像！这是披着“文化”外衣的经济活动，与文化无关！无痕设计理念并不认同这种“挂羊头卖狗肉”的做法！

### （二）文化层面的价值——差异性文化的价值逻辑

在自然界，存在着生物多样性的现象，这是自然界中的基本规律。世界上的民族就像自然界的生物那样呈现多样性，在民族多样性的背后是文化的多样性。在全球化背景下的当下，原有的多元化文化格局正逐步走向趋同，这种趋势对与人类是很不利的，伴随着大量的地域文化的消亡，没有了多元化文化的土壤，现存文化的根基也会受到伤害，最终会危害及人类的文明进程。

从人类历史文明的视野下，两河流域与黄河流域文明，它们分别代表了人类文明的两大分支。黄河文明是东方文明的源头，它的影响力至唐代达到了顶峰，今天的大东亚地区仍然能够清晰地看到中华文化的影响烙印。

作为东方文化基因的缔造国，在未来的世界格局中占有什么样的权重，这是文化学者们必预面对而不可回避的重大问题？日本作为一个东亚国家，在历史上深受中华文化的影响，明治维新之后的日本，又大量吸收了西方的科学技术与思想体系，明治维新使日本真正进入了工业化国家，其在世界的影响力超越了中国，这一点可以从现代汉语深受日语的影响可以看出端倪，我们今天日常使用的词语“哲学”、“建筑”等，均是新文化运动时引自现代日语的词汇。20 世纪 60 年代，日本设计界提出新陈代谢理论在世界上产生重大影响的发声，日益扩大了其文化软实力。

下面的例子是中国的文化基因在岛国日本工商界开花结果的事例：

涩泽荣一，一位明治维新时代的日本实业家，被誉为“日本企业之父”、“日本现代经济的思想者”，一生创办了五百余家企业，是日本第一家银行与股份制公司的创始人。涩泽荣一对日本现代化最大的贡献不是在工商业，而是为日本现代化进程中建立了核心价值观，为日本企业界树立了精神支柱与道德准则。日本是身受儒家文化影响的国度，仕、农、工、商，商人的社会地位很低下，奉行的是“君子不言利”，这种意识形态与现代工商业是背离的，为此，他还专门写了一本《论语与算盘》以指导日本的商人和企业家。他根据孔子“君子爱财，取之有道”的思想，他提出了“士魂商才”与“义利合一”的观念，在意识形态上完成了传统调伦理道德与现代工商经济的统一。

以上我们分别从日本工商界与建筑设计界在现代化的历程中文化基因所起的决定性作用，从中我们能够看到差异化文化的力量与价值，也能够看到一个国家在面向未来的时候，文化基因得以延续的重要意义！

这也就是社会学家常挂在嘴上的“软实力”。

作为东方文化基因的缔造国，我们看到的是“有毒的土地”，有一批国人要将中医从医学中剔除！我们总是将传统与现代加以对立，看不到未来孕育于过去，有毒的土地尚存在修复的可能，“有毒的思想”又如何修复，基因丢失又如何找回？

传统与现代衔接上，日本为我们做出了榜样！

（三）设计层面的价值——人类面向未来的生存环境空间设计的价值逻辑体系，人类的未来：以技术为主导向以共生设计为主导转化的逻辑关系

**A. 人类文明发展到今天，有什么是值得重新思考的问题？**

现代文明的反思，在物质文明高速发展的今天，意义重大！从人类生存的空间环境来看，可能空间品质的顶峰以过，这绝不是危言耸听。我们更乐意接受线性发展的模式，即人类在不断地向更高的境界迈进的固有观念。

人类要如何应对今天所面临的诸多困难？

人类赖以生存环境在日益的恶化，空气土地受到严重地污染，国际上民族矛盾日益尖锐，恐怖活动日益猖獗，公共安全受到严重的威胁。二氧化碳带来的全球变暖，区域内的冲突加剧。人类所面临的是比以往更加艰巨的挑战！

我们今天的生存空间环境，在人类历史中处于一个什么样的等级水平？

人类的今天，若放置于整个人类历史长河中看待，它处于什么样的位置，这是个很有意思的话题？石刻艺术的顶峰，出现在公元前 400 年的古希腊，菲迪亚斯、米隆、波利克里托斯成为人类历史中无人能及的写实雕塑高峰。古希腊时期被誉为人类的童年，但雕塑艺术业以达到了顶峰。

中国的园林艺术的顶峰，出现在清代。中国诗歌艺术的顶峰出现在唐代，中国家具的顶峰出现在明代。

可以说，今国人的智商不如民国，今人的智商不如古希腊，我们如何面对这些问题?

晚婚优育，女性生育最佳的生理年龄是 20~22 岁，现今 8 成女性均在 27 岁以后生育，最佳育龄早已过何谈优育，这不仅影响下一代的体质，更影响智商? 晚婚能够优育完全是一个一厢情愿的偏见！

**B. 面向未来的设计核心价值是什么，人类以什么样意识形态面向未来？**

人类数千年的文明历程中，在刚刚过去的一个世纪中，人类社会所发生的变化比过去数千年的变化还要巨大。过去一百年，人类经历了信息时代的第三次浪潮，全球化的经济模式，互联网经济、3 D 打印，基因测序。面对未来，人类社会还有多少未知领域的发现，强烈地吸引着无数专家学者的注意力，推动着人类不知疲倦的去探索、去思考、去展望。未来，征服衰老的进程中将迈出多大的步伐? 未来，人类的足迹将踏上哪个星球? 未来，人类生存的环境有什么改变？

在社会的剧变下，短暂性的讯息不断袭扰人类的感觉，新奇性的事物不断撞击人类的认知能力，而多样化的选择则不断搅乱人类的判断能力。当人类无法适应这三股联袂而来的变动刺激时，便导致了心态的失衡：对未来的担忧。倘若我们能借鉴传统文化中的优秀基因，继古开今面向未来，则不仅可以避免许多西方过去所遭遇的危机，而且即使我们经济起飞到达先进阶段，也可克服许多未来冲击的危机。

未来的设计可能需冲破专业的至酷，迈向一个“小无痕”“大有为”的境界！未来的设计根植于传统文化基因之中，其触角向人类所有知识领域有效伸展，经最古老与最前卫有机

结合于一体。

**C．未来环境空间设计逻辑关系的乌托邦畅想！**

科学家通过研究人类的历史，把从猿到人的进化史拼图还原时，提出了对未来的畅想：人类的未来将会怎样？ 1. 单一人的出现，世界大同，人中融合。一百万年之后，高度全球化的后果导致人种被同化，不同肤色融合到一起，种族特征逐渐消失，最终导致单一人种的诞生！2. 基因人，要制优等基因人，还需要人类跨越技术与道德伦理的障碍。3. 太空人，征服太空，适者生存。4. 半机械人，人工智能，人机合体。5. 幸存人，浩劫过后，人类分化。有些畅想超出了我们的认知能力，或多或少唤起我们对未来的担忧！

在文化方面，随着全球化的飞速进程，不同人种文化上的差异正逐步地走向消失，在人类语种的变化上尤为明显。全球拥有 6500 种语言，而目前能够有传承的语言只有 600 种。这些都是进行时！

人类未来的生存环境是什么样？技术的发展能够对未来产生什么样的影响？设计师是否需要思考人类未来的生存环境，以及人类的历史又如何影响着人类的未来？未来的人类社会中，设计将扮演什么角色？纵观人类历史，技术在生产方式上起了决定性的作用，农业社会转向工业社会的发展得益于以蒸汽机的发明为代表的科技进步。3000 年以后，人类社会的生产方式将会产生本质的改变，而这种改变现在已出现了萌芽，3D 打印技术将对人类的生产方式产生革命性的改变：以技术为主导的生产方式将被以创意为主导的生产方式。设计在人类未来社会中的角色将重新定义，设计原本的角色是产品与受众之间催化剂，未来设计将成为生产力！

## 二．无痕设计与社会资源的逻辑关系：

### （一）人的需求与资源的关系

建设中的巨大浪费是如何产生的？

为何会产生大面积的有毒土地？

社会学家会给出病因，从无痕设计理念来看：建设中的巨大浪费源自人们膨胀的欲望，大面积有毒土地产生源自我们对资源的过渡索取！

归真堂活熊取胆事件就体现了人类对动物的过渡索取，而这种偏执行为却得到了中医协会的背书：活熊取胆对熊无不良影响。孔子说“君子爱财，取之有道”，他提出了“士魂商才”与“义利合一”。 中医协会的是我们整个社会的缩影，对“义利”失衡的理解深入骨髓！我们可以对熊不义，但如何面对子孙，我们已经把身后数代的资源索取殆尽 —被重金属严重污染的土地。从活熊取胆事件，我们能够学到什么？那就是传统文化基因对未来的重要性，即没有传统就没有未来！

设计的根本问题是面对人的需求及需求如何达成，而设计行为的达成必然涉及社会资源的占用与消耗。

### （二）设计行为中需求的作用与意义

设计，大到城市规划，小到产品设计，它们无不都是在功能上尽可能的完备的同时使受众在情感上获得最大的满足为终极目标的。“设计以人为本”具体到设计行为上时，就离不开情感的表达。我们以牙科诊所为例，它的空间的品质应该如何体现。首先，牙科诊所的空间需满足牙科诊疗行为的物理空间，即所谓的空间能够医疗功能；其次，构成空间界面的材料品质，即俗称的装修档次；达到上述两点的设计还不能做到设计以人为本，最重要的是第三点：空间的情感资源，具体到牙科诊所就是设计如何应对牙科医疗给病人带来的紧张感，设计师如何应对受众的这一情感诉求，关乎能否做到以人为本？这是人对环境空间基本的生理需求之外的情感需求。前两点处于人的心理感受的表层结构，而第三点是处于心理感受的深层结构，不是直觉的作用，需要人深层的意识活动参与其中方能达成。从这一小小案例我们可以得出一个结论：设计行为中人的情感是处在深层的意识活动之中，情感的表达是需求的高级阶段方能达成的行为。

（三）设计中人的偏执与失衡需求的界定

社会学对人的需求有一个定义，有五个层面的需求：1. 生理上的需要；2. 安全上的需要；3. 情感和归属的需要；4. 尊重的需要；5. 自我实现的需要。

伍德鲁夫的受众价值认知理论： 1997 年，伍德鲁夫从受众价值认知变化的角度阐述了受众价值。他认为，受众对价值的认知是随时间而变化的。在购买前，受众首先对价值进行预评价，然后在预评价的基础上产生购买，购买后又对价值做出评价，同时这一评价成为下次购买前的预评价。并且，在购买过程的不同阶段，受众对价值的认知可能存在差异，如当对价值的预评价是正向时，受众就会购买；而在购买过程中要花费金钱，受众对价值的评价可能为负向的。伍德鲁夫根据“手段—目的链 (Means—End Chain)”原理，构建了由属性到结果再到最终目标的受众价值层级。

在设计上，人对空间的需求可以定义为：基本的生理需求与高一级的情感需求。一个空间场所，基本的功能满足是建立在生理需求的基础之上的。例如，牙科诊所，首先是空间在面积与大小上能够满足牙科医疗设备的特殊需求，这些功能的基本需求是建立在医疗行为之上的基本需求。其次的生理性需求满求是建立在空间品质上的，空间品质表现为实的室内设计与虚的空间；最后是精神层面的情感需求。假如说牙科诊所为了吸引顾客而使用了黄金马桶，这种行为满足了受众什么样的需求，是值得每一位从业者深思的问题？

黄金马桶引出了一个重大问题：个体与公众可能的偏执与失衡的需求界定问题。设计以人为本，设计师的工作就是最大限度地挖掘与满足人的需求，但是不是所有需求不加甄别地加以满足，对于那些偏执、失衡的需求是需要设计师加以抵制的，比方说黄金马桶！

归真堂活熊取胆事件亦是我们过渡索取的实例。

如何界定的偏执于失衡的需求，是一个复杂的过程，它牵扯到社会学、民俗学、心理学等，它也是设计师重要的专业素质之一。

（四）设计行为与社会资源消耗

经济学中有一个概念叫“资源错配”，意思就是重要的资源投到了价值不大的事物上去了。在设计领域也存在这种“资源错配”的现象，通过个人或者公众的偏执与失衡的需求而达成社会资源的过度消耗的。人对奢华的过度需求，比方说牙科诊所的黄金马桶，比方说归真堂活熊取胆事件，这将造成社会资源的错配与需求的失衡。

设计师肩负着社会的责任，设计师应当是社会心理失衡的平衡器。公众偏执与失衡的需求在人类社会中是一个普遍的现象，尤其是像我国这样正处于经济高速发展阶段的国家更甚。

我国在城市建设上，由于设计不完善或规划不合理而被迫拆除的建筑触目惊心，这种行为造成了社会资源的巨大浪费！发展中国家的通病：爱面子不要里子，其背后是公众心理失衡造成的需求失衡及其转化为审美失衡，它触及到了社会深层次敏感的神经，需要社会各界的高度重视，尤其是设计界，不能在图纸上就已经是一个需求失衡的设计。无痕设计的理念就是要在“制造”的源头重新审视对资源使用的价值判断体系，使社会资源的价值最大限度的优化为目的。

### （五）无痕设计理念下的资源优化体系

人类的资源是有限的，其中有许多还是不能再生，如何合理与高效地使用地球上现有的资源关乎人类的未来。无痕设计并不排斥“设计以人为本”，但是，无痕设计理念是在以人为本的基础之上，增加了对资源的价值最大优化以及人的情感需求与资源消耗的逻辑关系。

### （六）人与自然的关系

大自然是一本人类的百科全书。

大自然真是非常奇妙，植物的形态中蕴藏着神奇的数理关系。植物的花和叶看起来是随机的生长，实际上是蕴藏了许多的数字逻辑。斐波那契数列，又称“黄金分割数列”即前一个数除后一个数得到一个结果，例如 13÷21=0.619、21÷34=0.618、34÷55=0.618 数字越大，越接近黄金分割率 0.618，这组数字就是菲波那契数列。

斐波那契数列在植物的形态中很常见，这种形态大都表现为螺旋结构的视觉形象，例如常见的向日葵的种子的排列便是斐波那契数列。其次是渐变骨骼的重复，蕨类是古老而神奇的物种，在它们的造型上很容易看到这种结构形态。

这是大自然中蕴藏着的数字逻辑与空间形态的表达，在西方的文化语境中，上帝是位优秀的设计师，大自然就是上帝的杰作！在东方文化语境中，道法自然，天地间的大道均蕴藏在自然之中。天人合一表达了人与自然的关系。

对大自然的认知本身就体现了深层的文化认知问题！

## 三．无痕设计：传统基因在环境设计中的价值回归

### （一）对传统优秀文化积基因的界定

如何对待传统文化？我国是四大文明古国之一，曾经创造灿烂的华夏文明。但是近百年以来，曾经走过许多弯路，几经反复，教训深刻。我们经历了五四时期的妄自菲薄，也经历了当下的自我膨胀。习近平总书记讲得好：“优秀传统文化是一个国家、一个民族传承和发展的根本，如果丢掉了，就割断了精神命脉。”

故此，对传统优秀文化基因的界定就变得非常的重要！

尺有所短，寸有所长，对待传统文化需要有辩证的哲学眼光，只有这样才不至于妄自尊大与自见型拙。

优秀的基因：一定具备强大的穿透力。古往今来，中国人民在自然奋斗中，一代接一代地积累、继承、创新和发展，铸就了源远流长、博大精深的中华优秀传统文化基因。这一优秀传统文化独树一帜、自成体系。因此，在对待传统文化问题上，看能否具备继往开来的文化基因。比如说禅宗美学至于当下，是否是喧嚣浮夸中一缕清风。这就是优秀文化基因所拥

有的能量，它能够穿越时空，从远古向未来穿越。

中华民族的历史和文化，从形成到发展，经历了数千年不间断的漫长过程，中华民族传统文化不是单一的、纯粹的、一成不变的体系，而是多元互补、彼此渗透，精华和糟粕杂陈的复合文化形态。要求我们有双慧眼，取其精华，去其糟粕，将传统中的杂质剔除。

《周易》："观乎人文以化成天下"，我国正面临着重要的社会转型时期，以优秀文化基因传承为神圣使命，需要以人为本的精神。春雨润物，任重道远，唯有慎终如始、持之以恒，方能不辜负时代的重托！

### （二）传统与未来的逻辑关系

在我们的观念中，传统与未来是割裂的。

日本建筑界在立足于传统哲学的同时又吸收了 20 世纪遗传学、生物学、空间技术、计算机技术、信息技术以及现代艺术的精华而提出的新陈代谢理论，代表东方文化在世界上产生重大影响！这是传统与现代与有机结合的经典案例。反观我们，新与旧完全是对立的，这体现在传统文化在设计界的传承上尤为突出，乡村保护基本是表面文章。

在工商界，我们缺乏涩泽荣一那样被誉为"企业之父"、"日本现代经济的思想者"，没有将现代工商精神与传统文化基因对接的人出现！这亦是传统与未来是割裂的表现。

另外，随着生命科学、精神分析学、催眠科学、量子物理学的发展，未来信息文明也将发生一次革命、新启蒙运动。东西方文化实现融合的时代于是到来了。这种融合绝不是各大宗教走向一元化，而是多元化。美丽的花园里决不会只有一种花独自开放，而是百花齐放，百家争鸣，文化走向多元。正如佛教经典《华严经》上说，佛菩萨有各种身份，他可以是国家元首，可以是宗教家，儒士、道士、神父、牧师、阿訇、高僧、居士；也可以是学者，科学家、工程师、教师、工人等。物质、能量、信息是从低级到高级的三种物质形态。人类从农业文明到工业文明，又从工业文明走向信息文明。农业对应物质层面。工业对应能量层面。未来的文明肯定是信息文明。

我们知道，中国的儒家、道家、佛家都对物质层面不感兴趣，中国的三教都热衷于人的精神层面。周易讲："形而上者为之道，形而下者为之器"。三教都是心学，对应的是未来的文明肯定是信息文明。英国著名史学家汤在 20 世纪 70 年代就极端地提出了："挽救 21 世纪的社会问题唯有中国的孔孟学说和大乘佛法。"这是传统文化基因与未来的另一种关系维度。

### （三）无痕设计：对人类未来生存环境的探索

无痕设计，是关乎人类当下与未来生存哲学的认知理念；

无痕设计，是关乎传统文化基因与未来关系的认知理念；

无痕设计，是关乎受众需求与资源消耗的认知理念；

无痕设计，是关乎受众迷失与修复的认知理念；

无痕设计，这是对设计行为形而上的描述，无痕本意是不留痕迹，即设计要不留痕迹。我们有必要首先探讨一下设计为什么要不留痕迹的问题，设计是人将某种社会需求通过某种形式表达出来的过程，这种表达可以非常人工，也可以非常自然地不留痕迹，宛若天成！因而无痕设计有设计的境界之高的意思。其二，设计的表达过程亦是对资源的占有与消耗的过程，过度的占有与消耗资源，就使设计留下非常重的痕迹，这样的设计就不能称之为无痕。即较小占用资源的设计我们称之为无痕设计。其三，需求是否合理，一个扭曲的社会需求的表达一定与无痕设计沾不上边。扭曲的需求一定会产生扭曲的设计。其四，是设计行为背后的思想体系的问题。设计背后不可能没有在哲学高度的思想体系做支撑，无痕设计就是建立一个思想体系。

无痕设计，是那位停下来寻找“自己”灵魂的人！

# 无痕设计：从“小”处开始

李媛 / 文

摘 要：无痕设计作为新近提出的理论系统，背后隐藏了对其多年研究和探索的过程，该专著作为对于无痕设计核心体系首次较为全面的阐释，及对所包含的各个分支的纵深性探索，使整体面貌呈现了深度与广度的足迹。在如此背景之下，本文以建构无痕设计理论体系的完整性为目的，以向内观看为出发点和启示，在“小”与“大”的哲学内质对比中，将“小”视为内向观看的起点。其次，本文将研究回归于人本身的起点，在以小见大、见微知著的支点上，通过在日常生活中由人引发却常被人们所忽视的“小”建筑、人物、景观、情境、声音、生活道具6个方面的案例，揭示了隐匿在生活之中的真实。最后，本文将揭示正是这些由平常百姓所创造出来的生存智慧，不仅是自下而上设计的源头，也是设计师应该深入研究与了解的经验，更是无痕设计系统重要的支撑。

关键词：小见微知著 隐匿 日常 真实

无痕设计是由孙鸣春教授和周维娜教授在30年的实践积累中升华而为的设计理论体系，本文作者有幸向两位先生学习，并逐步在自我实践及研究过程中更为深入地理解这一体系，以下是针对无痕设计的基础建构问题而展开的论述。

## 一、“大”与“小”

大与小是两个相对的概念，两者在相互对比时彰显着各自的意义。在文学范畴中，大包括了“宏大”、“庞大”、“冗大”、“壮大”、“巨大”等，小包括了“微小”、“渺小”、“藐小”、“细小”、“卑微”、“颗粒”等；在物质性空间范畴中，大和小皆能成为对形态、体积、面积、密度、容积率、重量等的表述要素，只是两者相为参照，处在阈值的两极。

在设计范畴中，大意味着从宏观着眼，外部开始，从个体之外的世界开始。小则意味着从微观着手，从内部开始，从个体开始。但，当回归于大、小两者的并置对比时，大又是小的集合，小是大的基础；大是系统，小是构件；而大与小，又在与更大、更小的参照中，转换着自身的意义，正如古希腊人所认为的：“界限并非停止的终点，而是存在开始的起点[1]”。

本文着重于讨论“小”，旨在对无痕设计这一体系中，最基础的建构展开一定研究，只因万物始于小，以期在对小的坚实建构中，展现见微知著、以小见大的力量。

## 二、“小”是一种材料

在无痕设计视阈中，“小”，不在于多，在于少，在于以少胜多，在于精微，在于不可或缺。材料是任何空间设计必备的元素，而无痕设计的材料运用，却在于对一种材料的深入理解和沟通，在于将材料视为具有生命的存在，它可以是建筑中会呼吸的表皮，可以是从一个空间实体建构的家具到整个建筑皆使用的一种原生材料，而这种材料源自于自然世界，在被形塑为建筑并承载了人的行为与意志的全过程之后，又能重新回归于自然世界。

1. A boundary is not that at which something stops but, as the Greeks recognised, the boundary is that from which something begins its presencing. 资料来源：何志森著 . Living on the line: a search for shared landscape. [D].

泥土，便是这种材料的代表之一。

由伊朗裔美国建筑师 Nader Khalili(1936-2008)（图 1）以土壤为主要材料而发明、创造的“超级土坯”（Superadobe）类建筑，为发展中或第三世界国家买不起房子的穷人带来了生机。Khalili 对于“超级土坯”的创意和想象来自于波斯苏菲派神秘主义诗人默拉纳 · 贾拉鲁丁 · 鲁米（Molana · Jalaluddin · Lumi）的深刻影响，他要运用“土、火、人、水、气”这 5 种元素，以最低廉的成本投入，教会人们建造自己的家园，以解决世界范围内的人道主义住房危机。

图 1 超级土坯（Superadobe）发明者
（资料来源：网络
伊朗裔美国建筑师
及超级土坯的发明者
Nader Khalili(1936-2008)）

土 / 土与水：鲁米在诗中写道：“智慧的双手使泥土变黄金”[2]。土是“超级土坯”最主要的材料，但并非像窑洞那样必须运用黄土崖壁或地下的生土，亦不运用表土和富含有机质可以供植物生长的壤土，而是运用 30% 的黏土与 70% 的砂子混合土。正如 Khalili 最初的想法，在没有钱和物的条件下，用人们的双手为土浇上不同比例的水，就有了建筑的生命，就有了各种各样的使用方式。土与太阳与空气：太阳为“超级土屋”带来了热量，并成为其朝向的参照，与此同时，使建筑外部体积与内部空间透过开口具有了光影的神性，尤其在这种圆形穹顶空间内，光影赋予了空间更丰富的表情与情绪。太阳还使“超级土屋”内外的空气产生流动的风，并让建筑变得干燥。（图 2）

2. Earth turns to gold in the hands of the wise. 资料来源：http://calearth.org/building-designs/what-is-superadobe.html.

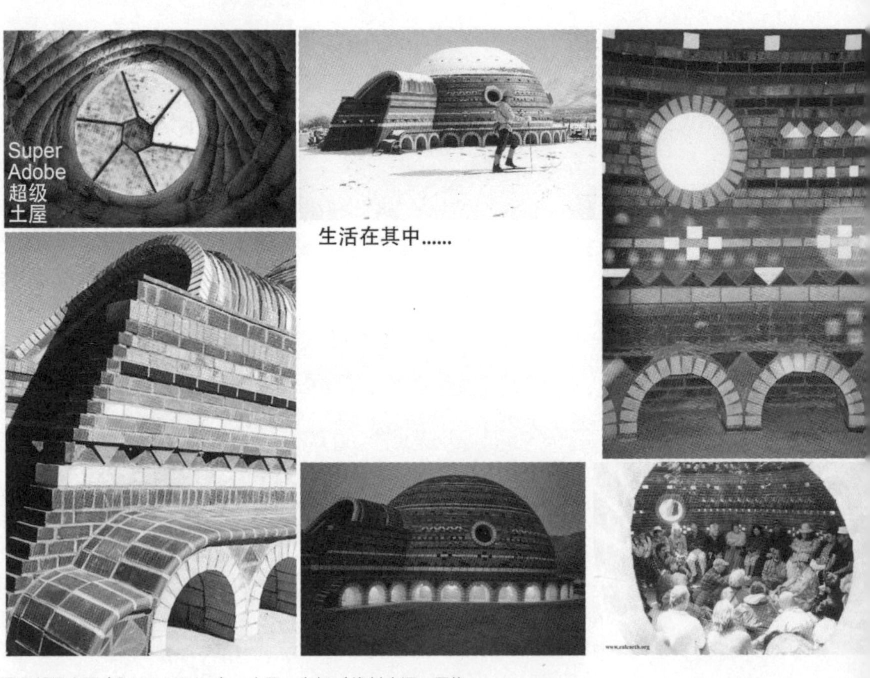


图 2 超级土屋（Superadobe）、太阳、空气（资料来源：网络
太阳使超级土屋的内部空间具有了光影的神性，丰富的表情和流动的风。）

土与人：对于穷人来说，在没有钱没有更多物资的前提下，建设自己的家园几乎是天方夜谭，但是，“超级土坯”却给了穷人亲手建设自己家园的成功机会。这种建造方式，便是将黏土与砂子混合而成的原料装入袋子中，然后，用有刺的铁丝网垫在两层袋子之间，充当

图 3 超级土屋（Superadobe）建造过程
（资料来源：网络“超级土坯”却给了穷人亲手建设自己家园的成功机会）

水泥砂浆似的粘合剂功能，由于空间原型是以穹顶式建筑为主，所以，土袋一圈一圈叠加上去便可（图 3）。

在建造过程中，有几个要点是人们必须注意的：首先，可以用降低碳足迹的麻布袋子，但最好还是以传统建筑工地上装水泥的聚丙烯（PP）袋子为主，这种袋子用回收的旧物利用便可，不必去买新的，这样便在原来低成本的基础上再次降低了成本。总的来说，“超级土屋”需要的主材就只有土、袋子、针、线绳、铁刺网。在建筑结构上，“超级土屋”属于土袋式夯土建筑，按照 Cal-earth institute 的解释：Superadobe 所使用的结构是用“分层管或袋状‘土包’形成的压缩结构，产生的蜂窝结构采用拱支撑，形成一个蛋状造型（图 4）。”正如 Nhalili 所说：“‘超级土坯’是一种能够从历史延伸至新世纪的土坯，它是一条连接传统与未来土坯世界的脐带。”[3]

3. Superadobe is an adobe that is stretched from history into the new century. It is like an umbilical cord connecting the traditional with the future adobe world.（资料来源：http://calearth.org/building-designs/what-is-superadobe.html.）

### 三、“小”行为和人物

“设计”是人心的产物，从古至今，设计的世界是人心世界的幻化。无痕设计的根本要义在于使人心的幻化物成为自然世界的一部分，使其自身成为生命过程。设计分为两种途径，“自上而下”与“自下而上”，自上而下是从外部开始，从外部系统开始，从群体、共同体开始，它无暇更多的顾及个体与内在，自下而上则是从内在开始，从个体内心为源发，因为更符合于个体的日常生活、行为需求，从本质上来说是更为经济与实际的，而万千个个体组合成了群体、共同体，两者之间亦存在着“小”与“大”的区别和差异，万千个“小”人物的日常行为生活需求的无痕集合，必然是最终的大无痕。

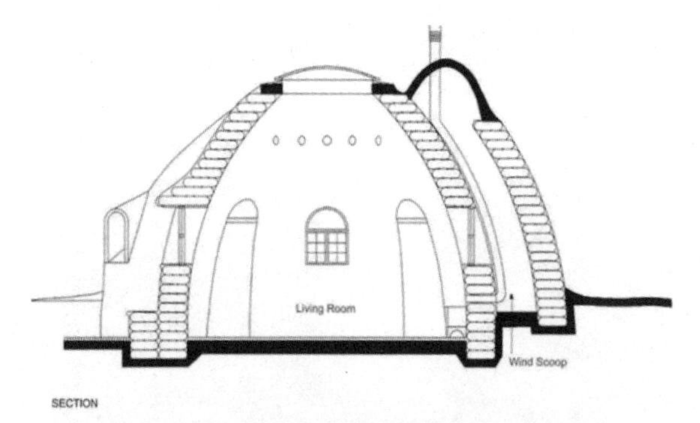

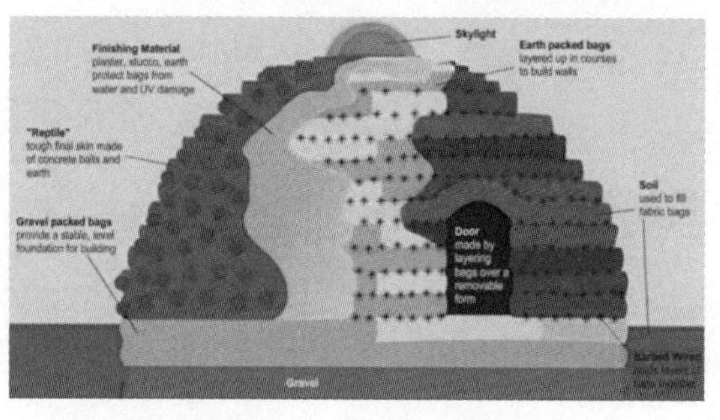


图 4 超级土屋（Superadobe）技术要点（资料来源：网络
“‘超级土坯’是一种能够从历史延伸至新世纪的土坯，
它是一条连接传统与未来土坯世界的脐带。”）

在非正规工作室何志森老师的博士论文和 mapping 工作坊内，就自下而上的研究了若干这样的“小”行为，“小”人物。如，他曾在澳门用 15 个小时密切观察（Close Observation）并 Mapping 了的一个卖菜商贩，其一天的工作便因不同时间的变化而产生多种相应的空间策略，显示了生活在边缘地带的华人源自于日常生活的设计智慧，她借助占用城市公共空间一个狭蹙的空地和某些“微观基础设施”[4] 来完成自己的生活大计。这些微观基础设施包括能够斜倚的白墙、寄存三轮车的巷道、建筑雨棚、垃圾倾倒站、人行道紧邻停车收费表的空间等。随时间变化的空间策略及利用微观基础设施而实现的功能需求，皆为正规的城市设计提供着可供参考的经验，而这些经验正是无痕设计所需要的实践方法。展开来看，随时间变化的空间策略有 6 种：（1）6:30~8:12，场地有两个停车位，这个时候两个车位的错位关系产生了一个临近停车计时器的多余的小空间，商贩便将三个不同颜色的菜篮子放在这个位置，与此同时，另一辆车为售卖区域形成了天然的保护屏障，且这个位置的售卖区域还确保了人流模式的完整和潜在的购买力。（2）8:1~8:28，两个车位中的一个已经空闲下来，致使售卖空间部分暴露在道路上，为此，商贩便把菜篮子移至与建筑物质性连接的水泥踏步上。（3）8:28~9:05，此时两个车位已经全部闲置下来，售卖空间也全部暴露在视线中，商贩便将菜篮子全部移至停放三轮车的小巷附近，不管在什么位置，让行人看到菜篮子是不变的目的。（4）9:05~9:12，这时巡逻的警察来到这条街道，商贩便再将篮子移至巷道内，以使警察完全看不到篮子。（5）9:12~10:35，当一个车位重新停靠车辆后，商贩再次将菜篮子放在了水泥台阶上。（6）10:35~12:02，两辆新停靠的车出现在车位后，商贩便将菜篮子重新移回人行道旁停车计费器旁的空地。（图 5）

4. 何志森老师对能够协助非正规活动，产生完成的公共设施的定义。

Fig.2.14:Mapping the vegetable vendor's activities over a thirteen hour time period
(Continues on the following page)

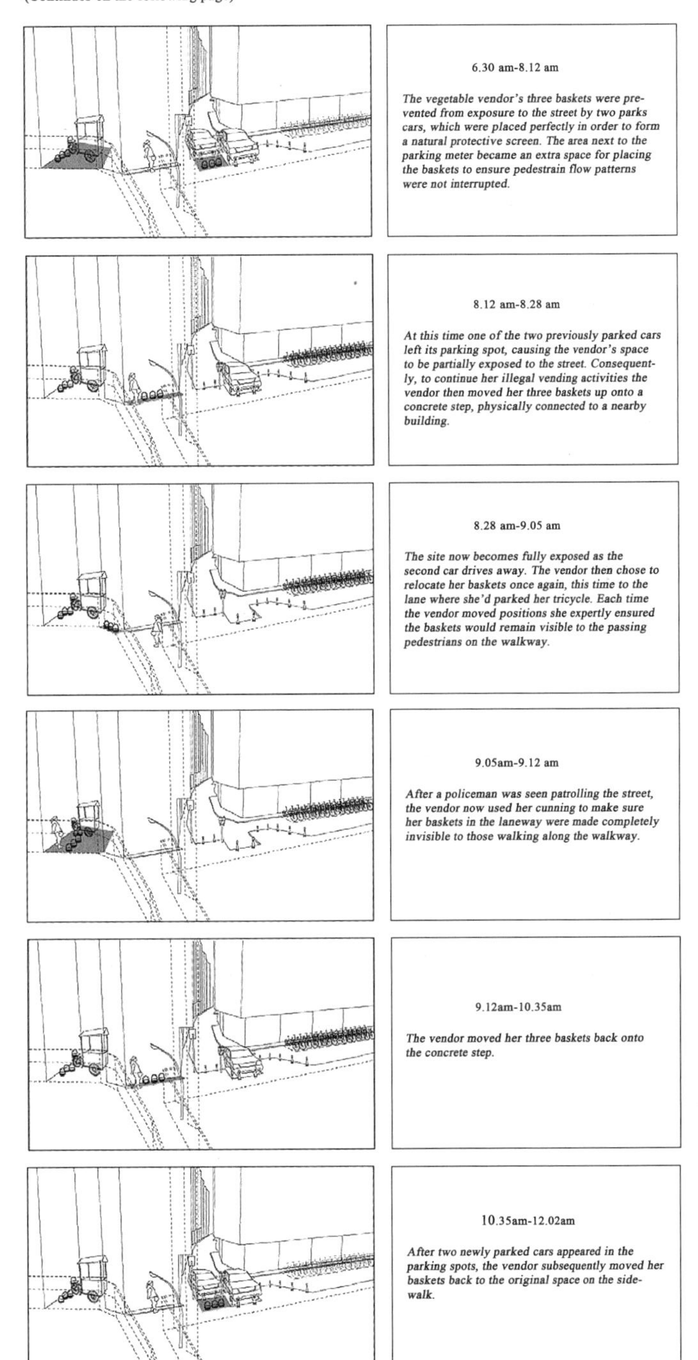

6.30 am-8.12 am
The vegetable vendor's three baskets were prevented from exposure to the street by two parks cars, which were placed perfectly in order to form a natural protective screen. The area next to the parking meter became an extra space for placing the baskets to ensure pedestrain flow patterns were not interrupted.
8.12 am-8.28 am
At this time one of the two previously parked cars left its parking spot, causing the vendor's space to be partially exposed to the street. Consequently, to continue her illegal vending activities the vendor then moved her three baskets up onto a concrete step, physically connected to a nearby building.
8.28 am-9.05 am
The site now becomes fully exposed as the second car drives away. The vendor then chose to relocate her baskets once again, this time to the lane where she'd parked her tricycle. Each time the vendor moved positions she expertly ensured the baskets would remain visible to the passing pedestrians on the walkway.
9.05am-9.12 am
After a policeman was seen patrolling the street, the vendor now used her cunning to make sure her baskets in the laneway were made completely invisible to those walking along the walkway.
9.12am-10.35am
The vendor moved her three baskets back onto the concrete step.
10.35am-12.02am
After two newly parked cars appeared in the parking spots, the vendor subsequently moved her baskets back to the original space on the sidewalk.


图 5 “小” 人物盗用空间的策略
（资料来源：何志森博士论文 Living on the line: a search for shared landscape）

上述是发生在卖菜商贩这个小人物的每天生活的日常事件，通过 Mapping 的发现，在真实的生活体系中除了将这些经验指导与运用在设计之内，设计师无须再做更多的“设计”。“设计”这个词汇背后原本便隐藏了一个由外而内、由上而下的表述过程，由外自内的附加是有痕的证据，由内而外自然而成才是无痕。

四、“小”情境

无痕并非巨大的叙事场景，而是隐匿在日常生活中理想的生活系统，这一个个小的具有自身逻辑的生活系统表述为能被看见的“小”情境，而对这些情境的观察，及对其背后隐匿的逻辑的发现，亦是无痕设计应把握的内容。以下将针对西安回坊的小情境为例展开阐释，以期表述“小”情境与“大”无痕的内在关系。

与整个西安市相比，回坊是一个大情境场，其地处城市中心区域，却守护了独特的场所精神。这精神是场所内原生回民、西安本地人、外来者、建筑、中型设施、微观设施（Micro Facilities）、街道、植被、动物、鸟、非机动车与机动车等共同交织的能量，鲜活而生动。在这其中，每一个小的事物（Object）都将在 1:1、1:100、1:1000 等尺度上与周围可见或不可见的物质或非物质产生着联系，而这联系亦具有内在的逻辑，这便是隐匿于日常混乱生活之中的真实——微乌托邦（Micro Utopias）。盖头（Hijab）是穆斯林女性戴在头上的头巾，在《古兰经》中被称为“黑加布”，它隐喻了一种有关于伊斯兰世界的信仰边界（Boundary），并由信仰边界而衍生了物质边界。在西安美术学院“微乌托邦 Mapping 工作坊”课程上，针对盖头进行了调研，因盖头而引发的场地隐匿生活逻辑使盖头成为评价当下穆斯林纯粹性

图 6 “微乌托邦” mapping 课程对盖头的隐匿逻辑调研成果（资料来源：作者及团队人员摄）

图 7 “微乌托邦” mapping 课程对盖头的隐匿逻辑调研最终成果（资料来源：作者自拍）

的标准，具体为：在伊斯兰教义中，盖头对于穆斯林女性具有保护性作用，信仰更为纯正的穆斯林女性，佩戴盖头务必遮蔽整个头部与肩膀，相比某些受商品经济影响的回坊饭店，为增加业务量而以假乱真的现象而言，形成了只有回民了解的鲜明对比的事实。

因此，回坊回民和外地来此朝圣的穆斯林在这里的饭店用餐的时候，必定会以饭店穆斯林女性穿戴盖头的严谨程度来判断餐厅信仰的纯正程度。据此，便在这个区域内部形成可供穆斯林进餐的地点系统性策略，而该系统更为设计师提供了可供借鉴的隐匿性生活逻辑，亦即因盖头而引发的城市情境。另外，这个情境网络并非单一功能，外地穆斯林在回坊朝圣完之后，常购买盖头作为礼品，以期送给家中亲友，所以，盖头店常常位于清真寺附近，但因盖头需要订制，有特定的制作周期，故而，又常位于背街之上，凭借这些内容，便可进一步

丰富为外地穆斯林绘制的系统性地点策略图。最后，通过盖头的运送方式，研究团队还发现，将盖头加工店内的货物运送至售卖的店铺，往往只用自行车和三轮车来完成，这样便规定了回坊交通流线的空间尺度与比例，正是人性化的空间尺度让回坊的情境在人的维度中更具丰富性与深度，这种力量并非大尺度空间所能想象的。然而，这些因素却形成了盖头系列的“小”城市情境，更为设计师提供了可供设计借鉴的参照经验，而据此完成的设计却又实在地体现了无痕设计的内涵。（图 6、图 7）

## 五、“小”声音

无痕设计不仅涵括了物质性因素，也涵括了非物质因素，而非物质因素总是在无形之中，瞬间塑造了一个意识空间场，因此，声音对于空间品质的提升是无痕设计非常重要的一部分内容。声音分大小，此处，将在声音的功能类别中列举一个功能很“小”但意义很“大”的声音，那便是穆斯林聚居区的“邦克”（Adhan）。

图 8“微乌托邦”mapping 课程对邦克的隐匿逻辑调研最终成果（资料来源：作者自拍）

图 9“微乌托邦”mapping 课程对邦克的隐匿逻辑调研最终成果（资料来源：作者及团队人员摄）

“邦克”是伊斯兰世界的宣礼和唤礼[5]，它就像通向伊斯兰世界的一扇门，引领穆斯林们进入宗教世界的神圣时空。通过微乌托邦 Mapping 工作坊的跟踪调研，发现“邦克”是贯穿穆斯林生活的重要节点式、提醒性的声音，其相关因素主要有时间、自然环境、清真寺、大小净、古兰经等，它们与“邦克”所引出的空间需求有着很重要的逻辑关系。如：在一天的不同时间节点邦克将引出五番拜，从拂晓到日出（2:00~6:00）为晨礼，从中午刚过到日偏西（11:00~12:00）为响礼，从日偏西到日落（15:00~17:00）为晡礼，从日落至晚霞消失（17:00~18:30）为昏礼，从晚霞消失到次日拂晓（18:30~ 次日 2:00）为宵礼，五番拜礼是穆斯林每天必然做的 5 次礼拜，也就是说，每天也会有 5 次邦克响起的时间。当邦克响时，人们无论正在进行什么事情，都必须放下先去做礼拜，但是邦克结束后至正式礼拜仪式开始所间隔的时间却不相同，有的时间长有的时间短，如清真西寺的正式礼拜要在 30 分钟之后，清真大寺则在 10 分钟之后，其中，隐匿着时间的因素，宗教至上的原因反映在聚落空间构成上便是围寺建坊的格局，坊还分了大坊与小坊，大坊距清真寺较远，从听到邦克后到达清真寺的时间便长，小坊内邦克声后到达清真寺的时间便短。还有，邦克声音的大小也反映了依寺而坊的空间范围大小，空间大的声音就大，空间小的声音就小等。这些是通过调研发现的隐匿的空间流线与时间的关系，而这也是设计师需要了解的支撑设计的场地因素，亦是设计无痕的来源。（图 8、图 9）

## 六、“小”生活道具

除了上述所论及的建筑，小人物、景观、情境、声音之外，无痕设计也包括了“小”的生活道具。因为，对于有些人群和聚落空间而言，“小”生活道具是必不可少的物质设施，是情感系统、空间系统、边界系统、情境系统、景观系统、建筑系统、城市系统必不可少的组成部分，回坊的鸟笼便是如此。当走在回坊街巷中的时候，每家每户门前皆悬挂鸟笼，鸟儿清脆的鸣叫声成为回坊令人心旷神怡的市井声境，然而，鸟笼对于回坊的意义远非仅仅如此，通过微乌托邦 Mapping 课程对鸟笼在悬挂方式、遛鸟时间，用途，文化融合及空间功能进行了深度调研，并发现些许对于设计具有极其重要的既存经验。如：首先，在悬挂放置方式上，穆斯林将鸟笼挂于树上、小贩推车上、地上、树枝上、窗台外、门口、废旧电线上，此种摆放方式是他们对于空间划分的形式表述，即通过鸟笼的摆放位置使不同空间被赋予商品、

5. 邦克作为伊斯兰的宣礼和唤礼，主要在拜功仪礼，五番拜，聚礼，会礼前在屋顶进行呼唤，即喊所有的穆斯林前来参加仪礼。

交流、私密等属性；其次，在生活方式上，鸟笼引发了交流、锻炼、吸引顾客、精神寄托的功能，尤其是在锻炼的场所地点策略选择上，回民与汉民共同前往的是斗鸟固定地点，西仓、莲湖公园、鼓楼广场，仅有回民锻炼的地点是商铺前、房前屋后、巷道口、树下，而这些地点上因鸟笼而引发事件的目的，基本包括了贩卖、环境属性、吸引顾客、斗鸟和欣赏；再者，于空间效用来看，鸟笼起到了空间、物理边界与心理边界的限定作用，主要包括领地、隔断、区域、装饰性及交流场所；最后，在遛鸟和西仓集市买卖鸟的过程中，回民与汉民交流养鸟的经验，是回汉文化融合的具体表现。这些皆表明鸟笼是穆斯林日常生活必不可少的道具，作为承载鸟儿的移动空间，随着人们的穿行与止步而在聚落空间中移动，展现了一幅见微知著的生动的回坊日常。

当今，国人的学术研究总是始于宏大的空间叙事或抽象的概念，事实上，发生于日常生活中的微“小”的点却是专业设计师们把握设计的重要经验，因为，这些经验不源自于外部，而源自于人本身，并与人同在，也只有从这个维度生发而成的无痕设计，才能由内而外地散发细腻且温暖的力量。

参考文献

何志森 . Jason Ho . Living on the line: a search for the shared landscape [D]， 2013.

# 无痕设计理论体系指导下受众体需求因素研究

吴文超 / 文

摘 要：近三十年来，中国经济高速发展，社会生产力和综合国力增强，人民生活水平不断提高。但高速的发展是一把双刃剑，高速发展所带来的问题也逐渐凸显。发展的不平衡、生态环境污染、自然资源遭到破坏等诸如此类等问题越来越被社会广泛关注。如何去面对现状，解决问题成为各行各业的热点议题。本论文基于这样的时代背景以无痕设计理论作为指导，在生态资源，自然环境与社会发展产生矛盾，受众体物质和精神需求失衡的情况下，探讨设计对于受众体需求的影响。从受众体需求和设计的关系上入手，分析新的设计思路下受众体需求因素的变化，进而从需求这一源头剖析当下经济高速发展所产生的问题。探讨从设计自身出发，充分发挥设计自身的能动作用，对受众体形成需求正确引导。打破传统单向的由需求为主导的流程方式，强化设计在的整个流程中的引领作用。在理论层面对设计领域提出新的思考和研究方向。

关键词：无痕设计 受众体 需求

目前，中国经济的发展进入到转型期，粗放型经济向集约经济转变，以大量消耗自然和人力资源来满足经济发展的模型亟待改变。设计行业也应顺应时代变化，反思过去高速发展模式下产生的问题。本文基于此背景，着眼未来在无痕设计理论的指导下探讨受众体需求以及需求与设计之间的关系，研究在无痕理论体系指导下的受众需求和设计策略评价体系，使设计对受众体需求产生良性反作用，为未来的设计发展提供相关的理论依据。

## 一、受众体需求分析

需求的基本解释有两个，一为求取、求索，二为需要、要求。在设计学范畴里，需求是人对生理或心理、物质或精神欲望的满足提出的要求。满足受众需求是设计的目的，是设计不断创新和进步的动力。设计作为一种有目的的创作行为，只有理解用户的期望、需求、动机才能更好地创造出满足受众需求的设计产品。

### （一）需求的层次分析

受众体的需求是多层次、多阶段的。不同层次的需求对于物质和精神的要求不同。每个层次阶段要解决的问题也不相同。

1943 年，美国著名的心理学家亚伯拉罕 · 马斯洛在他的《人类激励理论》论文中将人的需求进行了从低到高、阶梯状的五种层次分类，分别是：生理需求、安全需求、社交需求、尊重需求和自我实现需求。

第一层级生理需求包含呼吸、水、食物、睡眠、生理平衡、分泌、性等。如果这些需要（除性以外）任何一项得不到满足，个人的生理机能就无法正常运转。人类的生命就会受到威胁。因此，生理需要是推动人们行动最首要的动力。马斯洛认为，只有这些最基本的需要满足到维持生存所必需的程度后，其他的需要才能成为新的激励因素，而到了此时，这些已相对满足的需要也就不再成为激励因素了。

第二层次的需求为安全需求，其包含人身安全、健康保障、资源所有性、财产所有性、道德保障、工作职位保障、家庭安全等。马斯洛认为，整个有机体是一个追求安全的机制，人的感受器官、效应器官、智能和其他能量主要是寻求安全的工具，甚至可以把科学和人生观都看成是满足安全需要的一部分。当然，当这种需要一旦相对满足后，也就不再成为激励因素了。

第三层次的需求为社交需求，包含：友情、爱情、性亲密。人人都希望得到相互的关系和照顾。感情上的需要比生理上的需要来得细致，它和一个人的生理特性、经历、教育、宗教信仰都有关系。

第四层次为尊重的需求，包含自我尊重、自信、成就、对他人尊重及受他人尊重。人人都希望自己有稳定的社会地位，要求个人的能力和成就得到社会的承认。尊重的需要又可分为内部尊重和外部尊重。内部尊重是指一个人希望在各种不同情境中有实力、能胜任、充满信心、能独立自主。总之，内部尊重就是人的自尊。外部尊重是指一个人希望有地位、有威信，受到别人的尊重、信赖和高度评价。马斯洛认为，尊重需要得到满足，能使人对自己充满信心，对社会满腔热情，体验到自己活着的用处和价值。

第五层次为自我实现的需求，包含道德、创造力、自觉性、问题解决能力、公正度、接受现实的能力。自我实现的需要是最高层次的需要，是指实现个人理想、抱负，发挥个人的能力到最大程度，达到自我实现境界的人，接受自己也接受他人，解决问题能力增强，自觉性提高，善于独立处事，要求不受打扰地独处，完成与自己的能力相称的一切事情的需要。也就是说，人必须干称职的工作，这样才会使他们感到最大的快乐。马斯洛提出，为满足自我实现需要所采取的途径是因人而异的。自我实现的需要是在努力实现自己的潜力，使自己越来越成为自己所期望的人物。

这一理论可以通俗地解读为：如果一个人同时缺乏食物、安全、爱和尊重，通常情况下，人对食物的需求是最强烈的。此时，其他层次的需求则显得不那么重要。此时人的意识几乎全被饥饿所占据，所有能量都被用来获取食物。在这种极端情况下，人生的全部意义就是吃，其他什么都不重要。只有当人从生理需要的控制下解放出来时，才可能出现更高级的、社会化程度更高的需要如安全的需要。

### （二）需求的阶段分析

作为人的这五级需求，安全、生理、情感归属、尊重、自我实现。根据研究，他们相对应的社会阶段分别是：温饱阶段、小康阶段、富裕阶段。需求与社会阶段的对应性也体现出了需求与社会普遍存在、社会价值、社会现象的密切关联。物质需求与精神需求是否平衡是时代给予的问题，需求与设计间的关系也成了一个设计行业探索的问题。

### （三）需求的内容分析

#### 1. 对设计使用价值的需求

使用价值是设计产品的物质属性，也是需求的基本内容，人的需求不是抽象的，而是有具体的物质内容，无论这种需求侧重于满足人的物质需要还是心理需要，都离不开特定的物质载体，且这种物质载体必须具有一定的使用价值。

#### 2. 对设计审美的需求

对美好事物的向往和追求是人类的天性，它体现于人类生活的各个方面。在需求中，人们对设计产品审美的需要、追求，同样是一种持久性的、普遍存在的心理需要。对于受众体来说，所购买的设计产品既要有实用性，同时也应有审美价值。从一定意义上讲，受众体决定购买一件设计产品也是对其审美价值的肯定。在消费需求中，人们对设计产品审美的要求主要表现在商品的工艺设计、造型、式样、色彩、装潢、风格等方面。人们在对设计产品质量重视的同时，总是希望该设计还具有漂亮的外观、和谐的色调等一系列符合审美情趣的特点。

#### 3. 对设计时代性的需求

没有一个设计产品不带有时代的印记，人们的需求总是自觉或不自觉地反映着时代的特征。人们追求设计的时代性就是不断感觉到社会环境的变化，从而调整其消费观念和行为，以适应时代变化的过程。这一要求在消费活动中主要表现为：要求设计趋时、富于变化、新颖、奇特、能反映当代的最新思想。总之，要求设计产品富有时代气息。从某种意义上说，设计产品的时代性意味着它的生命周期。一种设计产品一旦被时代所淘汰，成为过时的东西，就会滞销，结束生命周期。

#### 4. 对设计社会象征性的需求

所谓设计的社会象征性，是人们赋予设计产品一定的社会意义，使得购买、拥有某种设计产品的消费者得到某种心理上的满足。 例如，有的人想通过某种设计产品表明他的社会地位和身份，有的人想通过所拥有的某种设计产品提高在社会上的知名度，等等。对于设计师来说，了解受众体对设计产品社会象征性的需求，有助于采取适当的营销策略，突出高档与一般、精装与平装商品的差别，以满足某些消费者对商品社会象征性的心理要求。

#### 5. 对优良服务的需求

随着商品市场的发达和人们物质文化消费水平的提高，优良的服务已经成为消费者对设计产品的一个组成部分，“花钱买服务”的思想已经被大多数消费者所接受。

## 二、受众体需求对于设计的影响

受众体需求和设计有着紧密的联系。需求是设计的原动力，设计为满足受众体的需求而产生。受众体的需求决定了设计师在为谁设计、做什么样的设计产品、要满足哪类受众体的哪类需求。这也是影响设计产品最终形态和品质的重要原因之一。

### （一）需求层次对设计的影响分析

不同阶段的需求状况对设计的要求也是不尽相同的。通常越低级层次的需求对设计的要求越低，越高级层次的需求对设计的要求越高。在较低层次的温饱阶段，由于受众体更加关心与生命息息相关的食物、水、空气、安全健康等问题。相应对设计的要求也比较偏重最基本的功能属性，对于精神属性的要求相对较低。对设计所传达的形式美、情感传递、品位与格调的要求相对较弱。到了小康阶段，低层次需求已经得到了满足，在设计的精神属性追求逐渐加强。这一阶段，受众体对设计产品需求进一步加强。在功能属性完备的基础上，对于形式美、情感品位等都有所要求。但由于购买能力有限，此阶段通常强调设计的最大附加值。在富裕阶段，受众体更多地强调设计产品的精神属性。设计产品的品牌价值、奢侈性，对于身份与地位的象征性成为受众体关注的重点。

### （二）需求状态失衡对设计的影响分析

受众体的需求状况无论处在任何一个阶段，其对物质和精神双方面的需求是否得到平衡都是一个重要的社会问题。过分地强调某一个方面都会产生极大的影响，造成严重的后果。在需求失衡状态下的受众体，其对设计的要求是片面而又很容易冲动过激的。在这种状态下产生的设计产品也将呈现出怪异的形态。

过分强调需求的物质属性时，设计产品的物质属性被放大。将存在历史文化缺失、精神文化缺失以及审美文化缺失。设计作品呈现出夸张夸大、低俗恶俗、怪诞荒谬的形态。

过分强调精神属性，设计产品的精神属性被放大和物质属性相关的资源、生态、功能、经济等因素被忽略。浪费、污染、无用随之产生。这样的作品往往会呈现出不切实际、无实用性、极度浮夸虚荣的形态。

### （三）需求状态失衡所产生的后果

需求在物质和精神失衡状态下对设计的影响是极大的。错误的需求产生错误的设计，错误的设计导向会向整个行业和社会蔓延从而影响整个设计行业的发展。其后果，不仅仅是对设计领域的负面作用，甚至导致整个社会的资源大量浪费、建设重复进行、文化缺失、审美低俗等一系列的深远影响。长时间的文化缺失也将会导致一个国家和民族文明的断裂。

## 三、无痕设计理论体系下设计对受众体需求的影响

针对当今经济高速发展的时代背景下，设计行业内存在的需求与设计之间的问题，无痕设计倡导在需求和设计的关系上寻求一种平衡，也在受众体需求的物质和精神双方面寻求一种平衡。倡导设计对需求与消费的良性反作用，在整个循环过程中充分发挥设计的能动性，反向刺激和引导消费对象正视自身状态，给予自身准确定位，根据自己的消费水平，采用合理的消费方式满足自身需求。避免浪费、虚荣、浮华的欲望和消费观念无止境的产生和蔓延。

### （一）无痕设计理论体系下的受众体需求及设计策略评估体系

#### 1. 设计对受众体需求准确对定位

无痕设计理论倡导设计产品应具备准确的受众体的定位。在设计前期充分调研分析受众群体的需求。在功能、消费能力、审美、价值观等多方面论证受众体在物质和精神双方面的要求。在准确的受众体定位的基础上才能最大限度地发挥设计产品的价值，最大限度地满足此层次受众体的需要。在受众或消费对象定位不准确的情况下，设计产品与此层次的受众等同于废物。优良或是拙劣已无须再被此层次的受众所探讨。

#### 2. 建立需求评定体系

对于受众体的需求建立相对客观而完备的评定体系。以此来引导整个设计领域对于受众

体需求中物质和精神双方面的定位及针对此定位所作设计策略。需求评定体系的建立有助于设计方更加系统全面地分析受众体需求并将指标进行量化，并给予需求相对更准确的定位。

3. 建立设计策略评价体系

设计策略评价体系将针对设计对受众需求的满足度、受众需求的再造和引导、解决策略、技术手段等方面对设计产品进行评价。根据评价体系评估设计策略对受众体需求的价值。这种手段可较为全面地解读评判设计策略的可实施性。在设计实现前做出相对准确的评判。避免建造后产生的问题。

（二）无痕设计理论指导下受众体需求及设计策略评价体系的影响

1. 对受众体需求理念的影响

在需求评定体系指导下，需求定位更准确，设计可充分发挥引导作用。设计策略评价体系将纠正设计策略中的不足和缺失。在评价体系中积极倡导适度、适量、适时的消费理念。通过对设计产品的精细化要求，打造出低价但高品质的设计产品。使受众体和消费对象不简单地以价格评定产品的质量。低成本、低价格、高附加值的设计产品能够最大限度地打动受众体，产生更大的感染力和满足受众体需求欲望。

2. 对受众需求群体效应的影响及设计品牌的确立

无痕设计重视设计对于受众对象和消费对象的群体效应。设计对于单一个体需求的满足不足以形成消费观念的改变。无痕设计理论指导下，设计更注重对设计受众群体的影响力。受众群体需求满足的联动效应，将进一步推动设计产品的品牌价值和创意价值。充分发挥设计对于普世价值的表现与传达。最大限度地影响最广大的受众群体，以达到更好的良性推动作用。

3. 对设计的深度优化和评定

在设计策略评价体系指导下，设计产品在设计、生产、销售等环节对于生态、绿色、环保等理念的贯彻将更加容易落实，并将在材料、工艺、包装、生产等各个环节予以体现。此理念也将更好地呈现在受众体面前，在满足其基本需求的同时，较好地传递绿色生态可持续的设计思想，进而影响其消费的方式。

## 四、结语

在无痕设计理论体系指导下，分析受众体需求与设计之间的联系，强调设计对受众体需求的影响。通过建立受众体需求评定体系和设计策略评价体系，指导受众体需求的定位以及评价设计策略的可行性及价值，以此来增强设计的创新性并对受众需求产生良性引导和反作用，从而改变高速发展下需求不平衡、设计方向及策略的偏失所引起的一系列问题。在设计良性引导作用下，受众体的物质和精神需求趋于平衡并为社会发展过程中，为受众需求、生态环境、经济发展之间的矛盾和问题寻求解决途径。

# 师法自然——无痕设计的实践

屈伸 / 文

摘 要：无痕设计是本着以最低的投入换取最大的生态可持续效能为目标，尽可能利用自然资源，能够让阳光、空气、水、植物等充分为我们服务。文章主要研究无痕设计理论体系在实践中的应用。在永寿县黄土窑洞保护区，利用无痕设计原理，师法自然，设计出人居和谐、与环境共生的现代新农村聚落。通过真正落地的设计来检验无痕设计理论体系的价值，同时也为新农村建设方案起到抛砖引玉的作用。

关键词：无痕设计 可持续发展 废物再生 零能耗

亿年演变，地球已经形成一个完整的生态系统，可以自我调节、自我更新。人类作为地球生态系统中的一分子，而不应是地球的主宰。我们改造自然的同时，忽略了太多自然之母赐予人类的生态环境。通过“无痕设计”，使我们对自然界有了更清醒的认识：人类居所应是均衡建筑与自然环境的有机融合，就像是根植于大地上的一个生命体，融入自然一体呼吸。

无痕设计创造有生命的建筑。无痕设计不仅是能够达到减少温室气体排放效果的设计，更应该是包含绿色、生态、环保、可持续发展等诸多设计理念的一个设计总称。我们的设计本着以最低的投入换取最大的生态可持续效能为目标，尽可能利用大自然赋予我们的资源，让阳光、空气、水、电等充分地为我们服务，不用人为去采暖、通风、制热、消耗更多水，尽可能地做到环保、生态，和自然和谐共存，保持生态平衡。简言之，设计尊重了当地多年形成的与各种客观条件相适应的地域生态特征，通过研究和保护生态环境的文化内涵，进一步发掘和改进传统建筑技术和材料，这是对地域性及居住理念的尊重（图 1）。

图 1 生长于大地上的低碳生态窑洞（资料来源：作者拍摄）

黄土窑洞村落方案就是在无痕设计理念指导下，以永寿地区社会、经济、文化、气候、资源、能源及自然地理地貌为基础，师法生态良性循环，以当地生态农业、生态林业和小流域治理工程为依托，对等驾坡村的生态系统及农、林、牧、副、渔、生产系统进行整体综合分析和评价，完成黄土地规划。

下文结合无痕设计理论体系，分别从设计思想、人力资源节约、周边环境借用、建筑材料再利用、综合能源利用、节能效果六个方面分别阐述一下方案的设计特色。

## 一、设计思想尊重当地生态环境发展

设计思想尊重当地多年形成的生态环境，修补生态链断裂的区域，创造的景观环境充分保护、合理利用原始地形地物。

每一种动物、植物在区域内都有生存和繁衍的权利。我们甚至为了保护一棵小树而修改方案，重新安排建筑的位置。每一片树叶、每一根麦草，每一抔黄土都能进入生态链条实现自己的多重价值。

对于已被破坏的关键区域进行生态再造，通过土地使用功能的调整和植被修复，保证当地生态链循环的合理性和完整性，保障本区域生态服务系统的发挥，避免因人的活动而影响

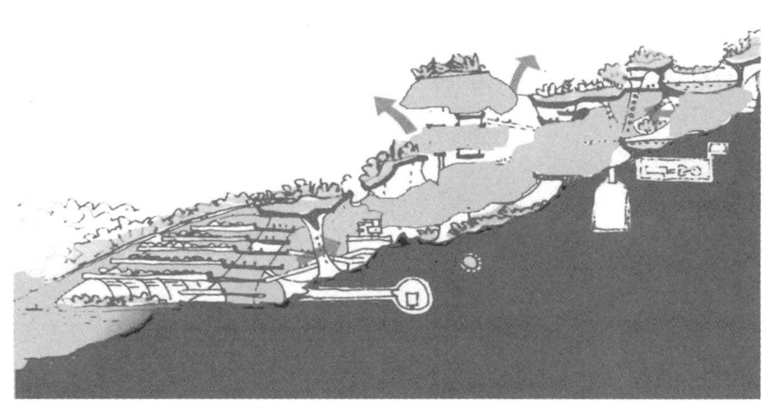

图 2 尊重自然环境的生态链条设计（资料来源：作者拍摄）

地域生态的循环发展。

“无痕设计”创造有利于可持续发展的生存系统。这里的每一个生活细部都是可循环的，所有建筑材料就地取材，地坑窑是向土里挖房子，在院中种果树，窑顶种蔬菜，用麦草混合泥土建围墙。我们建造的家园应不会产生任何对自然危害的废物，相反，它与环境共生，属于环境中的一个有机生命体，来源于自然，融于自然并且最后可完全回归于自然！

结合充分利用风能和地热能的自然空调系统、利用太阳能的供电、供水、供暖的集热发电系统；利用生物质能（秸秆气、沼气等）的污物处理能源系统；利用自然生物细菌的中水利用及净化系统等，充分创造出一个完全绿色的，可以呼吸，自体循环，自给自足的闭合型聚居生态环境（图 2）。

## 二、合理高效的节约使用人力资源

在人力资源上合理分配、高效利用。窑洞的建造过程很有特点，是典型的人力资源的释放再整合。我们的祖先发明了很多节约人力资源的办法，我们从中汲取有用的精华，比如挖土窑洞的技艺，既保留了传统的工艺技巧，又留存了文化中的智慧结晶。要懂得窑洞的建造过程，就了解了窑洞文化。从可爱的小孩出生后，父母开始着手新挖窑洞，在农闲的空暇时间，就是他们其乐融融的工作时间。挖窑洞所使用的工具极其简单，就是一把锄头和一把铲子，当天的工作量只有半米深，大约 5 立方米的土方，只需不到 2 个小时就可以成型，之后就是等待窑洞坑里新土干透，下次再接着继续挖，这样日复一日，只要掌握好窑洞顶部受力曲线，窑洞就会越来越结实。一直等到小孩长达成人，这几口挖好的窑洞就成为结婚的新房……这项工程低碳环保，减法施工，充分利用人力资源的闲置时间，是典型的人力资源释放再整合。我们只需要简单的模仿复制，技艺就可以留存下来，文化就会源远流长。我们施工中，根据人力资源节省的原则，创造出很多“节省人力工艺”。窑洞房顶为了防水，需要做防水处理，由于没有太多防雨办法，就需要用智慧解决。所以我们就合理利用下雨天，雨水会自然淋湿屋顶覆土，这时候趁着泥土湿润有可塑性，用牛拉着碾子在上面压上几圈，压实泥土，而且顺势制造出斜坡就可以排水了；每次下雨压上几趟，时间久了，硬度竟然超过火烧砖。这些都是在人力资源方面的整合智慧。最重要的是，这样用土做成的原始住房还具有最环保的无痕特性：从自然资源变成建筑材料，在不需要实用功能的时候，他们会回归成原始材料，又成为可以耕种的普通泥土，这种回归本源的无痕设计理念，被称为可持续发展。

## 三、设计中充分利用本地景观资源

设计中利用借景的手法表达对环境的尊重，对资源的再利用。通过远借、邻借、仰借、应时而借来表达无痕设计理念。远处的山峦、水库、植被随着四季的更替，会形成自己独特的景致，只需稍加修饰，设定一定的观赏线路，就得到大自然的恩赐：春天漫山黄色的油菜花、粉色的梨花与白色、紫色的槐花交相开放；夏天满山碧绿的楸树和遮天蔽日的槐树伴着槐香与蒿草生机盎然；秋天火红的柿子树和金黄的玉米映衬着丰收的喜悦；冬天白雪皑皑，吃着甜脆的冬枣，在暖暖的可呼吸窑洞里享受惬意人生。

我们的设计尽量利用本地区物种资源，人类居住环境对自然生态系统的影响最小化，对土壤、空气和水污染最小化，保持并在受到破坏的地方恢复生态多样化，增加生态保护和多物种栖息地……

## 四、材料使用上坚持可循环及能再生的原则

另外，在建筑材料使用上坚持节约、再利用、可循环及能再生的无痕原则。造园材料除全部采用本地区特有的资源外；尽可能采用可以重新回收的地域材料再经过艺术的重新“排列组合”使其重换光彩（图3）。

图3 采用本地区特有可再生材料进行艺术再加工
（资料来源：作者拍摄）

例如，在泥土材料的应用上，土作为建筑材料只需要稍微进行加工，就能出现很好的艺术效果。土坯建筑隔声性能好、无毒副作用、对室内湿气的中和能力也比其他传统建筑墙体材料要好，而且生产土坯砖所需要的自然能量碳排放是零，从而免去了烧制黏土砖或者水泥的使用。还可以利用泥土做地板：泥土地板透气性好，有冬暖夏凉的效果，是天然材料建筑中一个完美的组成部分。泥土地板很舒适，踩在脚下触感柔软，没有混凝土地板常有的那种冰冷的感觉。当表面磨光并密封以后，他们通常泛着皮革般的光泽。灰泥抹面也是不错选择：泥浆的迷人之处在于它是一种介于固体和液体之间的物质，并且将两者的优点都结合在了一起，它也是地球上最古老的建筑材料（图4）。

在方案里，我们摒弃了钢筋混凝土，重新向大地学习，用身边的材料——黄土高原的泥土、农田里的麦草及地域石灰岩的白灰等。把“自然”作为我们的设计准则。“室内的自然风”通过自然调节能够达到被动式供暖、制冷和通风，既不需要依赖机械系统也不需要消耗额外的能量。

每一幢黄土建筑，从设计、建造到装修、维护的过程中，都尽量选用地域性材料并努力降低材料的使用量，使其能够在加工、制造、运输、使用以及回收等各个环节达到

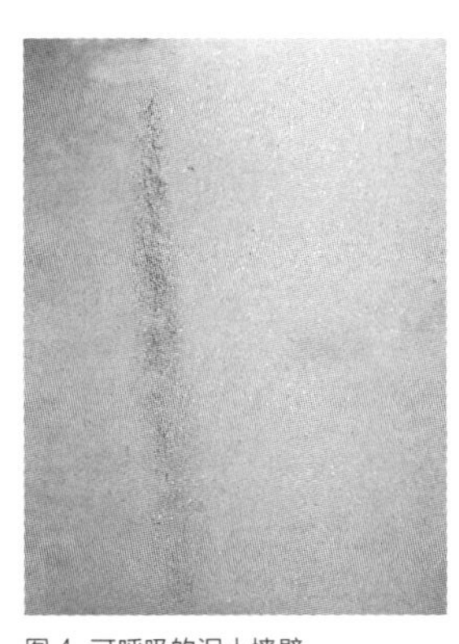

图 4 可呼吸的泥土墙壁
（资料来源：作者拍摄）

降低温室气体排放的效果。这可以通过有效的黄土建筑技术体系来保证。在可行和合理的前提下，尽量使用那些无毒、无污染、可回收、可再生的建材和产品。

人的一生有 2/3 的时间在室内渡过，室内环境的好坏直接决定了人的身体状况和生活质量，适宜的室内环境意味着长寿的可能性。室内环境包括空气、光照、声音以及电磁场等。我们利用黄土这种建筑材料和利用空气动力及大地物理的自然空调系统，使窑内维持舒适宜的温度、湿度、光照、空气流速和负离子平衡，为居住者提供一片无污染的舒适空间。

黄土材料做成的维护结构有着隔热、隔音、防火、防辐射等优良的性能，久居窑洞，接受黄土的庇护，可以减少多种皮肤病，呼吸道、风湿性心脏病等。经多年观测，以黄土为维护结构的窑洞平均室内温度在 15 ~ 23℃的范围内，相对湿度在 35% ~ 65%，属于最适宜人类居住的环境（图 5）。

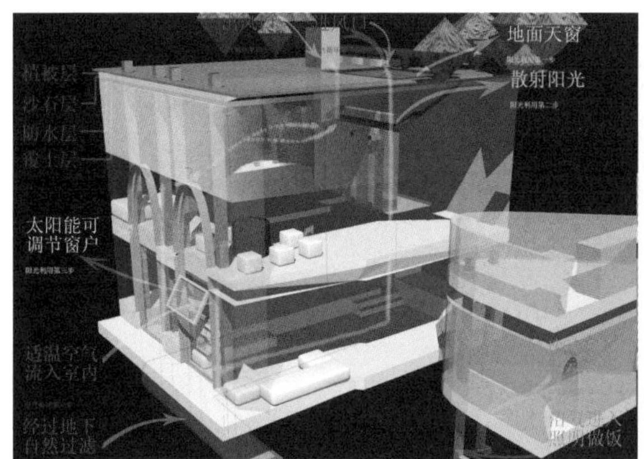


图 5 物理性自然空气调节系统 （资料来源：作者绘制）

图 6 可“呼吸”的窑洞使人长寿

**巧妙利用自然能源**

著名生土建筑专家西安建筑科技大学夏云教授对窑洞室内环境进行的长年实验测试表明，处在窑洞内的人的脉搏较在地表以上单层房屋内的人慢 2% ~ 14%，呼吸次数较之少 1 ~ 10 次，可以证明窑洞不仅可节省常规能源，保持室内较好的微气候，还可以节省人体新陈代谢能量，维持人体较舒适的生理状态，这实为一项长寿的因素。

## 五、设计做到“零土地、零排放、零能耗、零支出”

我们巧妙地利用了自然能源。设计尽量做到“零土地、零排放、零能耗、零支出”，创造生态循环链条。我们生活所产生的废物，废渣，把它收集到化粪池和秸秆气站中，产生充足的甲烷气体和沼泥，甲烷气体是绿色能源，可以直接点灯、做饭，燃烧后形成二氧化碳和水蒸气，环境中的植物吸收二氧化碳，并释放氧气供人类及动物呼吸；废渣是最好的有机氮磷钾肥，利用它可以直接浇地施肥、收获的粮食供人食用，麦草又可作为动物饲料和建筑材料，因此，我们的循环链具备了自然物质基础。通过合理巧妙的设计，充分利用太阳能、风能、生物质能等可再生能源来满足所有或可再生能源的依赖，防止过度使用人为建材对自然环境的破坏。通过提高建筑的保温能力和空气密闭性，充分利用黄土窑壁蓄能、水分蒸发吸热及“烟囱”效应、建筑绿化等自然空调手段来改良窑内热环境，充分利用自然通风系统和采光补偿系统来减少不必要的人工照明装置。通过有效的生态设计来高效利用资源，减少各种环节的碳排放，采用分质供水和多级过滤再生水系统，设计中水循环，使用低溢漏节水马桶，多渠道收集、储存和利用雨水，使宝贵资源得到最充分的利用（图6）。

## 六、采用无痕设计后取得的成果

通过无痕设计，我们取得了很好的节能效果。建筑物的能耗占人类所有能源消耗的40%。所以要求减少人类活动的碳排放，就需要在建筑物上做文章。经过我们长达5年的跟踪监测，在黄土地项目基地，一个采暖季其采暖所节省的能源比燃煤采暖可减排二氧化碳700吨，二氧化硫和氮氧化物15吨，一氧化碳0.5吨，粉尘4吨。夏季由于维护结构的作用，不需要使用带氟的“阳离子”空调，至少可减少碳排量达900吨。综合每年可减少碳排量达5000吨以上。一棵树一年可以吸收二氧化碳18.3千克，如果以此计算，在永寿黄土地生态基地，每年等于种植了273224棵树！

综上所述，通过运用“无痕设计”理论体系，可以从环境设计领域中释放出大量的社会资源。从广义上讲，“无痕设计”理论体系打开了设计本体的局限，继而用生存的远代共生概念完成了设计所要解决的审美观、价值观、世界观问题，最终将改变“设计产生浪费”的潜在现实状态，从而形成一个完整、系统，具有生态本质的理论体系。而且深刻地诠释了现代农村生活的本质意义，探索了人们以什么样的健康方式生活，才能有效地为下一代留下更多的生存资源、能源和财富，这也是“无痕设计”理念的最高追求。

2010年，《黄土地窑洞》以其“零土地、零能耗、零排放、零支出”的设计理念和低碳环保的示范价值，成为中国唯一被邀请上海世博会中国国家主题馆展出的未来人居环境示范作品，受到了参会各国领导和学者的高度赞扬和媒体一致好评，为祖国赢得了荣誉。

2010年，荣获亚太地区低碳聚居建筑作品设计大赛一等奖。

2010年黄土庄园被陕西省政府列为省“休闲农业示范园”。

2012年被省政府评为“陕西省现代农业示范园区”。

2013年被国家列为“中国著名传统村落”。

## 参考文献：

[1]（美）费雷德里克·斯坦纳.生命的景观——景观规划的生态学途径。周年兴，李小凌，俞孔坚译[M].北京：中国建筑工业出版社，2004，4.

[2]夏云，夏葵.节能节地建筑基础.西安：陕西科学技术出版社，1994，1.

[3]张绮曼.环境艺术设计与理论。北京：中国建筑工业出版社，1996，1.

[4]（英）伍利，（英）肯明斯.绿色建筑手册2.徐琳译.北京：机械工业出版社，2005，1.

[5]HowardAssociate.GreenBuilding:APrimerforConsumers.BuildersandRealtors》BuildersandRealtors，1997.

# “无痕设计”之自然生命共生观探讨

翁萌 孙鸣春 / 文

摘 要：通过对无痕设计理论的分析和阐释，探讨自然生命对设计影响的本质，就设计与自然生命研究的现状提出无痕设计理论有益于自然生命发展的设计途径和操作方式，搭建设计与自然生命和谐共生的桥梁。

关键词：无痕设计 生命共生 设计系统 评价体系

## 一、自然生命的发展本质

自然（Nature），来自拉丁文 Natura，意指“天地万物之道”，原意为植物、动物及其他世界面貌自身发展出来的内在特色，最早的文献中意义为植物。最广义来说可以是自然界、物理学宇宙、物质世界或物质宇宙。现在有天然、自然界现象、人的自然本性和自然情感等含义。

虽然没有公认的生命定义，科学家普遍接受生命的生物特征是有机体、新陈代谢、细胞生长、适应性、对刺激有反应及繁殖。生命可以被简单视为生物的特征状态。

## 二、无痕设计的本质

“无痕设计”的提出是建立在设计界提出可持续发展战略的大背景之下逐步形成的。随着 20 世纪后期人类文明面临挑战，可持续发展的问题关系到人类文明的延续，世界各国的战略决策也将其纳入到最高的决策之中。[1]

艺术设计学科是工业文明转向生态文明的切换导向学科，是横跨很多专业的综合性学科，在此框架下提出“无痕设计”概念更具现实意义。2015 年“无痕设计”理论研究小组在西安美术学院孙明春教授的组建下正式成立并获得中国国家艺术基金的支持，获批成为“2015 年国家艺术基金课题”。无痕设计的概念从提出到理论的完善经历了十余年的历程。

“无痕设计”所强调的与自然生命共生的观点正是区别于其他绿色生态、低碳环保设计理论的差别之处。保持自然生命的共生维护生物多样性，为人类的远代共生建立完整、健康的延续体系。

我们所强调的“无痕”设计概念，是真正站在可持续发展的历史长河中，以不破坏我们未来子孙们的希望为主体的设计介入方式，此方式在未来的发展中，一定成为人们生存手段的首选，“无痕”设计理念及手段，在根本上树立起持续发展的意识、从源头上解放了被人类几乎无限度滥用的地球资源，这将是一场伟大生存方式的尝试，可以说“无痕”设计理念及它所带来的生存环境，将是我们人类潜在的精神需求。——摘自周维娜，孙鸣春、《“无痕”设计之探索》[2]

## 三、自然生命发展与设计的联系

黑格尔在《自然哲学》一书中提出“生命”有自然生命部分。他提出“生命是一种不断造成的化学过程”，当地球上的物质条件成熟时生命才有条件产生，可以说生命是伴随着自然界的产生而逐步发展发展演变的。生命是最神秘、最重要的客观存在。

要达到自然生命共生的发展本质是维护生物多样性的持续，从而达到生命的共生、共荣。

1992 年的《生物多样性公约》将其定义为：“来自陆地、海洋和其他水生生态系统和生态复合体的活生物体的所有变异；这包括物种内、物种之间和生态系统的多样性”。人们会提出疑问保持生物多样性与我们讨论的设计理念由什么必然的联系呢。

（一）客观存在的生物群体构成了完整的生态金字塔，由生产者、消费者和分解者构成，其中消费者又分为：一次消费者、二次消费者、三次消费者等，在金字塔顶端的高次消费者、比如人类、猛禽、猛兽在底层的物种变得越少时受到的生存威胁是最大的。设计以人为本，当本体受到了影响，影响它的因素就应及时地做出反馈和调整，因此在设计中保持生物多样性的原则也成为急需遵循的规律。

（二）设计的过程中从本质讲就是自然人工化的过程，比如建筑设计带来的人类居住的环境改善，但是这些都建立在对自然环境的一定损害的基础之上。

（三）生物多样性为人类建立了发展、延续的基盘、成为人类生活的必需、衣食住行都离不开各种生物的给予。食物、药品、能源等既为我们提供了物质的基础也为设计师的设计创作提供来源。

## 四、自然生命在全球设计框架下的现状

由于人类文明的发展，自然生命的多样性的发展在全球的设计引导下完全处于劣势地位。到了 21 世纪的今天提出的物种灾难已不是新鲜语汇，物种灭绝、生物的多样性被破坏，可持续发展道路在对自然生命的尊重上就已出现了严重的问题。

1992 年，在巴西里约热内卢召开联合国环境于发展大会并签署了《生物多样性公约》中国是缔约国，该公约的签署也敦促着，建立生物多样性指标体系，开展生物多样性评估。

联合国 2005 年 3 月在北京、伦敦、华盛顿、东京、开罗等 8 城发布了《千年生态系统评估》项目报告。研究显示人类所处的生态系统有 60% 呈不断退化的趋势，地球上有三分之二的自然资源已经消耗殆尽。因为人口增长对自然资源的过度攫取、有 10% ~ 30% 的珍稀野生动物已濒临灭绝。生态系统在为人类服务的同时，正在加速衰落。

2015 年中华人民共和国国家质量监督检验检疫总局和中国国家标准化管理委员会发布《生态设计产品评价通则》依据生命周期评价方法，考虑工业产品的整个生命周期。

### （一）自然生命与设计结合评价体系不够成熟

两项评价体系的建立为我们提供了在设计之中针对维护生物多样性与自然生命共生的设计依据，但是针对环境设计、产品设计的评价标准实际并未系统地建立起来。

我们只能针对相关的数据进行推测，如生态资源丰富的云南省丽江古城，由于旅游开发迅猛导致生态自身的发展不能满足大量游客的介入，从 2000 年至 2010 年间，丽江古城的水系极速衰败、从普通的农业灌溉用水急降至无用脏水。2002 年间古城进行了集中整治导致的问题，古城检测口处水质曾达到 Ⅲ 类标准随后便逐年下降，回忆中的古城水街，清澈见

古城南口检测点检测结果　表1

| 年份 | 水源等级 | 主要污染物 |
| --- | --- | --- |
| 2000 | V类 | 粪大肠菌群 |
| 2002 | III类 | |
| 2004 | V类 | 粪大肠菌、总磷 |
| 2006 | 超V类 | 粪大肠菌、总磷 |
| 2010 | IV类 | 粪大肠菌 |

底的泉水已不复存在。（表1）

虽然丽江的人饮水能够得到保证，但景观用水逐年紧张，历史上几十年甚至上百年才断流一次的黑龙潭泉群，进入新世纪以来频频断流，特别是最近几年差不多年年断流，以往断流时间仅仅几天，但近几年来断流的时间以月计……

2010年5月水环境监测公报显示：泸沽湖和丽江黑龙潭：水质类别为Ⅰ类，评价“优”。[1]

泸沽湖和丽江黑龙潭：水质类别为Ⅰ类，评价“优”。

程海：水质类别为Ⅲ类，主要污染物为“总氮、总磷”，评价“轻度污染”。

玉龙桥和北郊两个点：水质类别为Ⅲ类，主要污染物“粪大肠菌”，评价“轻度污染”。

古城下游：水质类别为劣Ⅴ类，主要污染物“粪大肠菌”，评价“严重污染”。

新城区南郊：水质类别为Ⅴ类，主要污染物“粪大肠菌、氨氮、总磷”，评价“严重污染”。

南口桥：水质类别为Ⅳ类，主要污染物“粪大肠菌”，评价“中度污染”。

木家桥：水质类别为Ⅴ类，主要污染物“氨氮、总磷”，评价“中度污染”。

程海：水质类别为Ⅲ类，主要污染物“总氮、总磷”，评价“轻度污染”。

从统计数字可以看出，丽江城市水环境均有不同程度污染，也就意味着贴近水资源的生命生态环境受到了极大的影响。[2]

**影响自然生命发展的因素主要有以下几个方面：**

生境丧失、片段化和退化，或生态群落改作其他用途，野生资源的过度利用，生物引种，土壤、水和大气的污染和毒化以及气候变化。如设计中的建筑设计、环境设计与生境丧失、片段化和退化有着天然的矛盾，要建设就意味着夺取其他生命的空间。2003年在全球绿色建筑评估体系的发展之下，我国也由清华大学、中国建筑学科研究院等九家科学研究院联合推出了《绿色奥运建筑评估体系》为我国的建筑设计的可持续发展提出测评标准，在评估体系中只提到了针对生物多样性的评判标准是不完善的，既然不可避免地对自然进行开发利用，如何能较少、减轻设计对自然生命的影响是我们研究的关键点。

### （二）设计系统与自然生命发展的脱节

北京奥运会期间建设了很多与自然结合的建筑实例，其中奥林匹克公园内建设的雨燕塔，就是中国首创的吸引乡土物种的建筑设计。设计者的初衷是非常善意的，雨燕是老北京常见的物种，北京的旧城改造和地铁修建导致古建筑大量拆除，檐口筑巢的雨燕逐渐失去了栖息地。另一方面为了更好地保护古建筑文物单位专家建议在古建筑的屋檐下拦起防雀网，防止麻雀等鸟类的粪便污染古建筑。但雨燕数量锐减，在城市中已很难看到它们的身影。没有居住空间的北京雨燕给人们留下了记忆中漫天飞舞的景象。

希望通过雨燕塔（图 1）的设计可以吸引到该物种，通过人为干预为雨燕创造落户的环境，同时推进奥林匹克公园的生物多样性保护工作。

但是七年过去了，雨燕塔的现状衰败，并没有达到当初预期的效果：反思设计，可见从设计的立意上人们已经开始重视物种的多样性。可是由于以下的原因：

第一，对物种习性的了解不够充分，雨燕喜欢檐口空间，其是古建筑檐口空间较大、并喜欢自己筑巢，因此雨燕塔很难吸引到雨燕的栖息。第二，建筑设计的密度太大，给雨燕设计的“居住”空间巢箱，高 20 米的塔身上密密麻麻地组合排列起来，并不适合雨燕停留。第三，没有形成完整的生态链基层，雨燕塔虽然在奥林匹克公园内但是单一的提供栖息的空间，外环境不能及时对单一建筑物做出回应，无法形成有效的、完整的生态链。

图 1 雨燕塔（资料来源：网络）

图 2 英国馆（来源：自摄）

虽然设计的初衷非常好，但应该更加细致考虑到实际操作和全周期对物种和谐共生的作用，才能达到预期的效果。

### 五、“无痕设计”理论对自然生命共生关系影响的具体操作方式

从设计理念的角度出发“无痕设计”的理念体现出对自然生命的尊重。如在景观设计中将自然生命的因素纳入其中，在一个庭院设计中秋日的落叶可能成为整个设计在这一季节内的主角，落叶本身是树木自然生命的演变过程，顺应这一过程将其引入园林设计之中反而成了设计的一部分。

针对“无痕设计”理论对自然生命共生促进的预期结果，我们课题组从仿生学的角度将其分为三个步骤，由浅至深分别为：对设计的“表层”影响、对设计的“深层”影响和对设计的“核心”。

#### （一）对设计的“表层”影响：建立无痕设计的立意，建立远代共生的思想

例如：中国 2010 年上海世博会英国国家馆的设计让人眼前一亮，以独特的视觉效果展示英国在物种保护方面居于全球领导地位，以及英国在开发面向未来的可持续发展城市方面发挥的重要作用（图 2）。

“种子圣殿”是英国馆创意理念的核心部分，日光将透过亚克力杆照亮“种子圣殿”的内部，并将数万颗种子呈现在参观者面前。植物的活力将在“活力城市”迸发出来，这里将展示种类丰富的植物，通过 8 个真实的植物生命故事和 8 个在未来可能实现的植物故事，展现植物与自然如何铸就城市生活的未来，介绍在英国的世界级顶尖科学家们的最新科研工作。

其设计中虽然没有实质的推进自然生命和谐共生的技术措施，但是其对于物种保护的理念与建筑形态完美地结合在一起，用科技、梦幻的触角延伸出设计与自然生命的共生关系。

另一个有意义的设计是“种子雪糕棒”，设计者将种子内置于雪糕棒之中。设计的背景源自于对城市垃圾的思考，随着城市化进程的加速，城市生活垃圾暴增，对生态环境的影响巨大土壤、水体、大气都有可能受的污染，从而破坏赖以生存的环境，对于垃

圾丢弃问题设计者从“再利用”的角度出发，设计了“种子雪糕棒”，吃完雪糕后的木棒插在土壤里之后包裹种子的部分会在土壤中先分解，种子发芽后，雪糕棒的主干也会慢慢降解。另外，为了防止种子提前发芽，雪糕的冷藏环境也可以延长种子的寿命，在低温环境里种子是不易发芽的，由一颗雪糕棒内的种子生长出的植物，给人更多的也许是启示与自然共生也许是人类生活中的点滴。

（二）对设计的“深层”影响：在做设计时加以使用

先秦时代古人对于土地资源采用“用养结合”的手法，这一朴素观念为我们提供的“无痕设计”自然生命观探讨的本体，设计中也是要“用养结合”方式才能得到理想的状态。“无痕设计”的共生观强调的远代共生正是将先秦的朴素观念与当下的设计发展相联系，而挖掘出来的。

图 3 水映艺术装置 a（资料来源：网络）

图 4 水映艺术装置 b（资料来源：网络）

凯迪拉克 CT6 水映艺术装置，凯迪拉克在上海新天地南里广场推出了年年有“鱼”水映艺术装置，让车浸入水中与近百条锦鲤处在同一容器之中，广告创意大胆前卫，视觉效果震撼（图 3、图 4）。

设计初衷传达出产品与自然和谐共生，为了达到这样的设计初衷车所使用的内外油漆和水性静音涂胶技术，使得车身有良好的防腐蚀和环保性能，确保水中的百条锦鲤得以安全地畅游。这就是将自然生命共生观与设计作品相结合的，在设计中加以使用的实例。

“无痕的建筑”是一个概念型的空间艺术作品，意图通过环境、建筑、人之间的本质关系在视觉过程中的相互换位，自然地产生错综复杂的、微妙的情境环境意识。对当代人类与未来生存过程中的关系进行心理的、意识的、精神的相关研究（图 5~ 图 7）。

（三）对设计的“核心”影响：让设计作品影响人的行为甚至是其他生命体的行为：从而达到生命的共生、共荣

图 5 无痕的建筑鸟瞰图

图 6 无痕的建筑入口

图 7 无痕的建筑实景图

对于设计的“核心”影响需要时间的沉淀和印证，影响生命体的行为也需要转折、起伏、调整，不可能一蹴而就，有时间的沉淀才能达到理想的效果。

日本因为资源匮乏在建筑建设中较早地关注自然环境、重视生命共荣与远代共生，在实践中也达到了较好的效果。例如：日本福冈 acros 大楼，于 1999 年建成，最引人注目的就是台阶状的屋顶花园的设计，建筑本身要求具有国际性、文化性兼具商业、办公的功能。建筑基地的南侧有城市公园，为和公园的地貌保持一致，设计者再建筑中融入大量的绿化形成阶梯状的屋顶花园。覆满整个建筑的屋顶是典型的绿色建筑的做法，设计之初，屋顶花园的概念为“花鸟风月的山”，设计者将互动者动物和植物纳入设计的范畴，借由春夏秋冬四季景致的变幻为自然生命共同体建立一个可以发展的生物共生基态。通过 20 年时间的发展和成长和野鸟等搬运来的种类，现在植物的种类已经达到了 120 种，总量也增加到了 5 万株，引来多种鸟类居住。项目建成初期绿化的效果并不理想，通过时间的积淀成为设计种影响人的行为和吸引其他生命体共同参与的成功范例，真正成了人与自然和谐共生的“山”。

用设计的作品来影响人的行为吸引其他生命体的参与实际操作难度相当大，并要考虑设计的环境、作品的成型时间、人与其他生命体的行为关系，因此想要达到影响设计“核心”的无痕设计原则必须由浅入深逐步实现。

## 六、结语

英国人伊恩·伦诺克斯·麦克哈格在19世纪70年代就发表了著作《设计结合自然》，将环境设计的方法与生态学紧密地结合在一起。学术界对可持续的设计方式的认可就是对“无痕设计”设计理论的认同。“无痕设计”设计理论的发展也是对绿色、低碳、可持续设计理论的延续和深化。

展望未来建立城市生态圈、营造新型的农业旅游是环境设计结合自然生命共生的突破点，是对建立远代共生的机遇，更容易营造生物栖息地，引入“无痕设计”的自然生命共生观。

## 参考文献：

[1] 清华大学美术学院环境艺术设计系艺术设计可持续发展研究课题组编．设计艺术的环境生态学 21世纪中国艺术设计可持续发展战略报告．北京：中国建筑工业出版社，2007.

[2] 周维娜，孙鸣春．“无痕”设计之探索 [J]. 美术观察，2014(2).

[3] 丽江古城的旅游发展与水污染研究

[4] 韩斌．欠发达旅游城市的新型工业化研究：以丽江为例 [J]. 生态经济，2014(5).

[5] 丁晖，秦卫华．生物多样性评估指标及其案例研究．北京：中国环境科学出版社，2009.

[6] 生态设计．产品评价通则 (GB/T 32161-2015).

[7] 黎德化．生态设计学．北京：北京大学出版社，2012.

[8] 齐江蕾．物种灾难与发展风险 [J]. 世纪桥，2010(3).

[9] 林宪德．绿色建筑生态·节能·减废·健康（第2版）．北京：中国建筑工业出版社，2011.

[10] 夏建统．城市公共空间规划设计．北京：中国城市出版社，2012.

（美）伊恩·伦诺克斯·麦克哈格（Ian Lennox McHarg）. 芮经纬译．设计结合自然．天津：天津大学出版社，2006.

# 无痕设计体系下的“新中式”设计刍议

周靓 / 文

摘 要：当代的环境设计教育日益呈现出多元化的态势，在这种多元态势之下，对未来的艺术设计人员的原创性能力培养要求就需要不断得到提高。但目前环境设计专业出现了不断僵化的现象，而在无痕理论这一概念的支撑下则为本专业及相关专业发展提出了新的观念和出发点。本文拟针对环境设计专业教育体系研究分析的基础上加以整合，提出符合艺术教学规律、适合艺术专业培养特点的无痕设计体系下的当代中式设计现象。“新中式风格”设计现象 ( the neo- Chinesestyle) 近年来随着中国国力的全方位增强、民族意识的复苏，国学和中国风的兴起在设计行业不断显现，从另一个角度，也可以理解为是中国传统文化在当代设计语境下的一种“无痕”复兴。

关键词：无痕设计 新中式 设计体系 复兴

## 一、无痕设计之基础认知

无痕设计理念是针对环境设计学科自然资源索取问题而进行的相关研究。关于无痕设计的教育体系首先要涉及的是基础认知，其中可以理解为三个方向体系：专业认知、需求认知和审美认知。这三个大的方向体系严谨而科学地构建起了环境艺术无痕设计的基础认知构架。而当代的新中式风格就可以体现出无痕设计这三个大的方向。空间环境是设计的主体，对于空间概念的理解与阐释不应仅局限在物理空间范畴，甚至应跳出三维的概念框架，多角度、多维度地去体会和理解。空间亦是有感情、有意识的，用心感知和认知空间是环境设计及其重要的关键点和切入点，空间的特征及其表象作用极大地折射出了人们精神文明的高度和文化发展的深度。空间环境在设计中发挥着重要的作用，并影响到人们的心理、生理以及精神生活。空间的组织和划分更加关系到了人们的心理需求和使用需求。对环境的正确认知和判断就关系到了设计人员最基础的专业认知能力的判断能力和培养。

## 二、“新中式”设计现象的缘起

“新中式风格”设计现象 ( the neo-Chinesestyle) 是近年来随着中国国力的全方位增强、民族意识的复苏，国学和中国风的兴起在设计行业不断显现，也可以理解为是中国传统文化在当代设计语境下的一种“无痕”复兴的集中体现。中国五千年的传统文化，蕴涵着深厚的民族底蕴，正是这些体系所承载的深刻而广博的文化元素，潜移默化地影响着中国的文学、音乐、绘画、建筑、造园等诸多领域。

随着全球化东方文化潮流的兴起，“中国元素”这一符号在世界范围内具有很高的艺术价值，其涵盖领域十分广泛，逐渐涉及当代艺术领域中的建筑设计、室内设计、家具设计、环境景观设计和服装设计等。所谓不破不立，由于当代人们生活方式的不断演变，传统中式风格的固有观念有所打破，产生既接纳传统，又融合现代材质和生活习惯的设计现象已成为客观现实。

作为当代科学技术和传统文明的结合体，新中式更多是展示中华传统和当今设计文化上的延续和现代生活方式上的缩影。传承和光大传统精髓，是中国现代设计语言“无痕”嬗变和丰富过程中的一个支柱，更是我国设计文化未来的发展之路。

## 三、传统中式建筑与“新中式风格”之无痕体现

中国传统文化讲究天人合一，传统中式设计追寻舒适和美观的并存。然而面对今天的社会现实，传统设计文化已难以满足这一时代变化所提出的新需求，原因有二：一是因为生产方式的进步促使当代人们生活的节奏和以往有很大的不同，二是因为传统的中式风格较为沉重，缺乏现代生活中必不可少的轻松与诙谐。在这样的前提和背景下，人们开始了探索，将现代材质、色彩和中式的元素、图案相搭配，将现代与传统理念相结合，伴随着现代人追求的随性舒适，“旧中式”风格相对于“新中式”而言已迎合不了现代人对适用和舒适度的追求，存在很多“好看不好用，舒心不舒身”的弊端，“新中式”风格在这样的背景和前提下由此应运而生。相比之下，新中式风格更复合当下人们“无痕”的生活方式，而更应该倡导绿色、生态、环保的设计理念。

在当代中国，随着人们价值观和生活方式逐渐变化，重新审视中国传统设计重要性的趋势，成为“新中式”设计现象产生的根源。当今新材料和新工艺的层出不穷，对于中式传统建筑的材料（木质）和传统施工工艺（榫卯）的观念和标准产生了很大的冲击。由于木材自身的时效性，众多优秀的建筑未能长时间保存下来，我们只能从文献书籍或珍贵的部分影像资料中获取我国历史时期的建筑文化遗产。从中国传统的施工工艺的角度来看，木材取材和造价是古代建筑建造的基础平台，大多的建筑和家具通过木构件之间的榫卯相互关联而成，符合当时建筑的客观要求。而从现代施工效率角度出发，传统的施工工艺难以完全满足当今社会快节奏的发展变化，更不能同日新月异的快速与坚固的模数化型材相抗衡。原材料和施工工艺问题的凸显成为“新中式风格”设计现象大量涌现的催化剂。对于这一点，无痕设计理论体系指导下的“新中式风格”不应是纯粹的中式装饰元素的堆砌，而是通过对传统文化的认识，将现代科技和优秀传统相结合，以现代人的审美需求来打造富有传统韵味的事物，从纷乱的“模仿”和“拷贝”中整理出头绪，让中国传统艺术文化在当今社会得到“无痕”的传承和体现。因此，新中式既是在探寻中国设计界本土意识之初逐渐出现的新型设计风格类型，同时也是消费市场孕育出的适合当下的时代产物。

探讨“新中式”设计众多现象的表象规律，不能脱离其文化原因、机制原因、政治制度原因等众多深层次因素的作用和影响，当再次迎来本土设计风格回溯的时候，我们如何古为今用，推陈出新，将传统的中国元素“无痕”地融入建筑及设计中是值得我们探索和思考的重要问题。

## 四、伴随无痕设计体系下的“新中式”现象产生的设计误区

无痕设计引导着模仿设计、造型设计、专业设计、管理设计、策略设计，并逐步递进。现代设计传承的关键在于挖掘深层内涵的东西，而非形式，这正是“无痕”设计所倡导的。首先，文脉不仅体现在继承，更重要的是体现发展和变化。新的地方建筑应体现传统建筑文脉的精

髓，而建筑文脉的精髓则应在继承的基础上发展变化。所以，仅仅继承传统建筑装饰的形式，其不能称之为建筑文脉。其二，建筑文脉也要注重时代感，就如今天“新中式”设计风格的形成和逐渐成熟一样，主要原因是时代特性的体现。以现代生活时尚元素结合中国优秀传统元素的设计作品已成为消费者追捧的客观存在。

新中式设计风格显现了现代生活的内涵。现在人们的生活方式已经发生了转变，完全的抄袭和复制传统已经适应不了现代生活发展，这其中不仅包括现代家庭结构，现代人的生活方式，同时也包括现代多种新科技新功能的日新月异变化。新的建筑装饰必须要考虑到这种变化发展，古板的“复制”传统是没有生命力的。传承建筑文脉，不光要保护旧的建筑文化、保护建筑装饰中传统的东西，更重要的是要发展新的地方建筑装饰，这样才能称之可持续发展。传承传统地方建筑和设计文化的精髓，不只是“保存”这个简单概念，重要的是研究它的传承发展和延续，只有那些得到传承和延续的建筑装饰才是生生不息的活文化。当文脉从此断掉，没有了传承和发展，再优秀的民居建筑也只能沦为“文物和遗产”，那将是本民族最悲哀的时候。只有对传统文化有深入的认知，才能将现代元素和传统元素结合在一起，以现代人的审美需求来打造富有传统韵味的空间，让传统的“香火”得以“无痕”的延续。

“新中式”风格现象正是由于它的“新”，难以避免伴随而来许多貌似的“伪现象”，对此特别需要加以规避。“假中式”、“伪中式”现象产生于多种原因，必须在研究过程中深入剖析并引导性地进行剔除。由于“新中式风格”设计现象是当代设计中的新型设计风格，对于这一问题仍然需要辩证地去看待，有些加以粉墨修饰出现的“伪中式”理应持批判的态度去对待。中国风并非完全意义上的复古，其内涵是用现代的工艺材料和现代人的生活特征，表达对清雅含蓄的东方式精神境界的追求。一味地抄袭和照搬古代构建和装饰，并不能划归为“新中式”设计的范畴。当今时代应该深入分析此类设计现象产生根源，客观梳理出哪些是“新中式”，哪些是“伪中式”和“仿中式”。然而某些特定问题不应等同于这一范畴，例如根据有些特定前提和需要的复古造型“仿中式”建筑，则和当代的“新中式”、“伪中式”加以区别定论。

## 五、无痕设计语境下的“新中式设计风格”未来发展趋势

无痕设计不仅和当下人们生活方式、社会制度、全球问题等多个问题紧密联系，同时也引导着人们的生活方式符合未来设计的发展趋势。当前，国内外建筑设计大师及设计事务所都在不断尝试着以“新中式”设计的手法作为自己的创作和设计的源泉，将传统中国文化中的优秀基因和现代的工艺相结合，设计出让世界为之注目的优秀当代中国建筑。贝聿铭与苏州博物馆、美秀博物馆；刘文金与上海世博会中国馆；美国 SOM 与上海国际金茂大厦；李祖原与台北 101 大厦；隈研吾与长城脚下的公社等类似的大量案例现象不断凸显，都是此类实践类作品的集中体现。

现今正面临现代与传统、外来与本土文化的冲撞与融合。具有鲜明文化属性的建筑无一例外地卷入了这一浪潮，物质与精神传统与创新、区域与世界等两级的东西必然会神奇般地统一起来，要想产生出有多元性和多层次美感的建筑，最重要的特性就是和谐。对于“新中式”设计风格的未来而言，因其不光依托五千年深厚的文化底蕴和文明的积累，重要之处是其始终与时尚性和现代性相伴，更决定了新中式的时代适应性和变通性而拥有广阔的受众和平台。可以断定它今后的发展趋势不会是昙花一现的风格类型，它的魅力吸引的不仅仅是中国人，

在世界设计史上也会留下浓重的一笔。至于那些以时尚为目的的快餐式设计文化，其时限性极强，是当代文化的一个方面，在一定的条件下有其存在的合理性，但绝不会成为永久性主流。

作为中国最具有特色的设计代表，无痕设计理论体指导下的“新中式设计风格”的研究将是未来中国本土设计中最具代表性的趋势。在泛世界语境下的新中式风格的未来理论研究，将进一步丰富和拓宽相关设计领域。新中式主义设计风格属于近些年新出现的一种风格，是属于实践多、实例多而理论总结少、深度浅的典型风格类型。就当前的“新中式”的研究而言，更多的是现象的阐述，而非本质的挖掘："新中式"表象风格隶属新兴主流设计风格类型，虽然目前实践案例、表象类资料丰富，但是在理论资料的参考和收集方面比较匮乏，争议性大，因此，需要更多的人对当代“新中式设计风格”现象进行关注，并进行整体脉络上的梳理和研究。毕竟新中式设计是从中华文化之根上生长出来的，是未来研究需要面临的重点和难点，而也最有可能在这方面获得突破。

在全球化背景下，深入认识、研究中国传统设计文化在泛世界语境下的当代传承，重新审视、评估中国传统设计装饰文化在全球文化中的地位具有现实意义；而按照全球化、国际化、地域化要求来整合中国的设计文化，吸收世界设计文化之长，传承和发展中国传统设计无疑也具有重要的理论意义，也是其未来的发展趋势。当代中国及东方文化不但在汲取着全球化所带来的优势，未来的中国风及东方文化也在对西方乃至全球有了一定的引领作用。

## 六、结论

从世界设计历程来看，某种设计风格的诞生是以背后的深厚的文化渊源为基础的，绝不仅仅是表面上装饰图案或色彩系列的流行更替，本文论述的目的就是从无痕设计理论体系下的“新中式设计风格”的现象为出发点来深入发掘其产生的真正原因，并希望对这种风格的未来发展能有一定的指导和规避作用。无痕设计体系下的新中式不是纯粹旧元素的堆砌，而是通过对传统文化的认知，以现代人的审美需求来打造富有传统韵味的事物，是基于人类长期发展的绿色、生态、环保的设计理论及实践方向，其发展利于发扬中国传统文化，并成为世界设计文化体系中的重要成员，也将是未来中国本土设计师为之奋斗的目标。

参考文献：

[1] 陶伦．艺术设计基础教学体系研究 [D]. 中国美术学院，2009.

[2] 夏燕靖．对我国高校艺术设计本科专业课程结构的探讨 [D]. 南京艺术学院，2007.

[3] 吴聆．艺术设计基础课程体系整合研究 [D]. 浙江师范大学，2004.

[4] 杜冰，张建设．艺术设计专业基础课程教学改革研究与实践 [J]. 河北农业大学学报（农林教育版），2014（16）.

[5] 李淑娟．改革艺术设计专业基础教学，培养学生创新能力 [J]. 和田师范专科学校学报（汉文综合版），2008（06）.

[6] 杨薏．美国高校艺术设计教学模式探析 [J]. 设计艺术，2013（03）.

[7] 李亭翠．艺术设计教学中创意思维的开发与培养 [J]. 郑州航空工业管理学院学报（社会科学版），2015（02）.

# 无痕设计教学成果
# 部分作品

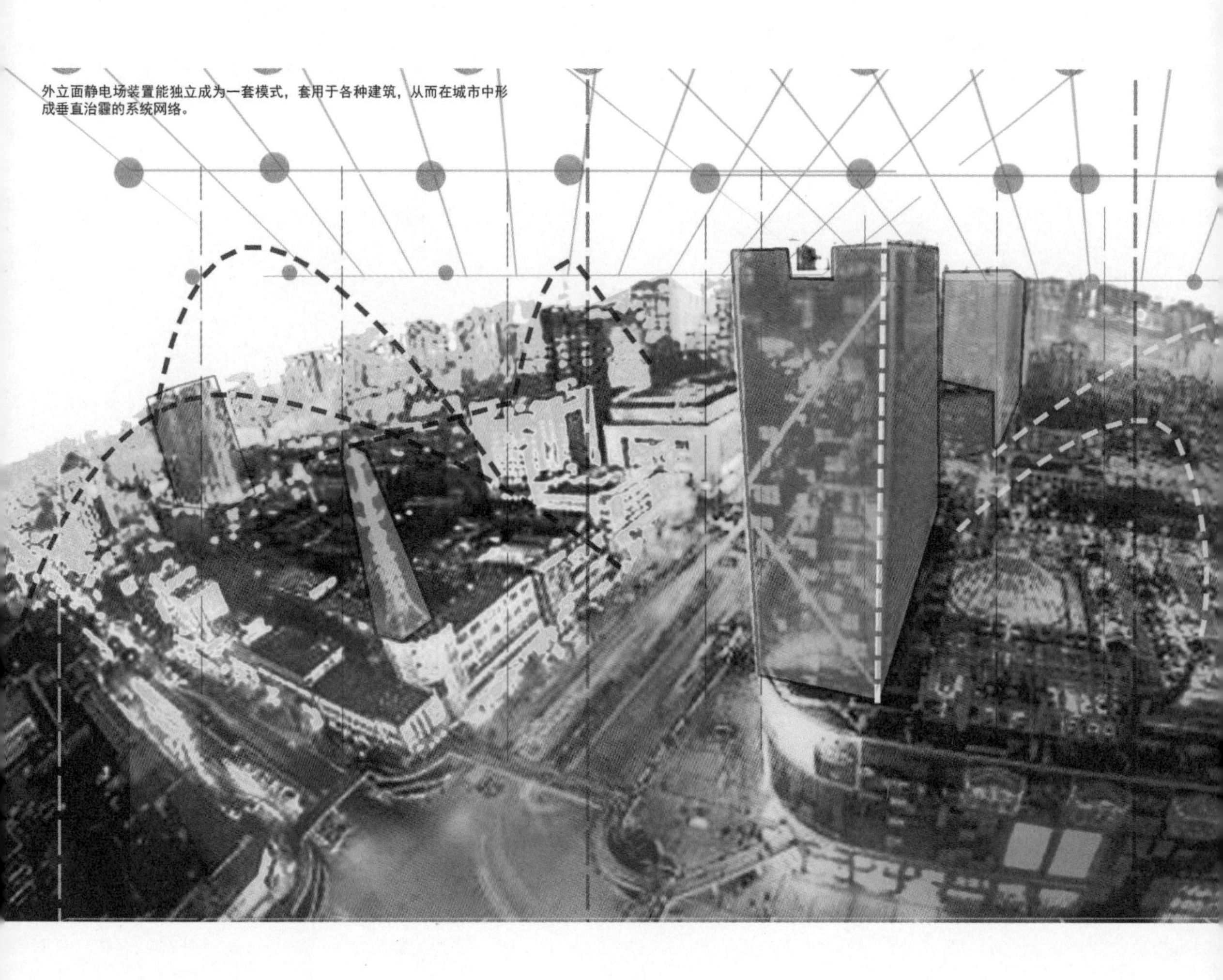

外立面静电场装置能独立成为一套模式，套用于各种建筑，从而在城市中形成垂直治霾的系统网络。


作品名称：致命粒子
作　　者：翁艺心　刘姝瑶　黄希欣　孙多琴
所在院校：西安美术学院
指导老师：孙鸣春　李媛

设计说明：

针对汽车尾气及路边扬尘带来的雾霾问题。结合绿化带，利用静电吸附原理将汽车尾气中的物质吸附过滤，将雾和霾分离过滤并加以利用，过滤出来的水可用于绿化灌溉以及天桥喷雾系统。分离出的粉尘通过压缩发电循环利用。

住宅小区是和人类起居生活最贴近的公共活动区域，将除霾系统结合到小区绿化带中，能够最大限度地实现功能与形式的统一，达到设计无痕。

结合蜘蛛网在横向全面捕捉的原理进行仿生设计。外形上仿制蜘蛛网的结构，使得捕捉范围更加全面。在捕捉系统上，以静电场原理取代蜘蛛黏液，以电荷吸附尘霾，实现阻隔雾霾在横向上的传播。

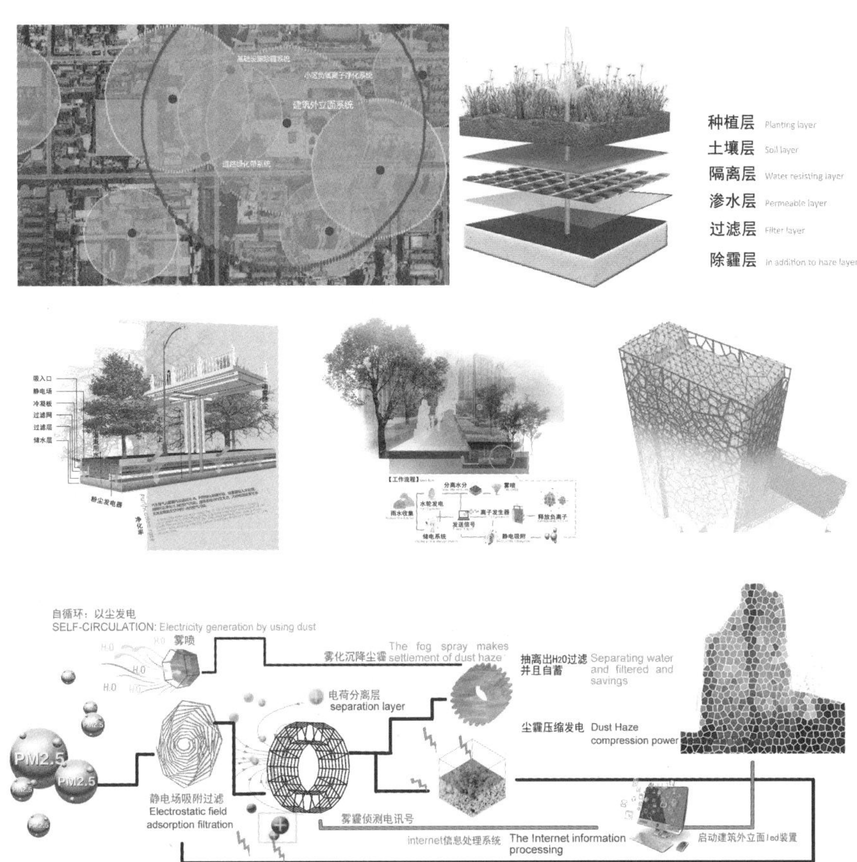
种植层 Planting layer
土壤层 Soil layer
隔离层 Water resisting layer
渗水层 Permeable layer
过滤层 Filter layer
除霾层 In addition to haze layer
自循环：以尘发电
SELF-CIRCULATION: Electricity generation by using dust
雾喷
雾化沉降尘霾 The fog spray makes settlement of dust haze
抽离出H20过滤并且自蓄 Separating water and filtered and savings
电荷分离层 separation layer
尘霾压缩发电 Dust Haze compression power
PM2.5
静电场吸附过滤 Electrostatic field adsorption filtration
雾霾侦测电讯号
internet信息处理系统 The Internet information processing
启动建筑外立面led装置
尘霾压缩发电供给系统运作 The operation of power supply system of Dust Haze compression adsorption filtration

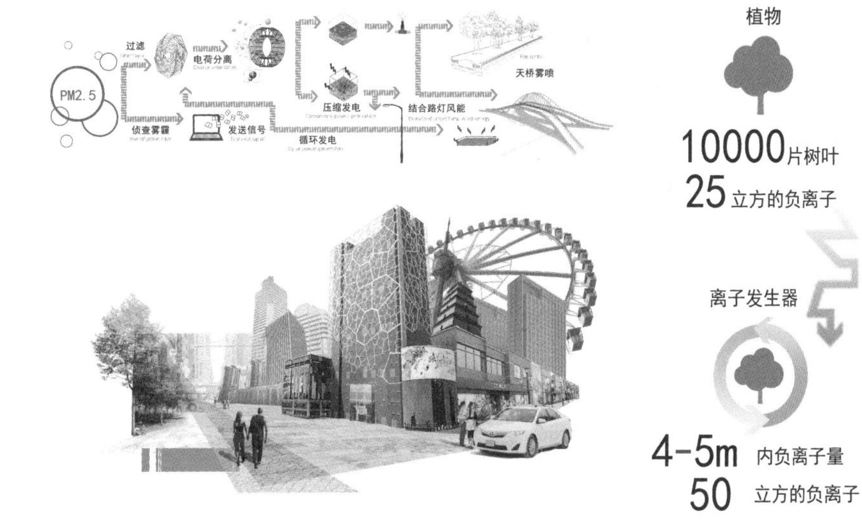
PM2.5
过滤
电荷分离
侦查雾霾
发送信号
压缩发电
循环发电
结合路灯风能
天桥雾喷
植物
10000片树叶
25立方的负离子
离子发生器
4-5m 内负离子量
50 立方的负离子

作品名称：时空印记——工业 1.0 的忘语复苏  大华纺织工业遗址博物馆改造设计

作　　者：李郁亮　刘政委

所在院校：西安美术学院

指导老师：周维娜

设计说明：

设计旨在寻找消亡空间与新生空间之间的打破、植入、再现的微妙关系，也将这种关系作为构筑空间界面组织形态的语言表达。

在考虑到对工业遗址保护的基础上，运用新颖的创意想法似的工业遗址空间能够再利用，包括建筑物的再利用和特殊性标志物的再利用。老建筑空间的保留和实际使用功能的结合。既要看到现代设计的体现，又能领会到工业遗存的印记和精神。重新疏通城市 与和物之间的情感经络，梳理城市情感坐标。

## 时空维度下的再生空间

工业遗址改造成为博物馆便是“改”与“造”的相互结合，是实现遗址空间再生与再利用的重要手段。有效利用旧厂房建筑结构、老机械、老物件、等空间界面形态，重新整理经过时间洗礼遗留下的故事，设计是为了能在过去与未来之间实现完美的平衡，它建造在原有的一个工厂框架之上，为城市打开崭新重要的文化篇章。新博物馆有一部分与原有工业结构相呼应，这种呼应是为了纪念历史，纪念在历史中出现的人物。设计将这个旧址加以转变和融合，最终将其塑造成一个艺术之地，原有结构的屋顶是设计的一个中心，它成为整个项目的一个视觉元素，激发过去与未来的连续性。

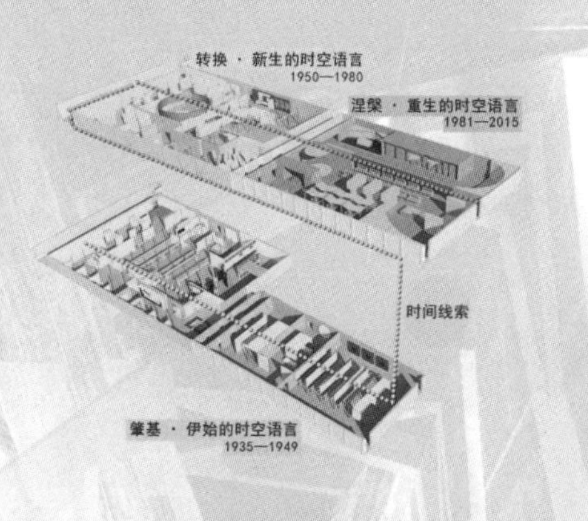

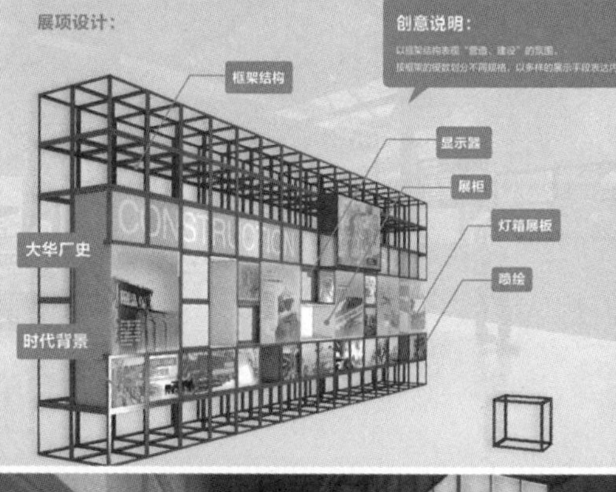

思路分析 Thought analysis 01-03

## The museum design topic analysis 博物馆设计选题分析

北京的胡同有上千条，形成于中国历史上的元朝，明朝，清朝三个朝代，其中多数形成于十三世纪的元朝. 胡同的走向多为正东正西，宽度一般不过九米，两旁的建筑大多都是四合院. 四合院是一种由东西南北四座房屋以四方对称形式围在一起的建筑物. 大大小小的四合院紧挨一个排列起来. 它们之间通道就是胡同随着时间的推移. 然而随着时间的推移. 胡同因为各种原因逐渐减少，面对城市的水泥森林，胡同的去留，成为人们讨论的问题. 京味儿胡同馆的意义就在于讲述北京胡同的发展，回顾北京胡同陪伴人们度过的时光，北京胡同中所孕育的艺术文化，最后让人们自己对于胡同的去留做出决定.

主题概述 Subject overview 01-01

有的人说，陈旧设施的胡同是时候该消失了，但也有人说，胡同的北京的根人讲究根脉之说，更加不能忘本，其实北京胡同早在2003年就已经不再毁了，人们想了很多方法来保护胡同，现在有的胡同甚至成了有钱人的度假是在过去的十几年里，胡同的位置变得越发的尴尬，保留下来的大部分胡同有实际上的用途，胡同内并无人居住，而且因为设施的过于陈旧，很多胡同再次面临拆迁的问题，京味儿胡同博物馆意在将这些现象陈列在内的同时引发人们思考，胡同的去留问题，如何更好地保护胡同，怎样权衡最好.

作品名称：京味儿胡同博物馆

作　　者：赵磊　陈琢　朱之彦

所在院校：西安美术学院

指导老师：周维娜


设计说明：

北京的胡同有上千条，形成于元明清三朝。其中大多数形成于十三世纪的元代。然而随着时间的推移，胡同因为各种原因在逐渐减少，面对城市的水泥森林，胡同的去留成为人们讨论的问题。京味胡同博物馆的意义就在于讲述北京胡同的发展，回顾北京胡同陪伴人们度过的时光，发觉北京胡同中孕育的艺术文化，最后让人们对胡同的去留做出决定。

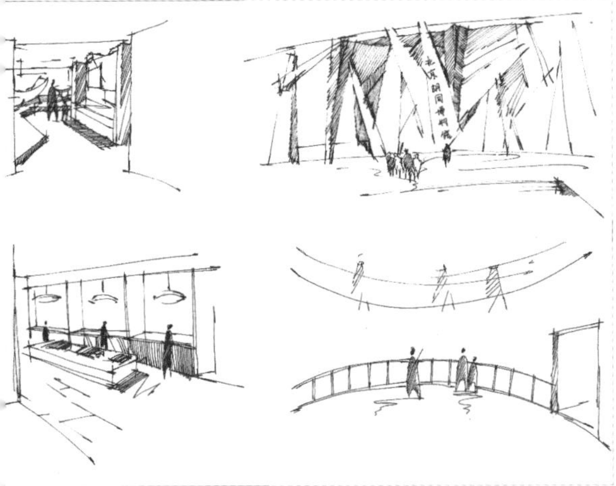
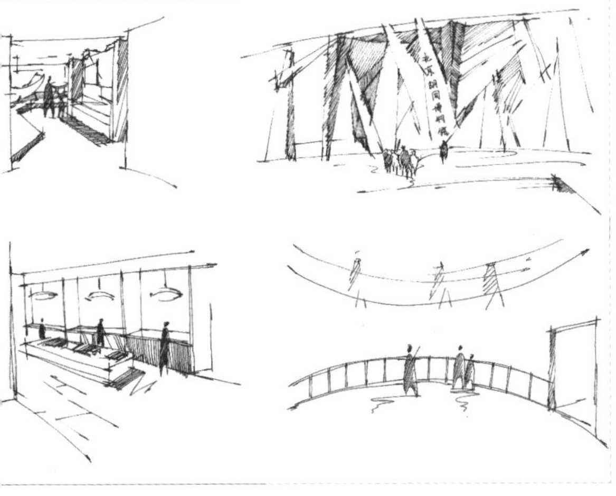

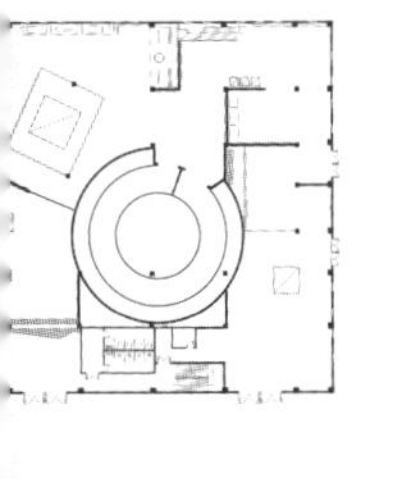
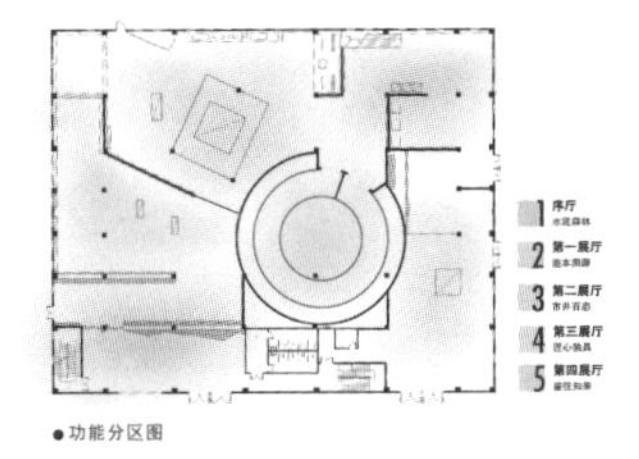


●功能分区图

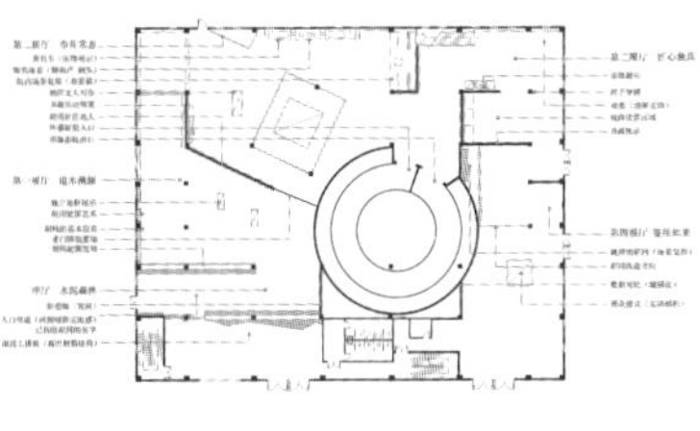

●展项分布图

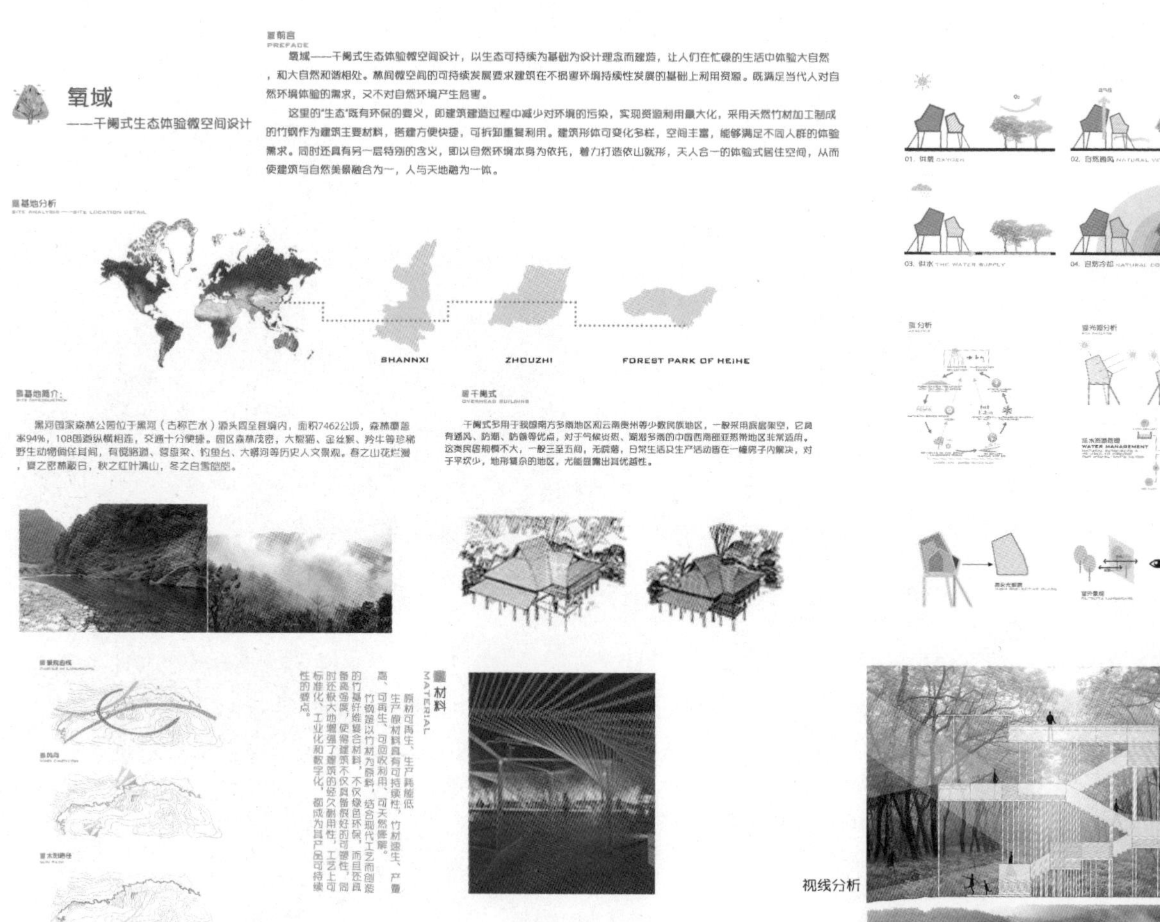

产品使用中的可持续要点：
可重装、可回收，省空间，可转换能量

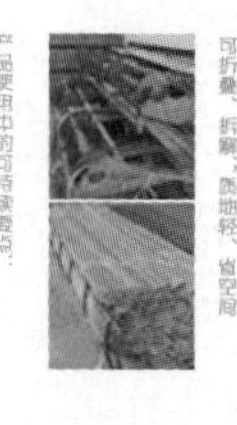

产品运输中的可持续要点：
可折叠、拆解，质地轻，省空间

作品名称：氧域——干阑式体验微空间设计
作　　者：牛倩　习宇　张蕊　张思尧
所在院校：西安美术学院
指导老师：濮苏卫　周靓

设计说明：

本设计以生态可持续为设计理念，让人们在忙碌的生活中体验大自然，并与自然和谐相处。林间微空间的可持续发展要求建筑在不损害环境，持续发展的基础上利用资源。既满足当代人对自然环境体验的需要，又不对自然产生破坏。

这里的生态既有环保的要义，即建筑建造过程中减少对环境的污染，实现资源利用最大化，采用天然竹材加工制成的竹钢作为主要材料，搭建方便快捷，可拆卸重复利用。建筑形态可变化多样。空间丰富，能够满足不同人群的体验需求。同时还具有另一层特别的含义，即以自然环境本身为依托，着力打造依山就形，天人合一的体验式居住空间。从而使建筑与自然美景融合为一，人与天地融为一体。

## NG PLATFORM

作为一个公共建筑，建筑尺度稍大，以矩形组合块作为设计的母题图，以回字形路线徐徐上升，视野宽阔。

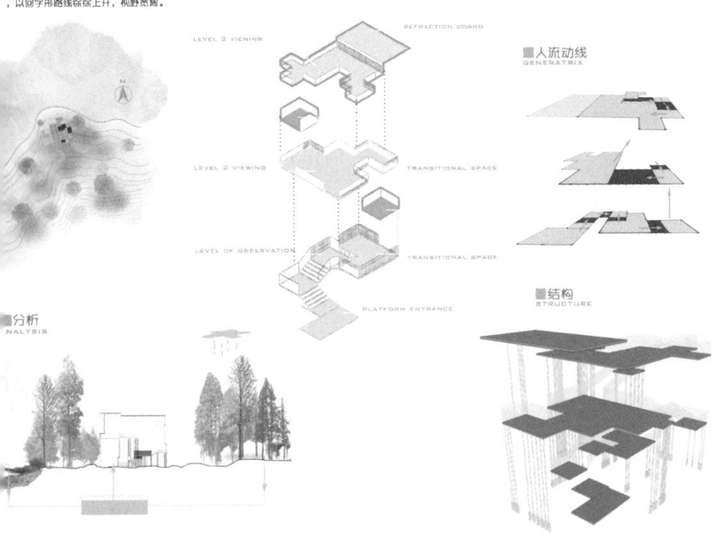

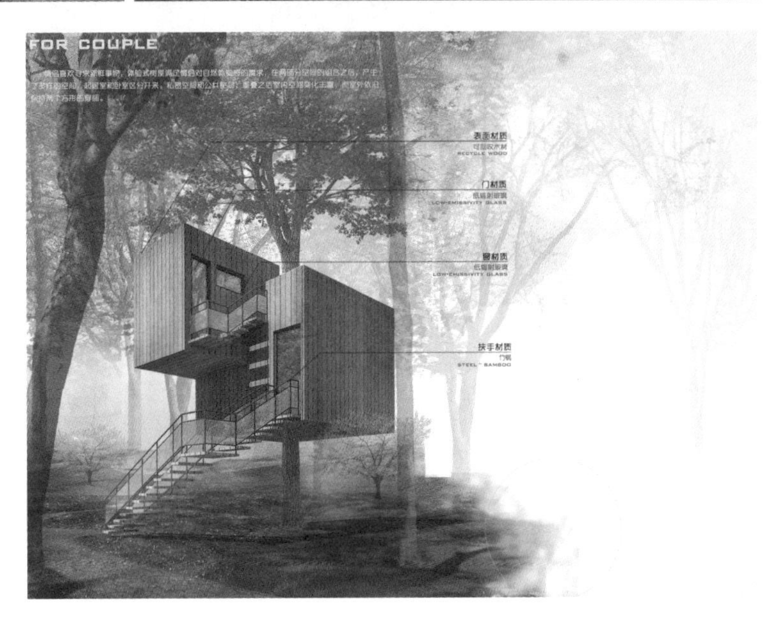

作品名称：会呼吸的建筑

作　　者：李艳　马灿　刘雅昕　王令

所在院校：西安美术学院

指导老师：濮苏卫　周靓

设计说明：

以生态环保为设计理念，以现代建筑形式为依托，将建筑与自然结合，展现当代建筑设计的新风貌。让建筑回归诞生的原初，并加以重新解构。为学校打造一座调节气候的建筑，为师生提供接触自然的空间。

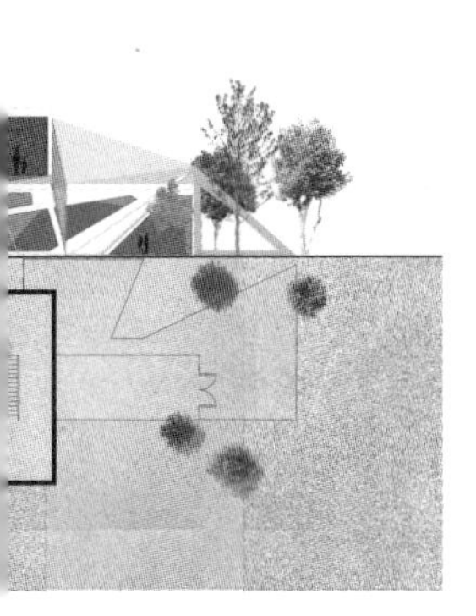

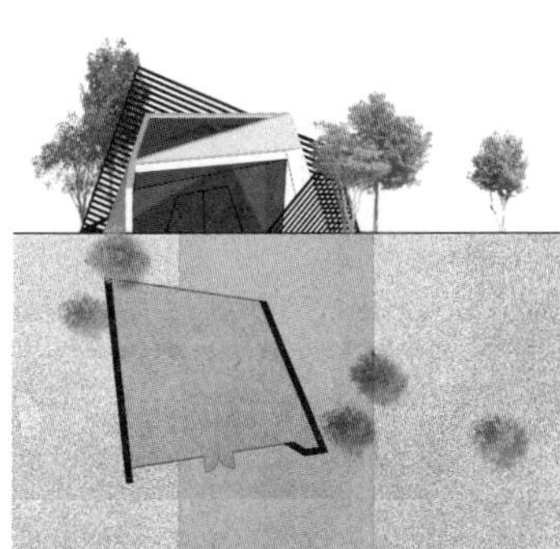

作品名称：与孤独症共生 以孤独症儿童为主题的街道景观改造
作　　者：蒋丽　梦雅　胡艳雯　樊西子　陈俊霖
所在院校：西安美术学院
指导老师：王娟

设计说明：

随着社会的发展，孤独症儿童也受到了更多的关注。本设计从孤独症儿童的生活入手，了解他们记录他们，让更多人认知孤独症，唤醒人们对此类儿童的关注。让孤独症儿童能与我们共同生活在这片天空下而不被歧视和误解。

## 方案过程

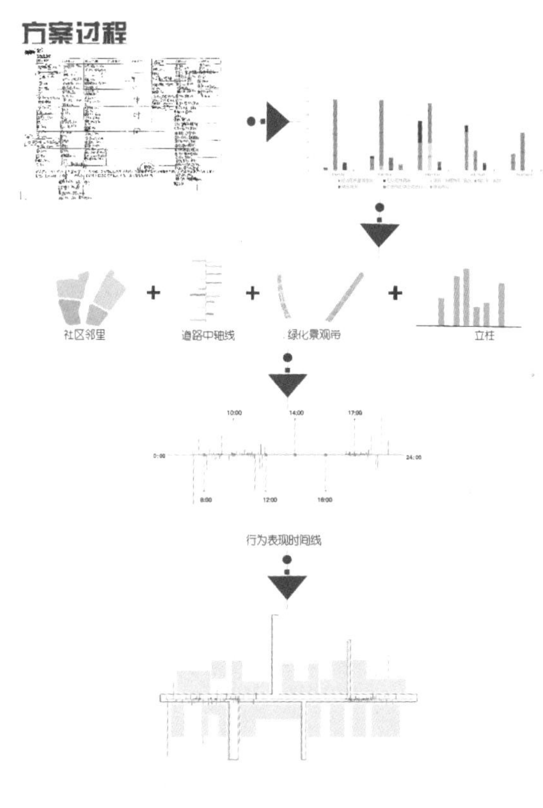
社区邻里
道路中轴线
绿化景观带
立柱
10:00
14:00
17:00
0:00
24:00
8:00
12:00
18:00
行为表现时间线

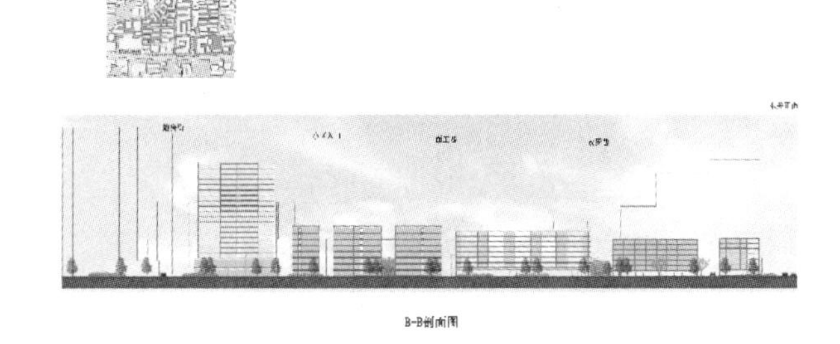

B-B剖面图

## TRANSFORMATION STEPS 改造步骤

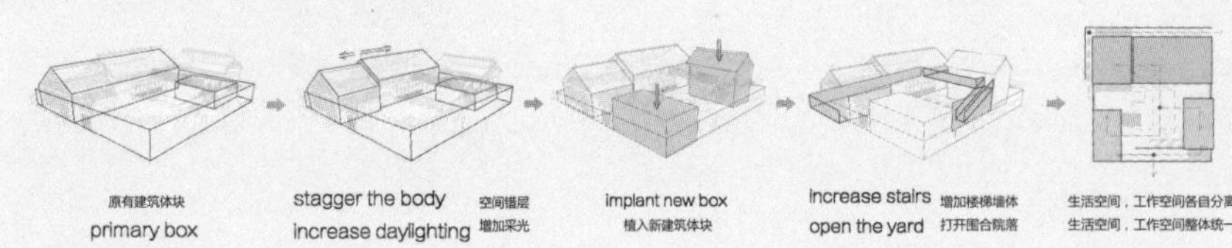


## FUNTIONAL SPACE 功能空间分析

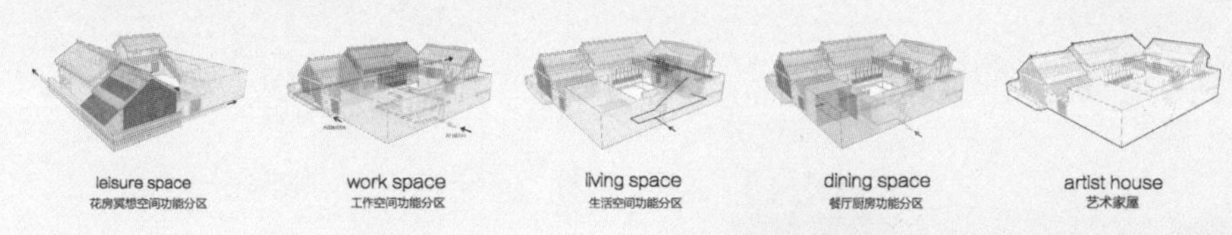

The courtyard scene schematic diagram
庭院场景示意图

The entrance of the door schematic diagram
进门入口示意图

作品名称：释景无痕——河北省承德市兴隆县郭家庄村课题改造项目

作　　者：杜心恬　牛丹彤

所在院校：西安美术学院

指导老师：周维娜　海继平

设计说明：

在本次美丽乡村设计中，力求运用“无痕”的设计手法，进行自我的倡导与保护，用精神意识的高境界审美，代替低俗、张扬、无节制的环境状态，重点在于关注于人的本身，即“意入无痕”。将通过探索人们意识与行为之间的关系，意识与存在之间的关系，提出潜在调控的设计流线，进而来寻求一种当地人们最为需求的乡村体验与生活新方式。

## 业态产业发展战略 DEVELOPMENT STRATEGY

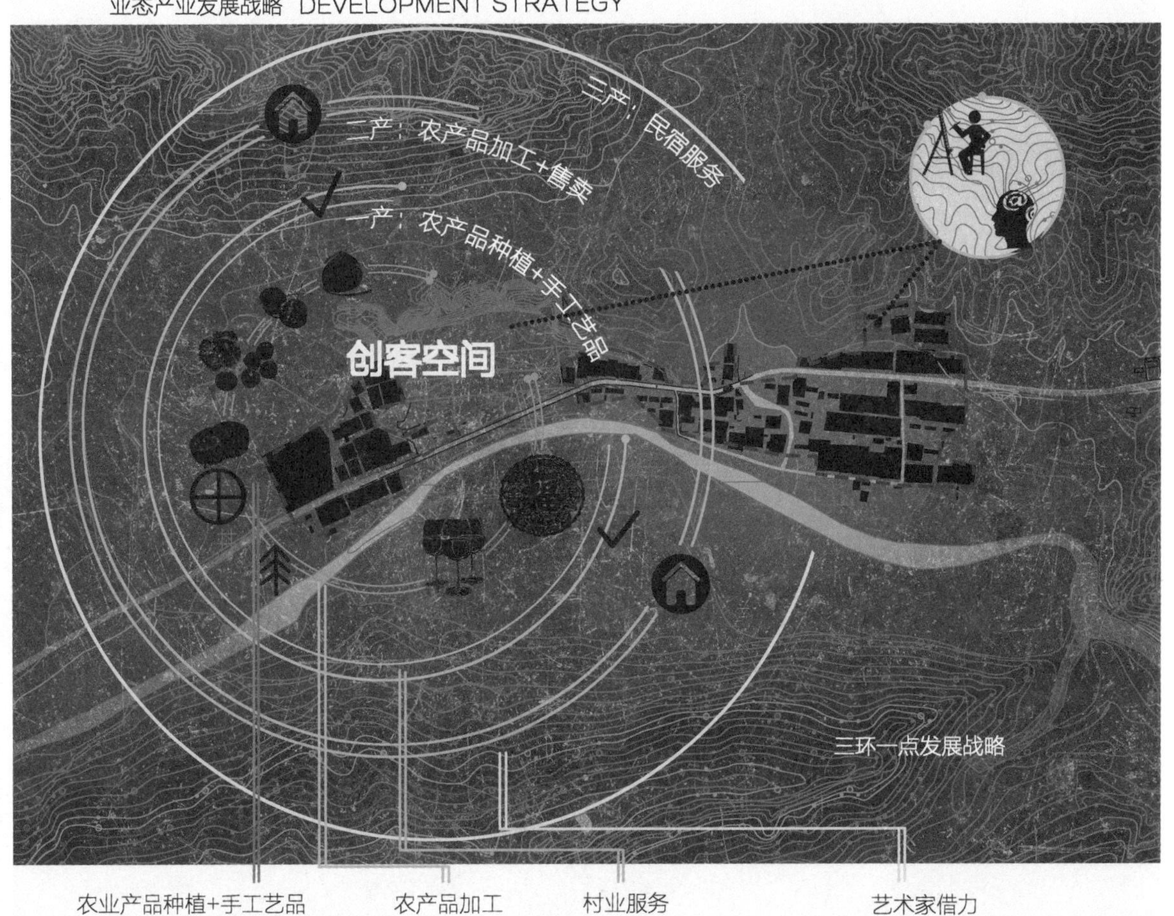


麦田种植

地景资源

特产养植

特色产品

满族刺绣

文化产业

特色酒厂

酒厂产业

农民

有业

$

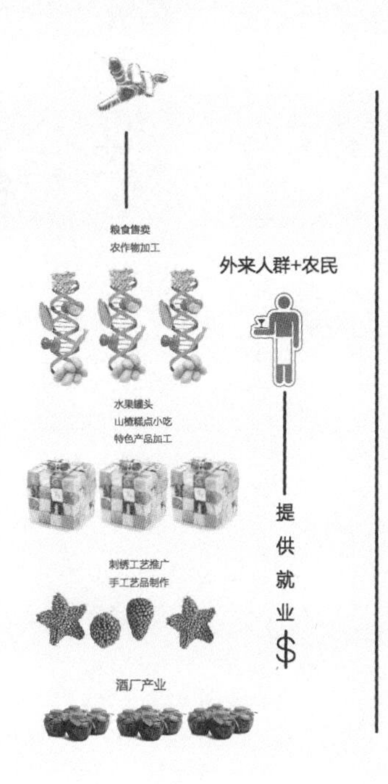


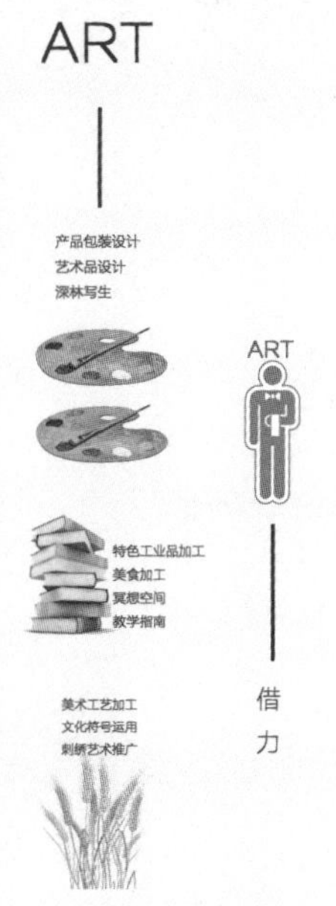

作品名称：生长与长生

作　　者：赵胜利　赵若涵
所在院校：西安美术学院
指导老师：海继平　王娟

设计说明：

站在生态设计的角度上立足于此次景观设计，尊重乡村建设的自然生态，注重乡村景观的可持续发展，与自然环境共生存；打造宜居的美丽乡村，结合乡村本土农业和自身产业，发展乡村经济，提高居民收入水平，拉动乡村整体经济发展，促进人口回流，使得乡村发展得以长久并稳定的发展。

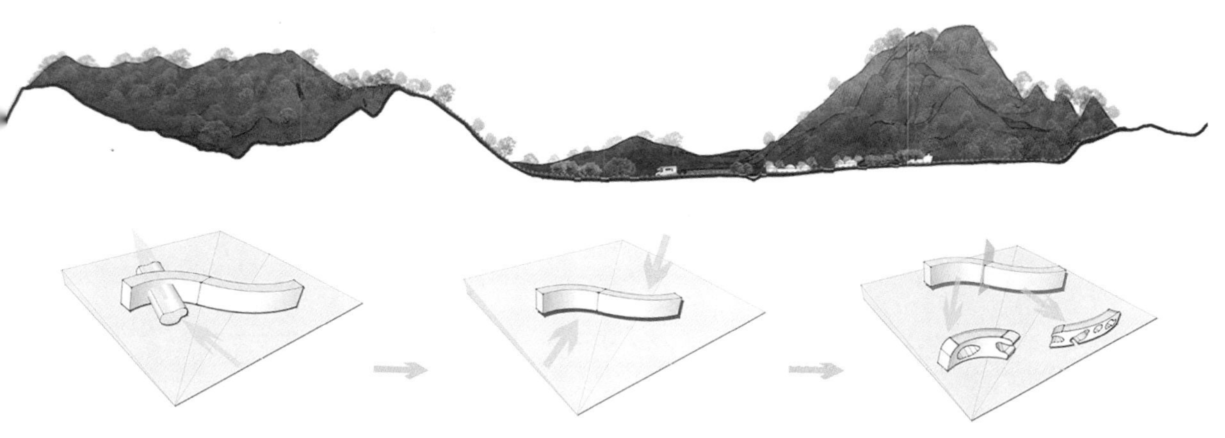

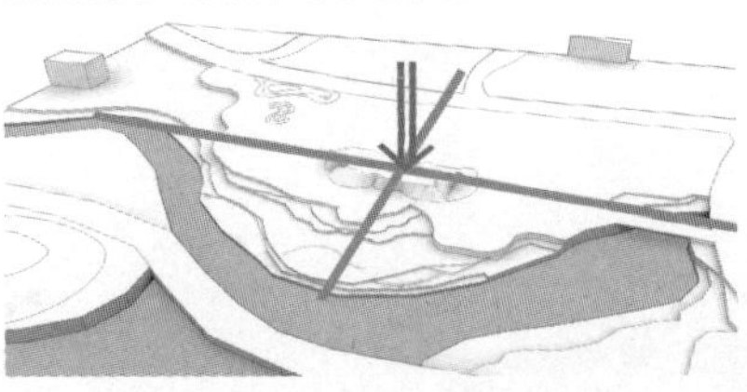
纵横轴交叉形成中心景观节点

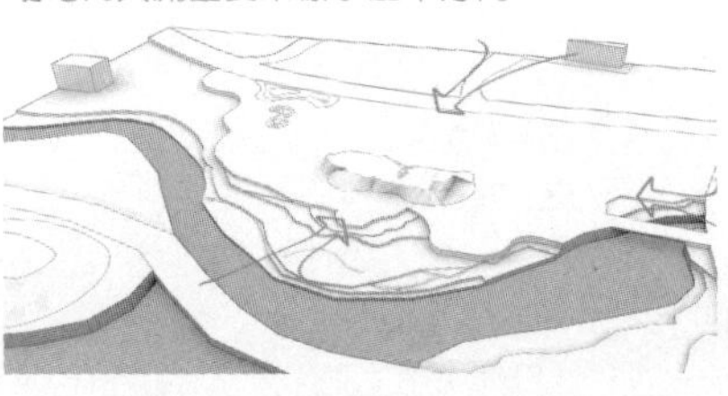
场地内人流主要来源于三个方向

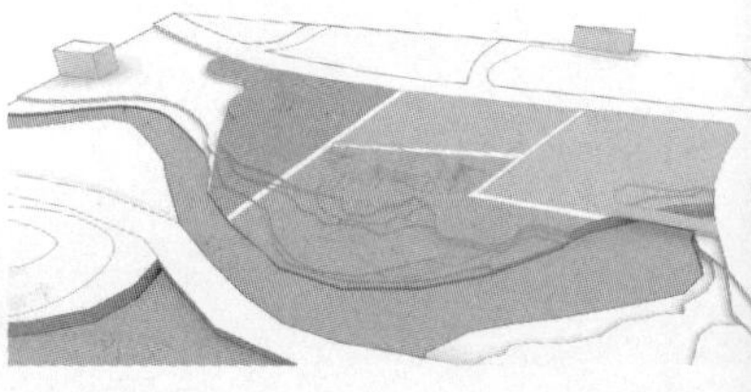
根据道路以及景观形成四大区域

场地内设计景观微地形，增加视觉层次

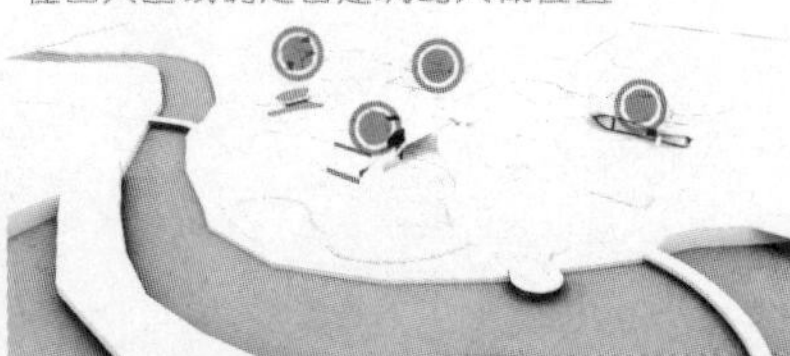
在四大区域确定各建筑的大概位置

场地内设计小型水池与河流形成呼应

作品名称：艺　居

作　　者：牛爽　吴林　蓝超　龚显权

所在院校：西安美术学院

指导老师：孙鸣春　李媛


设计说明：

西安美术学院长安新校区艺术家工作室作为学院中的必不可少的建筑，既是相对独立，又相互形成群落，并且更多地被赋予了西安古都的艺术文化内涵。通过一系列的调研与分析研究，点、线、面是在学习与研究艺术与设计中接触最多的元素，由此作为设计来源来进行对建筑的设计。四座建筑不是孤立的，他们相互形成群落，是艺术家们相互交流生活的集体空间。

## 立面&剖面设计 The Facade & Profile Design

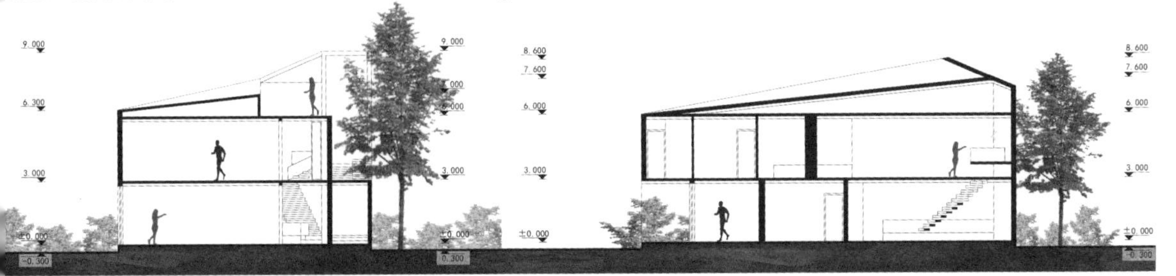


1-1剖面图 1:100

2-2剖面图 1:100

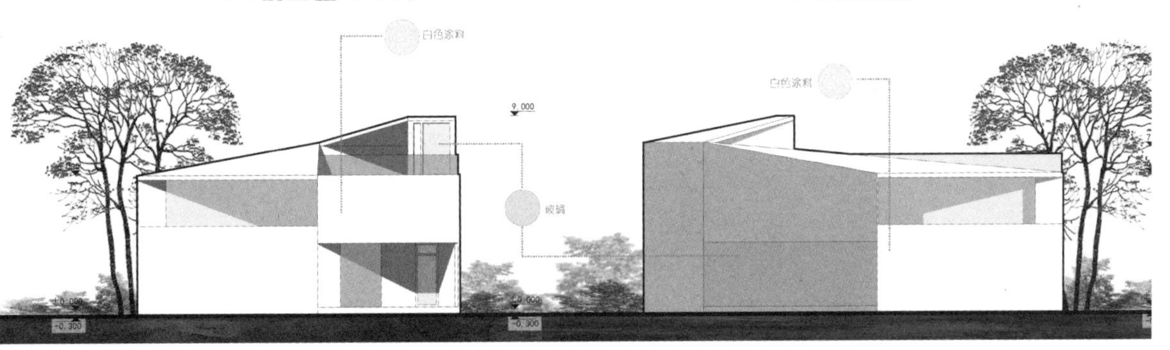


南立面图 1:100

西立面图 1:100

素提取 Element Extraction

体块生成 Block Generated

功能分区&流线分析 Streamline & Functional Analysis

采光分析 Daylight Analysis

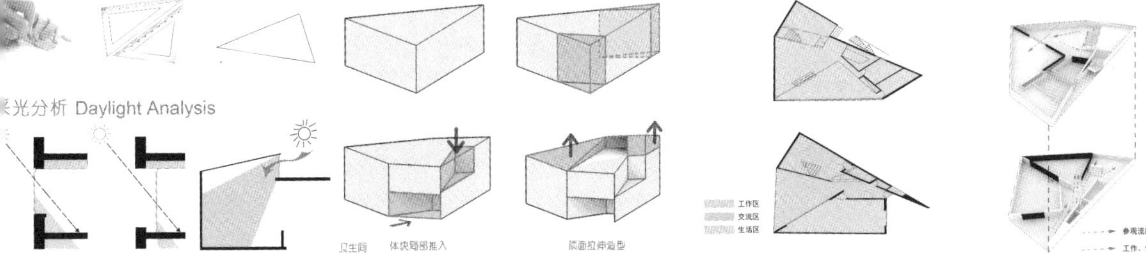

# WORK SHOP

## 《同构 · 异构》家具设计工作坊

由无痕设计项目组周维娜、周靓老师主持的《同构 . 异构》家具设计工作坊通过两周紧密授课完满结课，本课程特邀法国利摩日高等美术学院杰瑞米 . 爱德华兹教授共同参与辅导，本次课程秉承了无痕设计理念指导体系在家具设计方向下的方向性阐释，更从教学角度出发，引导学生不仅仅了解传统狭义的家具设计理念，了解人体工程学人与物的关系，更重要的是还体现出家具设计与环境的结合，家具设计同自然的融合。这种结合与融合正是“无痕理念”在此次家具设计工作坊中授课手段的贯穿于延伸。学生最终作品展览也是在校园户外环境中，家具同自然环境的融合更充分体现出了无痕设计和而不同的大局观理念，也是未来本专业教学值得探索的方向之一。

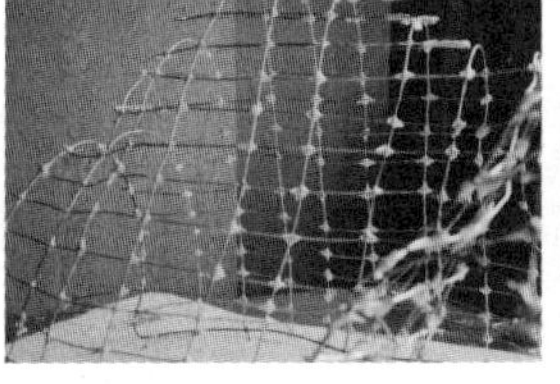

# “微乌托邦”Mapping 工作坊

由无痕设计项目组李媛、翁萌等老师邀请墨尔本皇家理工大学建筑与设计学院兼职讲师 + 扉建筑设计顾问 + 澳大利亚非正规研究工作室联合创始人 +mapping 工作坊发起人何志森博士联合授课。

乌托邦并不是表达一种世外桃源的空想，而是隐藏在日常生活之中一个真实的理想体系。微是宏大叙事结构中一个小小的节点，却暗含了“见微知著”的力量。

波瑞奥德说：“微乌托邦”是一种根植于对日常生活或日常空间的解析和表达；人与人之间 关系的“微乌托邦”，就如同邻里之间的握手和闲聊。

“微乌托邦”所呈现的绝对不只是一种显微镜下的日常生活画面，无论是对波瑞奥德还是瓜塔里来说，这一概念更多的是提供了发掘在日常生活中被遮蔽隐匿的（点与点之间）关系的一种方式。该课程就是基于这样一个对城市微观学的理解之上发动起来的。其目的在于通过对回民最大聚集区“回坊”进行调查研究，观察、记录和跟踪不同的“点”，用 mapping 的方式去探究其背后隐形的生活逻辑。这些“点”将会成为我们学生（外来者）的窗户，帮助他们去发现居住在其中回民背后的宗教信仰、生活习俗、传统文化、社区文化变迁，以及空间使用策略等等，并以展览的方式来表现一个微小的点到一个宏大系统过程的跳跃。

“微乌托邦”的课程主题并不是为了逃避回民区所表现出来的一种看似封闭与隔绝的画面。相反地，我们把“微乌托邦”的诗情画意看成是一个在理想生活体制下所呈现出应有的开放、联结与包容，并提供了设计师一种解析和理解不同宗教信仰背景下生活方式和空间营造的工具。该工作坊的目的也为了让我们学生看到当不同文化背景和宗教信仰在日常生活空间中相碰撞和互动交集的时候，设计师的角色是什么？设计师如何创造（微观）条件来给不同人群提供一个更为包容和多样性的现代城市空间？“微乌托邦”不是一个空想，而是一种启示和在地行动。

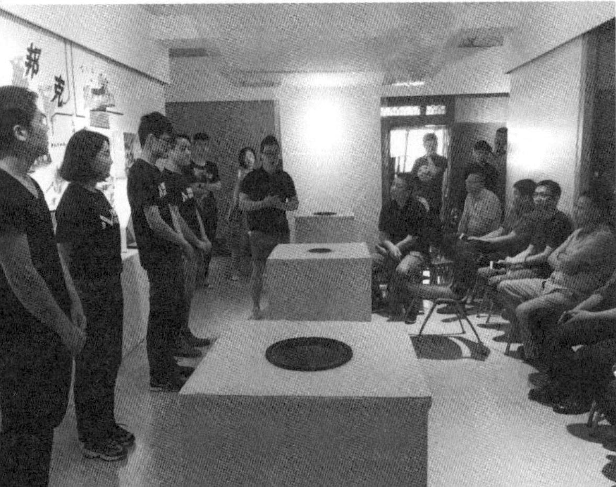
邦
克

邦克组

行走的
穆斯林

# 学术志愿者成果

# Academic Volunteers's Achievement

# 无痕设计理论指导下的展示道具设计生命周期初探

鲁潇 / 文

摘 要：展示道具在当今的展示设计中，已不再是时间空间中的简单陈列和堆砌，展示道具的设计与应用乃至回收是一个完整的生命周期，在这个生命周期里，人与展示道具、环境与展示道具产生了一系列的联系。本文意在以无痕设计理论指导为核心，从生命周期这一概念出发，对展示道具的概念、设计、制作和回收进行分析，寻求一种资源的合理释放和设计的精细考量，为展示道具设计的可持续发展提出了更多的可能性。

关键词：无痕设计 展示道具设计 环保生态 可持续

当前，绿色环保的问题已经受到设计界的广泛关注，设计师由环保理念提出可持续设计，进而发展到生态设计。“无痕设计理论”就是围绕着生态、可持续理念指导设计实践，从社会认知、社会需求、生态资源及自然生命角度来解决设计中所遇到的一系列问题。“无痕设计是一种注重人文设计理念、遵循环境规律、倡导生态循环、倡导民俗文化内涵与生命持续发展共生的设计方式”[1]，这是无痕设计理论的核心价值。

无痕设计理论对展示道具设计具有一定的指导意义。在信息化时代，人们需要更多的信息流通与传达，使得展示道具的应用越来越广泛。但会展业的不断壮大，展示活动的周期短、能耗高、场地变化多等特点，也成为展示道具设计的重点和难点。无痕设计所提倡的资源合理利用、审美价值回归都为展示道具设计提供了参考和依据。

当下有很多设计师过度追求展示效果的独特性，导致特装展示效果滥用，设计的独特性呈现出来的同时，所用的展示道具时效周期缩短，产生了大量物质资源消耗和人力资源消耗，再循环再利用显得尤为不足，给环境、自然及社会带来严重的影响。因此设计师在设计之初，就应当对展示的形式以及手法进行可持续的推敲，从展示道具设计生命周期的角度进行考量，将展示道具设计从产生到最后处理看作是一个整体去分析和实践。从无痕设计中需求与资源、环境与行为、生存与发展等角度，对展示道具设计进行各阶段系统的解读，使能源的消耗降低，污染排放加以控制，固体的废弃物减少，以此指导我们对于展示道具设计的实际操作。

## 一、展示道具设计的生命周期

无痕设计理论指导下的展示道具设计生命周期分为两个方面，一方面是物化性生命周期，指展示道具从概念的生成、设计、制作、应用和回收利用全过程中影响环境的因素加以分析，并提出改进的措施，从而减少对自然环境、社会环境所造成的影响。另一方面是文化性生命周期，从人性化角度、情感心理以及价值生态角度去分析展示道具设计的生命周期，以人文环境、生态环境的影响为衡量标准。这两方面以自然、生态、环境、展示道具及人这几者之间的共生关系，完成人性化设计、生态设计这一设计趋势。

图 1 2010 上海世博会万科馆

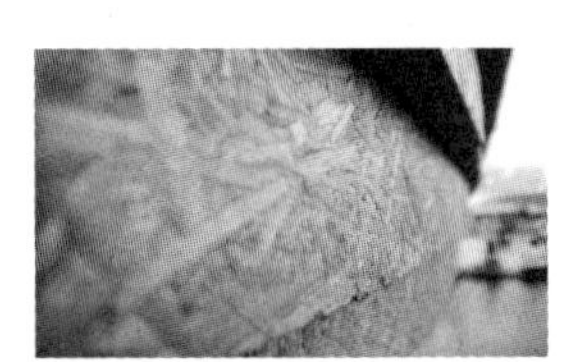

图 2 2010 上海世博会万科馆外墙麦秸板

图 3 2010 上海世博会万科馆馆内

## 二、展示道具设计之初

### （一）适度的消费观

现代人由于经济的发展，物质资源的丰富，对于消费的理念也发生了翻天覆地的变化，对于设计的需求受到部分群体认知的偏执和个体认知受限，一味追求“高大上”，豪华却不实用，功能与形式的认知没有达到平衡，人的价值观就发生了扭曲，已经不能客观地从物质文明与精神文明去解答，使得展示道具从设计之初就已经违背了它的使命。现在已经出现“节约型会展”，那能不能有“节约型”会展道具，“环保型”展示道具呢?当我们的消费观念良性发展，需求观念也会与之对应发生变化，设计行为将会走向正常化、合理化。

### （二）注重设计美学

好的产品一定要有文化审美，好的展示道具也一样，具有无痕设计理论所提出的功能健全、形式简约、情感丰富、富有价值等特点。设计的流行趋势是瞬息万变的，要经得起时间的考验，在设计潮流演变的过程中，找寻自身的特点，是展示道具不变的追求。

### （三）提倡生态意识

无痕设计理论指导下的展示道具设计，表达的是人与展品、与环境的联系，在遵循生态和美学的法则下，运用科技的手段进行展示道具的设计。在共生思想、整体性思维和可持续发展这三个方面，都能做到坚守与平衡。

设计的目的是解决问题，解决展示道具为产品服务本身存在的问题，也解决产品与展示环境的问题，不应从单一的状态下去完善设计的存在价值，应从整体共生体系的角度进行系统化的设计。

## 三、无痕设计理论指导下展示道具设计的途径

展示道具的设计与制作是延长其生命周期的重要环节，可采用以下方式进行设计考量与制作。

### （一）材料的运用

展示道具的材料选择，应考虑能否就地取材，在取材环节合理节省人力物力，节约成本。面对可持续发展的生态理念，展示道具设计的选材应注重使用绿色环保材料，用环保的材料更换对环境污染和破坏较大的材料；或是其性质不适用于短期展览的材料，降低对生态环境的破坏与污染，提高循环利用率。

**1. 选用自然材料。**自然材料成本相对较低、更易环保，是展示道具设计回归自然的有益尝试。“德国的 G · 康哈蒂教授在外部结构不变的前提下，将一幢有 200 年历史的建筑更新为低能耗建筑，做法是在外墙填充轻质黏土砖保温材料，一些砖由木屑和黏土混合后加压 30min，再自然干燥而成。用这种砖砌成 50 厘米厚的外墙，其导热系数为 0.27W/m.k，可达到较理想的节能效果。”[2] 这就是合理选用自然材料节约能源的典型案例。再例如 2010 年上海世博会中的万科馆，就是使用自然材料的范例，选用麦秸秆压制成麦秸板作为主建筑材料，给农作物秸秆的再利用创造了新价值。

**2. 选用回收材料或可再生材料。这样的材料低能耗、少污染、可降解。**例如王澍设计的中国美术学院象山校区，选用了当地大量的废弃旧瓦，不仅为建筑增添了历史情感与人文情怀，也体现了回收材料可用性的问题。上海世博会中的万科馆（图 1-3），展

厅的内墙壁由约 20 万个易拉罐组合而成。这些都为主题营造增添了氛围，是回收材料在我们当代设计中的应用实例。

**3. 开发新材料。**利用新技术开发绿色生态新型材料，减少对环境的损害，更加环保和生态。

### （二）模块化设计

商业展示的周期短、更替频率快，展示道具设计应朝着模块化、标准化、组合发展，实现重复使用和多用途使用的目的。模块化、标准化的展示道具也包括可替换结构、部件自身完整性、产品功能的系统性的设计，具有统一的标准，应用更加广泛，使用率提高。各模块之间更易组合在一起，更兼容，使用的方式也更加灵活，且具有强大的扩展性和可重组性，保证了展示道具各个零部件在使用时的生命周期。

### （三）可拆卸性设计

可拆卸性设计是指展示道具的各个零部件可以有规律地拆卸，并保证在拆卸的过程中不会造成损坏。宜家家居的大多数产品是可以自行组装和拆卸的，归功于标准化的设计和可拆卸性设计，由于拆卸的便捷，在日后维护中也十分的方便，个别零部件产生损坏可以单就这一部件进行更换，不产生过多的浪费，充分地利用可重复使用部分。这在设计之初就考虑了其组装和拆卸的问题。

### （四）可回收性设计

大批的展示道具由于展示活动的结束而废弃，产生大量的垃圾。展示道具在设计之初便需要充分考虑各个零部件材料的可回收的方法、回收后的处理工艺等问题，使其达到资源的最大利用。

### （五）展示新技术的运用

1. 数字化多媒体展示道具。新技术的应用让传统静态的展示方式变为动静相结合的展示效果，虚实的对比使参观的过程更加生动有趣。数字化多媒体展示道具集展示的主题性、思想性、艺术性结合于一体，使观者的感触更真实，更有层次富于变化。

2. 数字化情境展示道具。利用数字化的展示道具营造出宏观的空间氛围，结合传统展示道具，产生动态演绎与静态实体间的碰撞，将大量的展示信息进行系统的整理，再进行完整的表现，使得观者更立体、全方位的感受展示空间所带来的情感体验。

3. 数字化交互体验展示道具。通过数字化手段创造和建立人与展品或主题之间的联系，使观者参与到展品体验中来。视觉、听觉、触觉等感官系统充分在展示这一活动中完整地表达出来，真实的感受让观者超越了时间与空间的限制，去感受和体验展品所带来的愉悦性。

4. 数字化虚拟展示道具。数字化网络虚拟技术（VR 技术）的实现使现实的展示道具以虚拟的形式展现，突破了材料和制作的限制，想象力和多元化表达更为充分，节省了材料与工艺，互动性与可塑性更强。

展示道具在制作中技术的改良也是重中之重，改良材料的生产技术和加工工艺，实现节约与环保的目的。例如加工过程中的电镀工艺，对环境的影响就比较大，可以通过技术的改良来降低对环境的危害。在展示道具的使用中，注重细节的处理也尤为重要。细节的处理关系其是否能够经得住展览时间、展览方式的考量，并能为整个展示效果的完整实现提供可靠的保障。

## 四、无痕设计理论指导下展示道具的可持续发展

展示设计的商业价值在目前越来越受到社会的认可，使得展示道具的设计师有机会对其从经济、环保、可持续的角度进行考量，当展览结束时展示道具可能被丢弃，展示道具的物化价值没有达到充分利用，也表现为展示设计师在设计之初就没有将其看作是一个整体进行设计。所以在展示道具撤展之后，我们应为其找到合理的“归所”。

（一）发展新样式

展示道具内涵的变化和形态的变化都可以为全新的应用形式发挥作用。一种方式为改变展示道具的造型，使之成为新的样式，突出形态的可变性，我们文章前面提到模块化、可拆卸性设计都为展示道具转换新样式创造了可能。另一种方式改变展示道具的功能，各个组合零部件重新搭配，改变其功能为新的展品服务；或将展示道具改造成一些装饰品、纪念品，或是家具都是可行的。

（二）展示材料和能源的循环利用

有些展示道具的材料没法去发展新样式，还可采用材料与能源的回收循环再利用，实现价值的转换。将展示道具拆解，分类出可重复使用的零部件。展示道具材料如果是金属、木材等，重新利用率就比较大，对于像纤维、塑料等材料，将其重新作为原材料成本较高时，可采取热能回收的方法。

（三）安全降解或填埋

当展示道具没有回收利用价值的时候，可利用科技手段实行安全降解和填埋，在填埋之前还需要分类哪一些是需要单独处理的材料，尽量减少对环境和自然的破坏。

## 五、结语

展示设计的发展带动了展示道具设计的进步，无痕设计理论指导下的展示道具设计，需要在其满足信息展示功能的前提下，尽可能地减少对能源与资源的消耗、对环境的污染和破坏，使展示道具从概念到设计制作，以及回收利用这一系列过程都能实现可持续，这就是研究其生命周期的重要意义，力求做到保护生态、发展经济与完善设计这三者平衡的目标，也是无痕设计理论发挥指导作用的意义所在。

参考文献：

[1] 周维娜，孙鸣春．“无痕”设计之探索．美术观察 .2014(02).

[2] 黄丹麾．生态建筑．济南山东美术出版社 .2006

[3]（美）简·洛伦克，李·H·斯科尼科，（澳）克雷格·伯杰．什么是展示设计．北京中国青年出版社，2008

[4] 原研哉．设计中的设计．南宁：广西师范大学出版社，2001.

[5] 吴良镛．广义建筑学．北京：清华大学出版社，1989.

[6] 余文婷，金恩贞，洪宽善．后工业景观的生态性再生研究．北京设计．1003-0069(2015)06-0065-03.

# 无痕设计理论指导下的自然模式关系运用研究

石志文 / 文

摘 要：人类不断地在自然中索取，才有了如今的发展。然而在索取的同时却没有给予自然以良好的反馈，导致自然生态的严重破坏和污染。在改善事物之前，首先要做的就是对该事物有明确的认知，以及自身的正确价值观和健康设计理念的树立。本人通过对自然事物运作方式的了解和对自然模式关系的学习与运用，提倡让设计源于自然并反作用与自然，求得资源、生态的平衡，达到对未来有可持续性的无痕设计。

关键词：自然模式 平衡 无痕设计 可持续发展

当今，随着工业与科技的不断进步，迅速地步入了数字化时代，人类对“人造产品”的依赖程度远远超过了对大自然的依赖，似乎忘记了自己处在大自然的背景之下，所做的一系列活动都忽视了对自然环境的保护。对自然资源的大量开采而没有为大自然留出自我恢复的时间，不恰当的管理方式，以及无法降解的垃圾大量堆积等。“自然已经带着复仇回归，建筑理论与实践已经从‘实用、坚固、美观’的维特鲁威品质向公平、生物多样性和理智开发的可持续宣言演变。”[1] 有限的自然资源与无限的人类生产消费间的对立使得我们不得不在各个领域寻求可持续发展的道路。尤其在设计行业中，更应该将可持续性发展考虑到我们的设计之中，因为设计贯穿了生活的方方面面。作为设计师，对大自然的考虑是不可或缺的一部分，我们需要无浪费的设计传达、无破坏的设计传达，提倡“无痕设计”。“大自然的运行不会有浪费或过剩。它采取的是一种可靠的交换政策。在自然界中，某物用完后并不会进入垃圾填埋池:它会分解为另一种形式而重新利用。”[2] 或许，要做到“无痕设计”，对自然的学习是一个较好的途径。学习自然的自我调节方式，学习自然的模式。

## 一、无痕设计理论概述

“无痕设计”是由孙鸣春教授在 2015 年度领头创立的国家艺术基金项目。其理念的形成是在一个完整的生命生存体征上进行的科学切入，从人们生活最为本质的环节中有效、准确地修复及改变人们的审美观念，同时，在关键性索取资源的环节中起到了重要的调节作用。

### （一）无痕设计价值体系

无痕设计价值体系主要分为：本体价值、溢价价值和远代共生价值。本体价值主要为建立健康环境的生命循环体系，以视觉设计为主导，向以共生设计为主导转化的价值探索；溢价价值为链构跨界运用的社会价值体系，从环境设计领域中释放出大量的社会资源，同时影响其他领域价值观的改变，并带来资源的释放；远代共生价值为生命基因及价值逻辑的探寻，无痕设计的系统化设计具有当代及未来发展的潜力，具有从人类及自然环境的生命体征方面来寻求和谐共生的价值。

### （二）无痕设计研究重点

无痕设计理论体系的研究主要有三大重点：其一，在设计过程中保持自然资源与设计索取的共生平衡；其二，被占有资源通过研究体系的调节回归自然，并组成新的资源体系；其三，改变受众体及设计师的价值逻辑观念，从而改变和引导资源与审美的条件转换。

## 二、什么是自然模式

“自然界中生物在千万年的进化过程中，为了适应环境而不断完善自身的组织结构与性能，以获得高效低耗、自我更新、新陈代谢、结构完整的保障系统，从而得以顽强的生存与繁衍，维持生物链的平衡与延续。”[3] 大自然是极其富有智慧的，效率、经济是大自然的特征，自然中自发的一系列变化既不增加也不减少能量，这是通过各个阶级的生物对自己的调整以适应多种不同的环境，且不断适应现状而实现的。这一切的自然规则我们都可以理解为一种自然的模式，植物生长有生长的模式；动物迁移有迁移的模式；能量变化有变化的模式等，在自然界中这些模式无处不在。自然就是一个巨大的自组织系统，其各个部分不停地在发生着相应的活动，并维持这系统的平衡。

从以上的谈论我们可以将自然的模式说成是一系列有规律可循的有机系统。只要我们对自然界中万物的运作方式有基本的认知，就能够解读大自然的模式关系，顺流而行，将自然的模式关系作用于我们的设计。这样，设计的意图将更加明确，更具思想性。模式又分为外在模式和内在模式。

### （一）外部模式

自然界的外在模式主要体现在生物的外形、结构等，视觉能直观感受到的一些有规律的生成方式或者逻辑形态。如叶脉结构、血循环系统、河流的分支、树状形态等，属于一种分支模式；蜂窝、乌龟的外壳等，属于一种堆叠模式；龙卷风、蜘蛛网等属于一种螺旋形模式。仿生学给我们提供了例子，对自然外在模式关系的模仿促进了某些材料的发明和建筑结构的搭建，用于建筑航天的蜂巢板与某些植物一样具有净化空气能力的玻璃等。意大利建筑师奈尔维在其作品伽蒂羊毛场中模仿了王莲叶脉的分支模式，相互连接的肋梁增强了结构的整体刚度，精美的形态也让人称赞。借用自然的结构模式，减少材料的运用和浪费就是无痕设计理论价值的体现。

### （二）内部模式

自然界的内在模式主要体现在生物的适应环境方式、新陈代谢、自然各部分的协同方式、物理特性等，这种模式反映了系统中各部分之间的关系以及部分单体为了适应环境系统而产生的变化方式，如蚂蚁的巢穴、植物的呼吸等。任何生物的演化和生长都存在源头，其源头就是整个自然环境，环境需要什么则朝着什么方向改变。设计的作用对象同样是整个自然环境，取之于环境，反赠予环境一种无痕的体现。

20 世纪 70 年代中期比尔 · 莫里森和大卫 · 霍姆格伦所创的“永久农业”就是一套模仿自然模式关系的体系，通过元素的有效配置达到有利关系的最大化。它在不破坏环境的基础上并提供了高产量的食物。永久农业一词已经演变为“在自然原则基础上，人为设计的永久性，可持续文化”的代名词。大卫 · 霍姆格伦并从永久农业中提取了 12 条普适原则，其中就包括：“观察自然并与自然互动；要使用并珍惜可再生资源；无浪费的设计传达；允许多样性；遵从大自然的恢复能力。”因此，熟读自然的模式关系并合理地运用自然资源，便能为做到无痕设计创建一个很好的设计开端。

## 三、自然模式在设计中的运用

路易斯 · 康：“当你要赋予某件事物形象的时候，你必须参询自然，这就是设计的开始。”[4] 把有关自然环境和自然模式关系的考虑放在设计的最前端是每个设计师都应该做的，同样，这也是达到无痕设计的第一步。在考虑将自然模式运用于我们的设计中之前，首先得对模式有明确的认知，能解读成自己的设计语言。

### （一）自然模式的解读

在五彩缤纷的自然界中，其信息量极其丰富，将信息转换为传达作品的第一步就是要理解模式语言。“模式反映了关系以及它们之间的相互影响。这些方面无法度量、量化或者权衡。它们本身并无结构，但是它们可以提供背景形式，在此背景下就能呈现更详细的设计信息。”[5] 任何重大的人类发现不是偶然就是需要大量的观察，因此，除了我们对日常事务的认知外，我们需要去自然中对所选择的对象进行大量的观察和绘画记录。直到你对事物有自己的理解和感受，你才识别了其模式。然后从对象主要的运动形式或者模式形状入手，为你的观察对象创作三维模型。当你将自然的模式整合为关系的表达时，就说明你对对象有了较好的解读。

### （二）无痕设计理论体系指导下将自然模式运用于设计的方法

传统的设计过程大致如此：先是根据甲方提供的信息进行分析和研究，接着绘画设计草图和甲方沟通，然后深化设计方案，最终执行。在无痕设计理论体系中，我们有着“第二甲方”，那便是自然。设计之时，不仅要解决好委托方的问题，还得遵循自然。因此，在设计时要把对自然各因素的考虑放到我们设计的最前端，这是对象和思维的转变，从“你想设计什么”到“你想让你的设计做什么”的转变。设计的方法构架如下：

1. 设计立意。根据委托方提供的资料结合对自然的考虑，确定设计要表达的内容，明确设计的目的。其次对制造工期和预算的考虑。

2. 调查和研究。探索自然的模式关系，哪些模式对设计存在联系，或者哪些模式能够为解决设计的问题提供帮助。当然，这有多种可能性。

3. 设计概念化。将设计想法整理为一系列草稿小样或者模型进行分析，探索其中的可行性，结合设计的目的和对自然环境、自然资源的考虑筛选出最合适的设计信息。并考虑如何将它们整合在一起才能体现出最大的价值。

4. 设计草图。将挑选出来的小样进行初次深化，并设计出多套可能的草案。

5. 方案检测。看草案是否达到委托人的要求和前期自身对设计的意图表达。如果没有则再次回到第三步骤，进一步修改设计。

6. 完善设计。再次深化设计方案，将设计发展为一个可演示的原型。将自然模式关系作为设计的思路讲解，让其支撑设计理论。然后考虑设计资源的获取和设计过程中的资源释放，做到无浪费、无污染，设计于“无痕”。

7. 设计的呈现。好的设计方案也需要一个优秀的呈现方式，让你眼前一亮。结合计算机软件，细心地描绘设计方案，把前期对设计方案所做的工作和多种小样整合到一起展现。

### （三）自然模式在设计中的运用实例

将自然模式运用与设计当中的案例实属常见。查克 · 霍伯曼（Chuck Hoberman）在 2000 年的诺威世博会中设计的“虹膜穹顶”就可以像瞳孔缩放一样开闭，能较好地控制自然能源。查克 · 霍伯曼说他设计的物体就像自然生物一样变形，模仿自然是设计的一种基本策略：模仿生物的生长、变形和他们适应环境的方式，然后通过现代工艺去加工实现。不可否认，生物的生长、变形以及适应环境的方式就是自然的模式。生长的规律、变形的方式就是一种模式关系。在自然界中，每种模式都有不同，但所有的模式又遵守相应的原则。

法国设计师马修 · 雷汉尼与大卫 · 爱德华兹共同为 2007 年法国巴黎实验性艺术设计中心的启用典礼而设计的一个植物空气净化器（Bel-air），既高效、成本低又便于管理。它引导污浊空气流过植物、土壤和水域，然后再返回外界，处理速度相对较快。2008 年 Bel-air 在纽约现代艺术博物馆中展出，现以“Andrea”的名字大量出售，它在应用中可大可小，也许能在未来的城市建筑中起到作用。“Andrea”运用了自然界中物质特性的模式关系并反作用于自然环境，无浪费、随处可得的材料运用，做到了具有可持续性的无痕设计。当你以自然的过程和模式来完成设计的时候，你就能以最经济的方式给人类提供服务，并且又反赠予自然，因为它们都是大自然的一部分。就像无痕设计理论体系所表达的：“从环境设计领域中释放出大量的社会资源，同时影响其他领域价值观的改变，并带来资源的释放。”优质的空气质量又何尝不是一种资源，索取过后便以良好的方式释放和反馈，就未来可持续发展的方向。

不只是环境设计，在其他设计领域中巧妙地运用好自然模式关系同样会起到很好的效果。从简单的单细胞有机体到复杂的自然组织结构，都有着改变自身的运作方式。风，作为自然界中元素的存在，同样也有着其运动模式和能量。哥伦比亚海岸白天海滨沿线都很繁华和安全，但是到了晚上因为缺乏安全感从而变得寂静冷清，因为没有公共照明设备（电网无法铺设到岸边）。直到由阿尔贝托·瓦斯克斯设计的“Flow”的出现，“Flow”就是一个将自然模式运用到工业设计中的一套自给运行的公共照明系统。其运行基础就是纵向风力涡轮，捕捉风向来改变灯的形状，依靠风的大小可以形成连续的发光面，极其美观，对于常年有风的海岸来说，这无疑是非常理想的照明能源。材料是当地资源丰厚的竹子。结构简单，连基础的混凝土底座也没有，自身由像树根一样纵横交错的竹竿固定。几乎全是可降解材料，回收没有一点浪费，使得其大量的使用却保证了自然资源的平衡，设计于无痕。

## 四、结论

“好的设计一目了然，伟大的设计无形无色”——乔·帕拉诺。设计不一定要有着花哨的装饰和华丽的外观，它是一种因地制宜地选择行为。自然是完美的造物者，其中的模式关系包含着万千的实用规律。了解大自然，学习自然的模式能够让你的设计变得更加切实可行。同时，作为设计师，应当有着健康的设计理念和正确的价值观，遵循自然并处理好人、设计与自然三者之间的关系，求得资源、生态的平衡，才能让设计对大自然有良好的反馈。最终做到对未来有可持续性的无痕设计。

参考文献：

[1] 莫森·莫斯塔法维（Mohsen Mostafavi），加雷斯·多尔蒂(Gareth Doherty). 生态都市主义 . 南京：江苏科学技术出版社，2014.

[2] Maggie Macnab. 源于自然的设计 . 北京：机械工业出版社，2012.

[3] 黄滢 . 师法自然：建筑仿生设计 . 湖北：华中科技大学出版社，2013.

[4] 约翰·罗贝尔 . 静谧与光明 .（路易斯·康的建筑精神）. 北京：清华大学出版社，2010.

[5] 库尔特·考夫卡 . 格式塔心理学原理 . 李维译 . 北京大学出版社，2010.

# 无痕设计理论体系中的治愈型空间

张琼耶 / 文

**摘　要：**社会结构的改变影响着个人以及社会的认知与行为。在无痕设计体系当中有一个部分提到了社会群体偏执行为及心理障碍环境设计领域的影响研究。治愈型空间则是基于这些问题及现象之上更加细化且针对性的一个应用方法的探究和实践。其意义在于能治愈心理疾病、调节生命情绪利用其方法原理将范围扩大到宏观的社会公共空间，去解决更多的社会偏执行为；利用环境设计改善生命体的情绪与认知，达到相对平和的生命状态与共生状态。

**关键词：**治愈型空间 无痕设计 治愈 心理障碍

## 一、研究背景

在无痕设计体系之社会群体偏执行为及心理障碍环境设计领域的影响研究，其背景依据与治愈型空间的研究背景有着一些相似之处。社会结构的改变是人们日常生活工作改变的基础，宏观世界发展，全球环境从农耕时代转变到工业时代的那一刻开始，人们随之从活动范围小、自给自足、相对闭塞到活动范围广泛、资本驱动、资源全球化的当下，我们的生活，甚至意识行为，都因此面临着复杂和异化的转变。

社会结构的改变迫使人类的生活、工作、文化、信仰、价值观发生着复杂的变化，从而也改变影响着个人以及社会的认知与行为。因此，在这个复杂的体系中，社会群体偏执行为、心理障碍也成为当下社会中的一个必然产物。如何在这个复杂的体系中利用环境设计来改善和缓解这些现象，无痕设计理论中提到了三个方面的细化探究，即社会群体偏执行为与设计行为关系的探究、社会群体偏执行为对公众审美认知扭曲的探究、群体偏执行为对社会价值认知扭曲的探究。

然而，治愈型空间则是基于这些问题及现象之上更加细化且针对性的一个应用方法的探究和实践，其意义在于能治愈心理疾病、调节生命情绪，利用其方法原理将范围扩大到宏观的社会公共空间，去解决更多的社会偏执行为；利用环境设计改善生命体的情绪与认知，达到相对平和的生命状态与共生状态。

## 二、什么是治愈型空间

治愈型空间是指建立在环境设计范畴下，根据病理分析结果创建的一个具有可医治、防御或辅助抑制作用的空间环境。

其原理为针对不同症状的人，可靶向性的对构成空间的各个属性进行调控，以人体各感官为媒介作用于神经系统与心理状态，改善或缓解情绪及生命状态。这是一个根据受众群不同需求，进行调节治愈的问题，利用改变环境潜移默化的影响人的感受，干预行为直至认知的过程。

普通的空间是在普适价值下，依据空间功能，按照相关规定所建造出的空间或自然形成的空间等，可符合参与者的正常使用、生活的规范。人造空间中，由于基于人体工程学，使其更能满足实用性、便捷性和舒适性的要求，精神层面上亦可得到“合适”、“恰当”的满足，例如，剧场、公园、学校、医院等。治愈型空间不是根据功能性划分或者根据相关建造规定来定义的，它没有固定的指标参数设定，治愈型空间是自下而上，根据不同受众体的需求及情况进行把控和营造的。当然，日常的普通空间中也存在具有治愈性作用的空间，例如，教堂、庙宇，甚至一些自然空间等，这些空间对于个别共性的受众体就会起到相应的精神抚育作用，反推之，这些空间的属性参数范围就是靶向于此类受众体且对其是受用的。

治愈型空间具有多维度作用的特点，研究治愈型空间内在系统的运作肌理都应基于受众群的生理及心理机能。研究治愈型空间，首先需要明确治愈型空间存在的目的及意义，它作用于受众群（正常或病态），根据其不同状态进行干预，从而使受众群达到普适价值下的平衡、健康状态。

因此，治愈型空间不是某个或几个特定的空间，而是根据不同受众群的需求来对其可控属性进行调整匹配的空间。它需要针对性地了解受众群的问题，如何达成空间与问题的契合是治愈型空间探究的主要内容，也是对治愈型空间肌理探究的内在体现。

## 三、浅析治愈型空间的意义

无痕设计理念是在一个完整的生命生存体征上进行的科学，从人们生活最为本质的环节中入手，从而有效、准确地修复及改变人们的审美观念，同时，在关键性索取资源的环节中起到了重要的调节作用。而治愈型空间则是在无痕设计理念体系中的典型性深入性探究。

### （一）感官世界下的治愈

无痕设计研究范围中就有针对视觉世界显性设计下隐藏着的众多隐性价值的分析研究。我们日常接触的所有设计物品、环境都具有其显性设计的价值，传递着设计者的观念和意识，然而隐藏在其内部的隐性价值对使用者具有更深刻的影响，这些隐性设计对使用者的行为引导、心理构建起到潜移默化的作用。正因为人类拥有感官，身边的一切都会给人传递不同的感受，治愈型空间需要设计师从受众体最本质的问题出发，甚至是病态失衡的分子结构入手。反推，自下而上为了修复隐性设计的缺失来进行靶向性的显性设计。如同生病吃药，医生根据患者病情下药，治愈型空间的设计更像是中药配方，针对病灶下药，并且有其他属性把控来调理整体。这也就是治愈型空间在设计实施上最复杂的地方，也是一门对人与设计之间耦合关系的研究科学。

受体是人，本身就是复杂的系统也是要治愈的本体，在对治愈型空间研究的过程中，首先是研究外界刺激作用于人心理的分析。人类的感觉分为内部感觉和外部感觉，内部感觉属于机体内部状态和内部变化的感觉，包括运动感觉、平衡感觉和内脏感觉。而外部感觉，就是我们最熟悉的外界刺激感觉器官产生的感觉。刺激产生感觉的传递途径有两种，一种是直接神经传导，冲动直接到达感觉中枢而引起的兴奋——特异性兴奋（一般单一直接）；第二种是网状转换，来自各个感觉器官的信号在网状结构中枢经过转换产生向大脑皮层其他区域进行弥散传播的兴奋——非特异性兴奋（感觉的交叉融合）。在五感当中，关于视觉在设计学中的研究已颇为成熟了，然而在环境设计中，形成环境的要素就是我们需要考虑的五感感受。在医学领域，有音乐疗法、光照疗法、色彩疗法，都是利用五感来治愈和缓解病患。心理治疗中有艺术治疗的方式，通过绘画、手工等了解病处及缓解患者症状。因此，治愈型空间的可行性是必然存在的，在进行设计之初，我们首先对五感的把控要更加细腻和有针对性。

### （二）内心世界里的治愈

最初提出治愈型空间，是针对心理障碍、情绪失衡等病症或者状态进行调节和辅助治疗。因此，这类受众体的状态与正常受众体的状态有所差异。以抑郁症为例，抑郁症病理学由生物学和心理学取向两个部分组成的。在此，笔者从外源性抑郁症入手进行分析，主要是心理性诱因为应激事件或外在因素产生的情感障碍。

心理及情绪障碍会引起内部感觉发生改变。抑郁症会产生躯体症状，如失眠、食欲减退、性欲减退、恶心、心慌、疲劳、头痛等。恶劣的环境空间，有时会使正常人产生情绪波动、机体感受异常甚至失控，因此上述伴随躯体症状的受众体如果在恶劣的环境下病情会继续恶化。所以，要具有针对性的对上述患者进行环境空间的重新整合和设计，通过刺激感受器官调节躯体症状。

心理及情绪障碍会引起心境、思维、意志、认知的变化。早在我国战国时期对“抑郁症”便有所记载，称其为“木僵状”，长期心境低落导致患者思维变慢、迟钝，甚至交流困难，意志活动减退，不语、不动、不食，生活无法自理，严重者有自杀行为等。外源性抑郁症首先从抑郁情绪开始逐步恶化，在其发展的过程中，尽早干预可减轻或逆转上述症状。内心世界的治愈，除了患者自身及用药调节等，在艺术治疗领域，也可通过参与艺术活动来改善，例如绘画、手工、舞蹈、唱歌等。因此，在与艺术和生活息息相关的环境设计中，其对内心世界的治愈也具有一定的可行性，起到潜移默化的治愈作用。

在如何设计治愈空间来辅助治疗抑郁症患者之前，笔者认为在掌握环境设计及心理学设计的基础上，还应对抑郁症的病理、患者的个体情况、药理学等进行了解，做到自下而上的设计，营造出“大无痕而小有痕”的治愈型空间 通过外部刺激调节其内部感受变化及行为意识，作用于受众体的内心世界，进行达到治疗作用。

### （三）无痕的治愈型空间在设计领域中的应用与长远发展

虽然治愈型空间还处在理论阶段，但其提出也是基于当下某些特定的空间给人以治愈的感觉，抑或是空间环境的某些属性已经出现了治愈病患的临床案例，同时关乎人类情感以及康复的设计趋势也相继出现等。康复景观，通过园艺景观的设计与栽种对病情起到康复作用。近几年，随着设计学科的发展，这个包容性、综合性很强的科学被应用到医院的室内设计中，而色彩搭配是研究的热点。色彩心理学对患者及医务工作者就具有稳定情绪的作用，蓝色和绿色具有镇定、理性、缓解疲劳等作用，妇产病房的粉红色可给予患者关怀的感觉，使产后的心情舒缓。这些案例均为构成治愈型空间的要素，因此从实践中也例证了治愈型空间在环境设计中的科学性和可行性。

另一方面，治愈型空间可通过运用其方法理论治疗当下社会性的偏执行为，纠正人们的认知行为。社会整体的发展结构，价值导向以及认知行为导向也是诱发个体心理障碍的诱因。在当下的社会中，相比病出有因的病人，“无病呻吟”的大环境更是隐患。然而，这些问题的出现，与我们视觉世界里的日常设计带来的负面影响息息相关，因此治愈型空间也可实施于此，用以减少此类现象的发生。

对于受众情感的探索，是无痕设计理念中的一个案例点，治愈型空间则是在此之下更加典型和具有针对性的应用——抑郁症的辅助治疗。根据其方法理论，便会更有效地对其他普遍性的情感呵护设计有所参考。笔者认为，从对少数典型病态人群的设计开始，这样的方法理论可以扩大到对多数正常人群的情感呵护设计中；从治愈的典型性环境空间设计到干预调节的情感呵护的公共环境空间设计；从环境空间设计触类旁通到其他设计领域。这一发展方向也是基于无痕设计理念所要传达的最高追求及价值体现，治愈型空间作为无痕设计中的一个方向，通过设计去治愈当下患病于视觉世界和内心世界的人们，减少真正的病痛和无病呻吟的现象，正视生命的价值。

# 浅谈无痕设计理念下的景观生命周期

张小朴 / 文

摘 要："生命周期"的相关理论在现代自然科学与社会科学领域运用广泛。建筑设计中，我们依靠全建筑生命周期理论，进行有针对性的建筑生命周期分析，从而建立出系统的建筑信息模型。而景观设计领域中，有关场地生命周期的相关理论建设相对薄弱，需要我们逐步深入的进行调查与研究。"生命周期"作为无痕设计中隐性设计的组成部分，符合无痕设计的环境共生价值体系。本文在"无痕设计"理论体系指导之下，对景观的生命周期进行分类与分析，同时通过现实案例的介绍与分析，阐述在景观设计中，生命周期理论运用的方法、价值与意义。

关键词：无痕设计 生命周期 景观设计

## 一、生命周期理论

生命周期（life cycle），顾名思义，就是某个特定对象的从出生到死亡的整个过程。"生命周期"的概念有广义与狭义之分，狭义是指其本义——生命科学术语，即生物体从出生、成长、成熟、衰退到死亡的全部过程，这类生命周期通常是稳定且有规律的。广义概念则是本义的延伸和发展，泛指自然界和人类社会各种客观事物的阶段性变化及其规律、政治、经济、环境等是生命周期理论运用最为广泛的社会科学领域。产品生命周期；市场生命周期；家庭生命周期、旅游生命周期等理论都是其所在社会科学领域中十分重要的理论观点。

一个学科完整的生命周期理论研究中包括方方面面的问题，以旅游生命周期为例，巴勒特生命周期理论告诉我们，在旅游地发展过程中，探查阶段、参与阶段、发展阶段、巩固阶段、停滞阶段、衰落或复苏阶段，不同的生命周期阶段都会表现出不同的特点与规律，通过对阶段性规律的把握，构建出不同的生命周期模型。科学的生命周期模型能够帮助我们了解、干预、调整和控制项目与环境的变化情况，对于项目的实施帮助巨大。

## 二、景观设计中的生命周期

### （一）自然生命周期

景观中的自然生命周期是指自然景观元素的周期变化，无论是植被、土壤、水文等都具有其独特的生命周期。这些不同的生命周期表现都可以给我们带来不同的景观设计思路。

以植被景观为例。对于人造景观来说，植物景观可以说是设计师可控的表现最为明显与丰富的景观要素。植物的生命周期以种子植物为例，指它萌发、成长、开花、结果到死亡的整个过程。其中有一年生植物、两年生植物及多年生植物等各种情况，与此之外还有很多特别的植物有其自己与众不同的生命周期，中国古典文学在这方面有很多充满诗意的描述：昙花一现、夜落金钱、朝开暮落等（分别指昙花、午时花、木槿花），一日、一月、一年之中，植物的个体生命周期以及植物群落的生长演变，都呈现出了丰富的变化。

当然，生命周期并不是单纯由自然决定的，而是自然环境、社会活动、人为干预等多种因素所控制的。这两年，以生命周期过程入手对景观水体进行的研究逐渐丰富，水体的生命周期与水资源的潜在利用率有关，同时影响着水体的微观特征如水生物数量等，另外它还与泥沙运移、河床淤积等衍生情况密切相关。[1] 尤其对于景观水体而言，了解原水的水质、水量等各方面情况，在设计中做好水循环与再利用，延长水体的生命周期，才能优化整个景观项目的生命周期。西安护城河景观水体在设计的时候在不影响城墙整体景观的前提下，在沿线修建小型再生水处理站，对护城河水进行定期多级处理，保证良好的景观水体环境，实现区域价值的提升。

（二）景观项目生命周期

“生命周期”概念在社会科学中运用十分广泛，其中生命周期分析（LCA）理论更是在现代环境科学研究上具有重要作用。生命周期评价是一个评估产品、工艺或行动相关的环境负荷的客观过程。不同产品与项目都可以运用这种方法进行评估。迄今为止，在设计领域，尤其是建筑领域，许多人都在尝试将 LCA 的分析方法运用于个别的实体建筑中，但是由于建筑产品组成的数量较大，建筑寿命的时间较长，LAC 的运用之路也格外艰难。近年来，建筑信息模型（BIM）中提出了全建筑周期（BLM）的概念，包括建筑工程项目从规范设计到施工，再到运营维护、指导拆除为止的全过程，其中分为规划阶段、设计阶段、施工阶段、运营阶段四个阶段。[2] 这一概念推动了现代 BIM 建筑整体信息建设系统的不断更新，尤其在绿色建筑概念发展中起到了重要的作用。

随着现代人造景观项目需求的不断增大，我们也在思考着景观项目的生命周期分析与评估方法。与建筑项目相比，景观设计存在着环境改造性强而产品回收性弱的特点，更需要我们在初期设计中对场地的原生景观进行资源整合，尽量减少施工污染，结合场地环境本身的自然生态与社会人文因素。

充分考虑项目的可持续性发展。良好的景观项目生命周期应该与环境和谐共鸣的，由人造景观渐渐融合与发展为原生景观，并在整个项目生命周期过程中对场地的生态环境与社会环境进行优化。

（三）景观生命周期的可控性与不确定性

景观生命周期的可控性在于，通过调查与资料收集我们可以对场地内的自然生命周期进行信息整理，例如区域植物的生长周期、土壤酸碱性的变化规律、农作物的培育周期等，将其代入进项目生命周期系统中，对场地原有状况进行总结，制定出符合场地环境条件的设计方案，并对方案下的项目景观周期进行预测与评估，争取达到理想中的项目生命周期状态。

事物总是不断发展的，环境更是不断变化的，尽管我们不断地深入研究景观的生命周期，仍然不能明确地对其进行把控。所以，景观成景之后的使用与维护也是我们需要注意的，对于更新后的场地景观，需要定期的查看场地情况，观测场地变化，将其控制在理想的生命周期轨迹之内。

### （四）时间与生命周期

生命周期的发现、探索与研究离不开对时间的认知，时间作为生命周期的划分与分割基准，起着重要的作用。狭义的生命周期里，我们用天、月、季、年来表述一个生命周期的生命维度，而广义的生命周期里，我们则是通过某一时间段下的对象状态与变化来分割与判断整个生命周期。有时候我们关注时间并不是只在时间本身上面下功夫，而是要具有发展的眼光，能找到时间与生命周期的契合点，更好地推进我们的设计工作。

## 三、无痕设计价值体系

“无痕”设计是一种注重人文设计理念、遵循环境规律、倡导生态循环、倡导民俗文化内涵与生命持续发展共生的设计方式，要求设计师具有“意识先行”的审美与设计思维。“无痕”设计本质意义在于始于自然、流于自然、成与自然，因地制宜，且在形态上具有融合环境意识的超视觉功能，以意识上满足了受众体的生活本能及健康的审美情趣、审美情感。[3] 其内涵在于小无痕而大有痕。无痕设计理念要求我们在设计中对环境进行充分的理解和意识渗透，将设计材料与符号语言弱化与精简，升华设计，为感受者提供一个最具认同感的环境状态。当人们进入环境时，感受到的是最合理、最和谐的能引起其情感共鸣的环境，而不是刻意的视觉造型和设计符号的堆砌。

生命周期则无痕设计中隐形设计部分的重要理论，是无痕设计价值体系下的设计隐形价值的研究重点与目标。对“生命周期”理论的认识和理解，对景观中的“生命周期”概念的把握有助于我们对无痕设计理论体系进行更深层的探索与发现。

## 四、景观生命周期的价值与评估

### （一）本体价值

依据无痕设计理论体系，设计的本体价值是建立健康环境的生物循环体系，是以视觉设计为主导，向以共生设计设计为主导转化的价值探索。

“生命周期”的本体价值主要来源于景观中的“自然生命周期”。符合场地环境本身的生命周期的景观要素能最大限度地发挥环境特色。不论是花开花落、树木凋零，还是潮涨潮落、流水结冰，都能带给我们不同的景观感受。

景观设计项目有时为了更快地达到工程设想的景观效果，在违背植物成景周期的情况下采取了各种方法加速植物材料成景，例如将已成型的树木植被进行移植。不仅破坏了植被原生环境的生态绿化，同时被移植的树木由于土壤环境的不适应存活率也并不高，往往适得其反。我们应该清楚认识到，植物的成长需要时间，植物景观的形成也需要时间。为了追求短期的景观效果，进行违反生命周期的景观建设，反而失去了设计的本体价值，无法展现环境本身的景观特色。

在景观设计中充分发挥设计的本体价值，要求我们从场地环境的本身入手，了解项目区域的生态自然环境，土壤环境、空气环境、水文环境、生物多样性等多方面情况，对场地进行评估，预测项目可用时间内的场地发展和变化情况，从而依据这些数据进行景观规划与设计，选择与场地情况相符合的人为景观元素。

（二）溢价价值

美国印第安纳州拉法叶市沃巴士河道是一条常年面临着季节性洪水灾害的而无法被居民使用的荒地。该区域的水体特征导致了其独特的生命周期。而设计师并没有在设计中避开这点，而是依托这一特殊情况依据场地进行设计。设计师利用土方工程对场地进行了改造，形成了山丘、台地、河溪的地形高差效果，同时对河岸进行了加固。以 5 年为单位，对场地的生态环境进行恢复与发展，在洪水来时所覆盖的土地上选择性地进行生物养殖与农田种植，使洪水不再是灾难而成为一种天然的自然资源。

上图中由上至下分别是项目完成后的正常情况、百年一遇洪水情况和 500 年一遇洪水三种情况下的场地状态，栈道在洪水泛滥时仍然可以使用，而季节性的洪水则可以起到滋养土地的作用，周围的都市农业用地可以进行引流。在 500 年一遇洪水情况下，地势地区的区域可以充当缓冲区，地势高的区域依旧可以开展活动 [4]。

在无痕设计中，溢价价值指设计可以从环境设计领域释放出大量的社会资源，同时影响其他领域价值观的改变，并带来资源的释放。以该项目为例，正是对于场地的独特的水文生命周期的分析与把握，使设计师做出了这样的设计方案，随着时间来适应场地的变化，将可用资源保留，反向资源即洪水进行再利用，从而为该项目地区增加了新的水体与农业生态体。完成了项目生命周期的再生性和可持续性。值得一提的是，该项目的设计参与者包括场地对岸的普渡大学农学院，专业指导下完成的设计方案也更具实施性。

（三）景观项目、环境与生命周期的相互平衡

景观项目的前期调查与分析工作十分丰富，包括区位、基础数据、项目现状、地质水文、项目细节等多方面调研。同时在景观使用中的问题更是复杂，不仅是场地环境，人的行为活动与景观空间的交叉互动也是我们需要考虑的。景观生命周期理论评估的代入对实现景观项目的循环价值具有重要意义。

**1. 项目前期**

景观生命周期评估方法能够帮助我们在项目前期对环境变量进行提取与梳理，对项目进行过程中的变量变化进行预测，对项目成本进行把控，对设计施工和投入使用后可能出现的问题找出其应对方法。对景观对象——人的活动行为的考虑，总结各个景观生命周期阶段中其活动特点，延长景观项目寿命，最终将人造景观与原生环境相融合，达到环境的理想状态。

**2. 项目进行中**

在景观成形并投入运营之后，必定会与周边环境相互作用，从而对周边人群的活动流线、人群分布，乃至生活状态都产生各种各样的影响。在景观生命周期评估下对项目进行更加人性化的体验设计的同时，也要以现实情况为依据对景观生命周期评估进行反向检测，找到合理与不合理之处，这不仅对对象项目后期维护有重要作用，对完善景观生命周期理论和其他项目设计工作的相关运用也至关重要。

**3. 与环境时间相平衡**

景观共生与环境时间有着关键联系，关注与尊重景观的成长才能有效地对环境进行一步步的优化。环境的周期性因素上文有简单提及，景观周期评估指导我们在把握环境变化规律的情况下进行设计，在不破坏环境的情况下优化人们的生活活动状态，理想的结果是找到项

目循环价值，真正达到“小无痕而大有痕”。

## 五. 总结

对于景观的生命周期理论的研究仍然是十分浅薄的，需要我们不断探索，但其研究意义却是不言而喻的。无痕设计的系统化体系给了我们一个思维的框架与理论指导的方向，不仅仅是生命周期，许多现代设计中面临的问题我们都可以在无痕设计中找到答案。如果能将无痕设计的理念运用并推广与当代环境设计中，相信会对我们现今的设计行业局面打开一扇新的大门。

参考文献：

[1] 武萌，汪力．西安护城河景观水体生命周期探讨．西北给排水，2010,6.

[2] Niklaus Kohler,Sebastian Moffatt. 建筑环境的生命周期分析 UNEP 产业与环境，2004：2-3.

[3] 孙鸣春．设计“无痕”——“无痕”设计之探索．

[4] 徐之成．自然的水系与文化的传承—美国印第安纳州拉法叶市沃巴士河道未来 30 年规划．景观设计学 .2014：007.

[5] 周维娜，孙鸣春．“无痕”设计之探索．美术观察 .2014（02）.

[6] 季翔，刘黎明，李洪庆．基于生命周期的乡村景观格局演变的预测方法——以湖南省金井镇为例．应用生态学报 .2014.25(11):3270-3278.

# “小无痕”之“大作为”

吴飞龙 / 文

摘 要：作为一种前卫的设计理念，“无痕”设计是注重人文设计理念、遵循客观规律，是环境保护、资源循环再生、绿色生态与可持续发展共生的设计理念。以最低的伤害，最少的资源浪费，最低的经济费用，达到物尽其用，功能得到最大发挥，资源利用率最大化，使人的心理与生理得到最大满足的人性化设计。

“无痕”设计作为意识先行的设计思想，是设计师在设计作品时，以自己最大的能力在对环境以最低的伤害的同时实现资源消耗最低，设计与环境可持续发展共生的设计理念。

关键词：无痕设计 生命周期 景观设计

## 一、“无痕”设计的实质

随着中国经济的飞速发展，中国设计也相应在提升，但是在提高的同时问题也开始显现：庸俗、浪费资源、环境污染、竭泽而渔等，只是追求短时的利益而以牺牲环境和人力、物力和财力的不可取设计越来越多。“无痕”设计就是在这样的背景下产生的，通过对保护环境意识的转变，尊重客观规律，站在环保节能者的角度来进行设计。

在社会经济发展时，一种思潮也在相应的发展，当它发展到一定的程度就会受到多方面的限制，需要突破多方面的瓶颈才能继续前进，与此同时就需要新的思潮产生。作为一股新的力量来继续向前发展，“无痕”设计就是在当今设计理念出现了一系列问题之后产生的一种新的理念，作为对当今设计思想的补充和矫正。在 20 世纪以前，建筑形式受到结构限制的同时也受到当时建筑师的思想限制，就在此时，密斯提出了“少就是多”的建筑理念，无疑，密斯正是这样一位先行者。“无痕”设计和“少就是多”一样，也就是在设计师出现浪费资源，不顾环境的实际承受能力，违背可持续发展等社会发展出现问题时应运而生的，“无痕”设计是一种前卫的设计思潮。

中国自古以来就有“天人合一”的造物思想，认为自然和人不是对立的，而是相辅相成的。人类从敬畏自然到改造自然，再到尊重自然这样的社会发展规律；从人为地走向自然，只要人生在世，就不能不有所为，既要“人为”，又要返璞归真，尊重保护自然，即“自然”；“天人合一”的设计思想就说明了“人为”与“自然”的统一。当今社会，人们对自然进行掠夺式开发，造成环境污染、破坏生态平衡、资源浪费，设计的功能并没有达到理想中的状态，造成设计“疾病”，给人们人力、物力、财力和生理、心理造成一系列的问题，缺乏对自然的尊重和情感的设计。

## 二、“无痕”设计之思潮

“无痕”的小不是我们平时思维中的少或者不设计，而是根据实际情况对环境资源生态等中以最低、最少的破坏或消费的程度。它也是一种新的设计思维，这个新的设思想也是相对于固有的经验而言。设计是一个思考的过程，在这个思考过程中，受到一系列复杂的限制，打破和消除固有的思维主导模式，运用脑海中已有的经验模式，产生一种新的注重生态、注重人文设计和可持续的共生的设计思想。

“无痕”设计的目的是消化设计的痕迹，使自然和设计能更好融合。人类自古以来的居住地就是依山傍水，人们建造的村庄、城市都是按照自然的生态环境而建造的，这也是“无痕”设计的思想依据，也说明了自古以来人类就知道“人为”与“自然”的共生。当然，要想达到“人为”与“自然”的共生也是不容易的，鱼和熊掌兼得，是需要我们付出很大的心血的，有时候为了一方面利益就得失去另一方面，“无痕”设计就是最能在这个时候体现出来，“无痕”设计就是全面的实现物尽其用，各方面功能得到最大发挥。墨子说“衣必常暖，然后求利”，暖为功能，丽是审美，它们有着共时的互补的内在联系。这种共生的设计理念一方面具有外在的表现形式和主观因素，另一方面也具有客观的发展规律。

### 三、“无痕”设计之“小无痕”之大作为

“无痕”设计理念包含着当今社会发展趋势，如可持续发展、绿色设计、节能环保设计、人性化设计、生态设计、情感性设计、共生设计理念等。“无痕”设计理念中，资源的回收循环利用是当今社会发展急需解决的问题之一。

中国有五千年历史，可这个古老的国度中城市已经被拆得面目全非，当今许多城市千城一面，没有当地文化特色，这是中国经济发展过快，基础设施不完善的原因。但是这也是中国在当今这个时期的一个特点。中国城市建设比较突出的一个问题是，怎样在古建筑上发展出符合现代人生活方式的新建筑，使这个新建筑有中国建筑的文化烙印在上面。

最近的十几年中，中国古建的拆毁速度越来越惊人，许多年纪大一点的人已经开始有找不到“家”的感觉了，他们已经很难看到有文化记忆的建筑了，丧失了当地文化记忆。中国几十年前是一个典型的农业型社会，中国有深厚的文化，现在却没有了古老的建筑，整个城市失去了记忆，我们不敢想象，这样下去，中国会发展成什么样子。

当各种医院、公司、公寓、写字楼等打着人性化的幌子反而建造的奢侈时，王澍在设计和建造宁波博物馆时，有意识地使用了许多老村落拆毁后收集到旧材料，为了发挥建筑材料的可持续利用和经济的实用性，这些由各地收集来的不同年代的旧砖弃瓦颜色不一、大小不一、新旧不一，经过王澍的精心设计，形成错落有致，重重密檐，远看就像是一幅中国画的山一样，又有点像是村落组成的迷宫一样美轮美奂的庞然大物，使这些失去尊严的材料又有了可循环利用的价值，并且可以把他们再次呈现在新的建筑视野上，使它唤起“场景与空间的共鸣”。这里面还有一个小故事，一位老奶奶先后四次来到宁波博物馆，站在博物馆前面久久站立凝望，工作人员不解，就问她在看什么，老奶奶说：“我不是为了看展，我也看不懂，我在看我家，我能从这个建筑上看到我的“家”的影子”。宁波博物馆所在地以前就是老奶奶之前生活一辈子的地方，以前那里是一片村庄，现在都被拆了建成博物馆，并且博物馆上面用的收集起来的瓦片，其中就有以前村子里的。这种记忆是难能可贵的，我想这也是我们情感性设计的源头，给人们健康的审美情趣。

不管是把浇筑混凝土时用的竹板放在瓦片下，还是混凝土上面还覆盖着旧瓦片，瓦在这里没有实际的功能，只是对传统材料的一种演绎。这种新旧材料混搭在一起的使用，会使人有为之一振的效果。这种设计理念非常成熟，但是你也会看到中国古老建筑的影子在里面，我个人感觉，咱们先不谈它是不是古建筑向新建筑过渡的良性设计方式，但是他的这种思想和做法是非常值得我们学习的，他在试图使当代建筑有了中国特色的味道在里面了，这些材料重新“活了”起来。

正是社会出现了这一系列问题，“无痕”设计理念中，资源的循环利用，可持续发展等对这一问题进行一定的矫正，且在形态上具有融合环境的功能，以意识上满足受众体的健康的审美情趣。

## 四、结语

“无痕”是一种前卫的设计意识形态，它以最少的消耗设计出利用率最大的作品，并且在满足功能的同时对环境保护以及最低资源消耗和对生态最低的伤害设计出符合人们健康的审美情趣的理念。

当今许多自称设计师的“大师”们，他们真的做到了满足现代人需求的同时又不损害环境，不浪费资源，保护生态的可持续发展和共生的“无痕”设计吗？这是我们值得反省的问题。

参考文献：

[1] 周维娜，孙鸣春．“无痕”设计之探索．美术观察，2014,2.
[2] 周顺裕．王澍建筑作品中传统元素运用研究．中南大学，2012,5.
[3] 高小宇．既新又旧：王澍建筑创作中对旧材料的运用研究．南京工业大学，2014,6.
[4] 贾昕妍．可持续发展理念下的绿色设计．天津师范大学，2010,4.
[5] 沙强，张东方，卢仁峰．浅析产品交互设计中的“以人为本”．国际会议，2008,12.

# 中小城市绿色公交站点设计研究

李博涵 / 文

摘 要：城市交通组织对城市规划有重要意义，主要表现在对城市用地布局、地块开发强度、建设规模有很大程度的影响，其中城市公共交通又是城市内交通体系的重要组成部分，是建设绿色城市、高效城市的有效途径。城市公共交通包含的内容也非常多，公交线网布局、站点的设立、甚至运营模式等内容。本论文是针对其中公交站点提出的，调查以西安市南郊省肿瘤医院站点附近交通环境为例。

关键词：可持续性设计 功能性设计 新型能源 绿色公交设计

## 一、西安市公交站点调研

### （一）西安市公交站点调查访问

为了解市民对现状的评价和意见，对部分市民访问调查：（表 1）

针对本文所研究的公交站点相关环境的问题　　表 1

| 提到公交车站 | 拥挤、不安全、晚点、不方便还受天气等其他因素影响 |
|---|---|
| 公交站点的设计 | 不醒目、不人性化 |
| 公交站点包含的信息 | 不全面，缺乏车辆运行查询预报等基本功能 |
| 公交站点的广告 | 广告宣传占了大多数面积，而乘车信息太少，不全面 |
| 公交车运行状态 | 应该要有车辆到达时间、车辆所在位置、到达目地的车站的时间、运行速度和公交车拥挤程度等 |
| 理想的公交车站设施 | 理想的公交车站设施有实时公交运行信息发布，有详细的换乘指示和必要的公益宣传等 |

### （二）西安市公交站点调查结果

通过对西安市南郊省肿瘤医院站点附近的调查并结合道路两旁交通环境，得知公交站点问题主要包括以下几点：（表 2）

公交站点调查结果　　表 2

| 城市公交站点破旧 | 一些站牌“年事已高”，缺少维护、设施陈旧，无法看清路线。公交站点应合理选择材质，提高使用寿命 |
|---|---|
| 站点停靠线路多 | 每个公交站点平均停靠线路5条以上。当三辆公交车同时停靠时，站点秩序极为混乱给乘客上下车造成不便 |
| 候车座椅或者座椅设计不合理 | 对弱势群体不够关注，没有考虑到老人或者行动不便的人群 |

1. 公交站点十分拥挤，尺寸布局不合理。解决方式只是让站台不断加长，因此宽度偏窄，乘客查看公交信息时难以移动，视觉空间有限，查询拥挤低效。尺寸比例不合理，没有从使用者角度考虑（图 1）。

图 1 公交站点拥挤
（资料来源：调研照片）

图 2 公交站点无法避雨
（资料来源：调研照片）

2. 公交站点的顶棚形同虚设。没有提供一个有效地遮风挡雨的功能（图 2）。

3. 首末站设置不合理。36 路车其走向是辛家庙枢纽站——省肿瘤医院，这两站为首末站点。而省肿瘤医院站点设置在含光路丁字路口，路口设置有红绿灯，是交通要道。丁字路口不仅有医院、居民区还有学校，人流量和车流量密集。不仅市民们要在此处通行乘车，公交车还要掉头，给交通带来了诸多不便。

4. 缺乏公交专用道。由于站点停靠线路多，管理不到位，街道在不同程度上被占用，不得不设置多个乘车点。由此，导致公交车运行缓慢，不能准时到达，造成交通拥挤的现象。

## 二、西安市公交站点问题分析

### （一）忽略功能性设计

大多数城市公交站点主要是通过招标形式决定建造的企业，而这些竞标企业也只是主要考虑报价和施工等因素。

因此，那些中标企业为了降低成本，会在公交引导设计中扩充建设达到宣传和盈利的目的，从而导致公交站点广告栏占领大部分面积，而为候车乘客提供路线信息服务的主要功能并未体现。

公交站点的站牌信息不足，站牌仅显示了线路名称、站点名称、首末站末车时间、运行方向四项基本内容。由于缺乏直观的图示，并且站名管理不规范，乘客坐错车现象时有发生。

### （二）缺乏可持续性设计

1. 供电设计。由于设计初期并未进行系统性的评估与研究，因此城市公交站点在供电问题上缺乏可持续性设计，导致一些公交站台缺少夜间照明，看不清站牌。而有些公交站点虽然增设了电子站牌，但是存在供电不足，电子站牌并未使用。

2. 可拆卸设计。公交站点缺少可拆卸性设计，不便于部件材料维修和回收及再利用。

3. 材料选择。一些公交站点为达到美观、耐用、防腐等要求，选择在金属材质上增加涂镀，给废弃产品回收带来困难，并造成环境污染。

## 三、绿色公交站点设计思考

### （一）功能可持续性设计

由于城市公交站点的客运量较小、路线固定、间断性运输等特点，因此要求其基本功能是提供便捷小面积的候车场所，交通组织流线通畅，空间简单明确，并且提供车辆运行信息查阅的电子设备等。从绿色公交站点的角度出发，公交站点设计应具有可持续性（图 3）。

图 3 国外优秀的公交站点设计

1. 设计应易于拆卸和组装，以便根据不同的功能需求进行重组，及时更换受损构件，延长站点使用寿命。例如：罗利公交车站。这个公交车站项目是由两个相互对比的元素组成的结构，一个是厚重的混凝土墙壁，它是主要结构，形成一个凳子，还有一个钢铁的盖顶系统，两个结构是在工厂生产的，然后再拉到现场进行组装，从立面和剖面上讲，墙壁与盖顶相互交织，形成两个“L”形的组合，盖顶表皮是由压层的聚碳酸酯组成，它表达了盖顶的轻盈性和半透明性，同时易于拆卸和组装（图 4）。

2. 根据地况的不同，合理布局站点尺寸大小。

3、合理的应用信息技术，提供车辆运行信息查阅的电子设备、应急时，提供临时手机充电、热水供应、小型自动售卖机等设备。多增加一些人性关怀的设计。例如：美国麻省理工学院设计未来的公交车站，利用科技和信息技术提供了各种信息设备，实现自动化管理（图 5）。

（二）材料的选择

材料的选择是公共设施考虑的重点，它直接影响了设施的形态和功能。

1. 考虑选用强度高、耐腐蚀、易清洁、易维修的材料，从而在保证功能的前提下，延长公交站点的使用寿命，降低维修成本，减少资源浪费（图 6）。

2. 选择可再生、可降解的绿色材料，减少环境破坏。

3. 使用二次回收材料，利用工艺和技术手段对回收材料进行再利用，例如：雕塑家克里斯托弗 · 芬内尔 (Christopher Fennell) 创作的这个黄色的公共汽车候车亭。位于希腊雅典的乔吉亚的这个候车亭由三块黄色的报废校巴车厢片组成，为了建造这个候车亭，克里斯从报废校巴车上精心选择了些车厢片材和座椅，焊接在一起。原本要进入“坟墓”的报废车厢重新焕发容颜，随时准备欢迎乘客，等待下一趟车。

4. 就地取材，减少运输成本。

5. 考虑与城市景观的结合，是等车成为一种享受。

（三）能源供应

绿色公交站点就是需要我们建设时，利用新能源，如风能、太阳能、生物能等可再生能源来应用，既能节约资源，又不会对环境造成污染。

公交站台供电设计方面，可在站台顶棚安装太阳能电池板提供电能；也可使用 LED 技术进行照明，合理设置照明时间等方式达到节能目的。

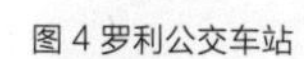

图 4 罗利公交车站

图 5 美国麻省理工学院设计未来的公交车站

图 6 王澍设计的公交车站

## 四、结语

随着城市经济的高速发展，城市机动化的逐渐提高，完善城市道路系统和搞好城市交通规划成了城市发展的关键。绿色公交车站点设计，就是本着绿色环保节能和可持续发展的原则，对城市公交站点的设计策略进行初步思考，给出了城市公交站点的绿色设计策略，从而避免资源浪费、设计浪费、财力浪费等问题的产生。既实现了节能环保，也对资源进行了合理利用。希望以此推动城市公交站点的绿色设计，设计出更加安全、舒适、美观和环保的绿色公交站点。

参考文献：

[1] 王亚飞 . 关于优先发展我国城市公共交通的研究 . 长安大学硕士学位论文，2001：6-7.

[2] 李茜 . 国外大城市解决交通问题的措施，综合运输 . 海外视窗，2004，12.

[3] 张志荣 . 都市捷运：发展与应用 . 天津： 天津大学出版社，2002.

[4] 迈耶 · 米勒 . 城市交通规划有关决策的方法 . 中国建筑， 1999

[5]( 法 ) 皮埃尔 · 梅兰 . 城市交通 . 北京：商务印书馆，1996.

[6] 郑祖武等 . 现代城市交通 . 北京：人民交通出版社，1998.

[7] 宋守许. 绿色产品设计的材料选择 [J]. 机械科学与技术，1996 (1)：41-42.

[8] 刘志峰，刘光复 . 绿色产品设计与可持续发展 [J]. 机械设计，1997 (12)：1-3，9.

[9] 胡迪青 ，胡军军 ，胡于进 . 支持面向装配和面向拆卸设计的 CAD 系统 [J]. 中国机械工程 ，2000，11(9)：1001-1006.

# 无序状态下的城市绿色公交站点设计及人的心理行为分析

## ——以西安公交体系为例

刘竞雄 / 文

摘　要：城市绿色公交车站的相关设计与研究在我国起步较晚，西北地区较为落后，而车站设计的简陋，等车人群的盲目和无意识造成各类无序状态，拥挤和脏乱，功能缺乏受众需要已经成为公交车站的通病。论文在“无痕设计”大的框架下，以矫正群体偏执行为、集体无意识为重点，通过对西安城市公交车站的调研，将人的心理行为与候车无序状态作为研究切入点，分析候车人群的环境行为、社会行为和心理行为对绿色公交车站设计的影响，密切结合生活出行和环境，从色彩造型、功能设施、材料技术多方面打造绿色公交车站，缓解候车人群的焦躁、提供候车人群简单基本的功能需求，从心理情感上疏导受众，使其自觉形成秩序，缓解车站拥挤和脏乱的现象，提升城市形象。

关键词：无痕设计 无序状态 群体偏执行为 绿色公交车站 行为疏导 城市形象

### 一、什么是无序状态?

“无序”本是指原子、分子偏离周期性排列的体系，物质的固、液、气三态的转变，在气态、分子的空间位置完全是无规则的，可以在空间自由运动，这是一种高度无序的状态[1]。在本文的研究中，无序状态指人在空间活动中的一种行为和心理状态，在本文研究的公交车站候车空间中主要表现在两方面: 一方面是候车人群拥挤，通行阻碍; 一方面是候车环境杂乱，功能缺失，属于集体无意识的一种现象。

随着城市建设脚步的加快，城市发展中一系列问题也随之暴露，配套公众设施与受众需求不匹配，相关功能缺失等已经成为城市生活中的常见问题。政府大力提倡“绿色出行”、“低碳生活”等观念，但配套设施不完善，使得我们向往的绿色生活大打折扣。

城市公交是城市生活中的重要部分，我们每天的出行，涉及老中青各个年龄段人群。但由于公交车站遮风避雨功能欠缺，候车休息设施不完善，加之滴滴、uber、神舟等各层次的打车软件使出行实惠便捷，越来越多的人在经济条件允许的情况下更倾向选择打车来解决出行问题，不选用绿色低排量公交车。这样一来更增加来城市交通负担，私家车、公交车、出租车、专车等在早晚高峰期一起出动，必定造成堵车、乱占自行车道、乱停靠等混乱无序的情况。

### 二、城市公交车站调研

城市公交车站是充实公共设施中的重要组成部分，因为它们遍布城市各个干道，串联起来就是城市的交通脉络，是大部分城市人每天都会使用的公共空间。城市公交车站的设计存

1. “无序状态”词义来源于物理中“无序体系”

在很多不合理性，并不能很好起到提供候车、短暂休息的功能。

（一）西安城市公交车站调研

通过亲身经历和调研，发现城市公交车站并没有提供一个较合理的候车空间。以下为西安市常见的公交车站类型：常见的公交车站设计和审美都很弱，已经成为模版化的符号伫立在城市的街道之中，是城市形态中麻木的存在。“千站一面”的现象比比皆是，没有地域代表性、文化体现性和设计创新性。以下是我们城市中常见的公交车站的情况：首先，没有具备城市文化特点，设计感欠佳，其次，颜色材质千篇一律，相关信息导视还是原始展板方式展现，更新纠错效率差；最后功能设施不齐全，大小站空间面积没有保障，起不到遮风避雨作用，休息，充电，饮水等功能几乎没有，很少使用环保材料及太阳能发电等。

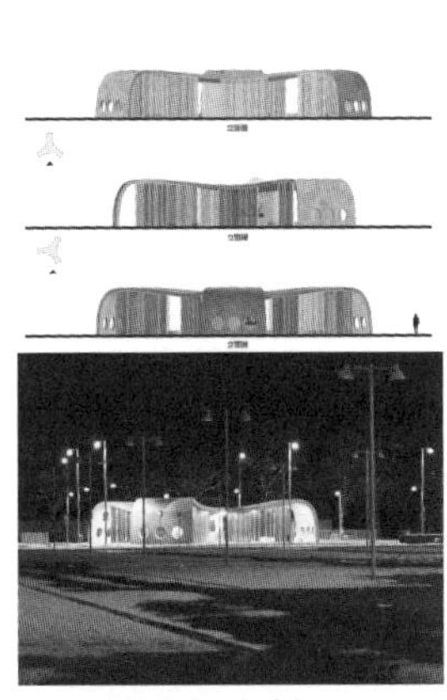
图 1 荷兰格罗宁根候车站

图 2 波兰 OZONE 工作室

由于环境的局促，更加剧候车人群焦躁、想离开的心理，从而导致人群的集体焦躁、盲从、集体无意识，进而出现各种偏执行为，如强行拥挤、超越候车线等无序现象。在此又加剧候车环境氛围的焦躁，人们在多数人的影响下开始无意识盲从，形成乱恶性的循环。

（二）其他国家城市公交车站调研

其他国家对于绿色公交车站的设计和实践相对较早，现阶段已经出现很多较好的实际案例（图 1 ~ 2），值得我们学习和借鉴，主要体现在以下几个方面：技术创新，使用太阳能发电，智能系统，显示时刻和天气航班等相关信息，提供充电口；形式创新，有的地方公交车站与环境相呼应，体现了地域性和趣味性；材料运用提倡环保，不仅有先进的太阳能发电，绿色覆土车站等，还有使用回收材料，进行废物利用，如球门、酒瓶，或就地取材的石块、夯土等；选址合理：如韩国首尔公交专用道是设在路中央的双向通道，沿线的公交站点也随之移到马路中间，呈“私车——车站——公交——车站——私车”的布局[2]，公交车快速驶过、优先拐弯。

2. 例证来源：《国内外城市公交竞争分析》。

在合理有序的候车环境下，候车人群自动遵循规则，按顺序排队，找到自己所需功能如查阅公交信息、休息等，有效缓解了群体焦虑。将排队等车中的无序状态减少，每个人都成为遵守规则的公共人。

## 三、西安城市公交车站的等候人群行为分析

通过实地调研，收集和分析了西安城市中常见城市候车人群中出现的一些现象及心理状态。从候车人群的环境行为、社会行为和心理行为这三方面分析，探究三者在候车空间中的关系，分析总结候车空间无序状态产生的原因和现象，为绿色公交车站的设计提供方向和理论支持。

（一）候车人群的环境行为分析

环境行为是指人们或各种社会实体与团体为了达到为我所有的目的而对资源和环境所采取的行为。现有的公交车站的设计，营造的候车空间实用性并不理想。经过调研发现：与早高峰相呼应，晚高峰 17：30 ~ 20:30，由于经过一天的工作和学习，人们整体心理较为疲惫，车站候车设施不完善，座椅、靠背等设计缺失，候车站人群反而没有

标志性站牌的人群密集度大，乘客潜意识中存在尽快上车——上车占座——上车回家休息等心理，使候车人群集体向停靠站牌拥挤、发呆、玩手机，跟着移动脚步的情况明显。再如极端天气条件下出行人数较少，但对于上班族来说情况不容乐观，公交车是必须乘坐的交通工具，而候车站起不到遮风避雨的功能，因此很多人下半身会被雨水淋湿或被烈日暴晒。为了避免身体遭受自然环境的影响，候车人群尽量都使自己停留在遮蔽物下方。根据相关的规定：一般中途站仅设候车廊，廊长宜不大于 1.5 ~ 2 倍标准车长，全宽宜不小于 1.2 米。在客流较少的街道上设置中途站时，候车廊可适当缩小，廊长最小宜不小于 5 米[3]。但由于现有公交车站的遮雨棚尺度适应不了不同区块的人群密集度，遮蔽面积与人群数量比例相差较多，引起群体的拥挤、占地方、竞争有限遮蔽面积等行为，破坏了候车的秩序性，在无序状态下，环境行为没有朝良性发展。

3. CJJ15-87《城市公共交通站、场、厂设计规范》。

（二）候车人群的社会行为分析

社会行为是指：群居在一起的动物，相互影响，相互作用的种种表现形式，我们称之为社会行为。通过调研分析，候车人群的社会行为在不同时间段和特定条件下有不同表现，本文以无序状态为主要研究。如早高峰七点至八点半：早高峰候车人群以中青年、青少年为主，主要出行目的是上班、上学等。此时车流量大，交通较为拥挤，候车站人数较多，每当公交停靠时会出现拥堵上车的状况。因为时间关系，大多数乘客心理比较焦急，行动更加快速。由于缺乏疏导，如暗示排队的引导线，疏导人流的围栏等设施和标识，人们在群体作用下一起朝车站拥挤，此时容易产生“侵犯行为”[4]，在拥挤的无序状态下，生理上由“杏仁核”[5]产生暴戾情绪，刺激粗暴行为产生，出现口角、敌对情绪等，为了赶时间挤公交更有甚者出现推搡，踩踏等行为。

4. 侵犯行为：是一种有意违背社会行为规范的伤害行动。这种伤害行为可以是实际造成伤害的行动或语言，也可以是旨在伤害而未能实现的行为。侵犯必须伴有侵犯的情绪，比如愤怒。

5. 杏仁核：附着在海马的末端，呈杏仁状，是边缘系统的一部分。是产生情绪，识别情绪和调节情绪，控制学习和记忆的脑部组织。

（三）候车人群的心理行为分析

候车人群的心理行为受候车空间环境的影响暗示和社会行为的干预，又反作用于社会行为和环境行为。缺乏适用性的车站空间无法合理疏导候车人群的偏执焦躁心理，高峰期焦躁心理加剧，嘈杂环境和长时间等候又造成候车空间显得更加杂乱无序，人群产生抵触、厌烦、急躁的心理，“社会认同”这一心理行为模式使得群体对于空间的认识引发集体的不满，从而导致群体的拥挤、盲从。

（四）关系维度分析

班杜拉社会学习理论认为：个人的行为不是由动机、本能、特质等内在因素决定，也不是由环境力量所决定，而是由个人与环境的相互作用决定的。因此通过现有的资料查找和分析，候车人群环境行为引起社会行为，环境行为和社会行为影响心理行为；心理行为有反作用于社会行为和环境行为。

公交车站所创造的候车空间的质量，决定了候车人群的行为属性。通过对现有车站的问题分析，绿色公交车站的设计应该使候车群体在候车空间中产生“亲社会行为 ”[6]，合理引导人们自觉遵守规则，创建公共秩序，良性的环境创造规范有序的社会行为，缓解焦躁的心理行为，使候车人群的行为呈良性循环发展。

6. “亲社会行为”泛指一切符合社会期望而对他人、群体或社会有益的行为。它主要包括分享行为、捐献行为、合作行为、助人行为、安慰行为和同情行为等

## 四、绿色车站设计对人群无序状态下的行为心理疏导

绿色公交已经大量普及，天然气、燃料电池、混合动力汽车、氢能源和太阳能动力等公交车已经是城市低碳的出行代步工具。然而公交车站却还没有跟上“绿色”的步伐，在设计和观念上都相对滞后，因此，候车空间成为一个空洞的符号，缺乏功能的标志，没有很好的起到公交车站遮风避雨、提供信息、引导候车等相关的作用，人们通常在无序状态下拥挤、麻木、焦虑的等待着。 因此，车站环境的改善很有必要，绿色公交车站的设计刻不容缓，它对每一个城市人候车，乘车都有着重要的意义，是对城市病的一种缓解，对候车人群无序状态和集体无意识、群体偏执行为的疏导，是良性行为的催化剂。

### （一）功能疏导

#### 1. 信息功能

公交站点服务内容主要分成如下几类：

（1）基本信息：站点名称 、线路走向 、首末班车信息 、发车间距等。

（2）动态信息：天气变化，可到达的火车站，航班信息等，突发情况引起的路线调整或路线更新等。如果处于交通繁忙地段，可追加路途交通情况，做到更加全面。公交车站的主要功能之一是为乘客提供信息服务，及时有效，不断更新的信息对于出门在外的行人是十分实用的，充分了解路况实时信息可有效缓解候车焦虑感引起的混乱无序，疏导和缓解出行的焦虑心理、引导乘客的出行。

#### 2. 低碳智能化

依托通信网络构建城市移动公交网，应用数据库技术、数据挖掘技术等智能软件进行分析处理，实现公交调度管理的自动化、智能化。为乘客提供及时信息。

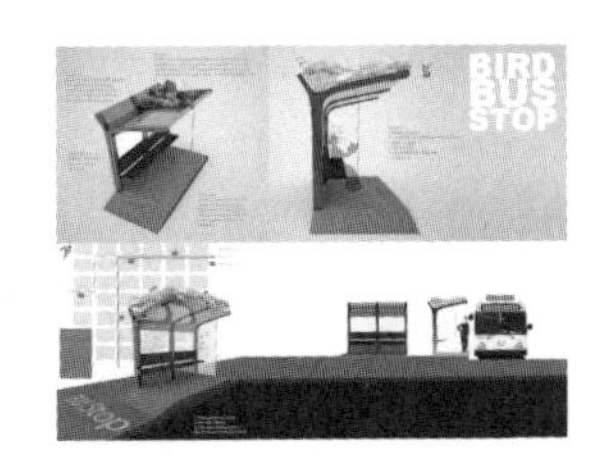

图 3 太阳能自发电系统绿色公交车站示意图

将太阳能板运用到公交车站设计中（图 3），使车站成为一个可以自己供电的小系统，提供大量信息的同时，可以满足候车乘客其他的需求如手机充电，链接网络查看传送重要信息等。缓解部分乘客因为工作或学习生活需求带来的焦虑，提供便捷的通信功能，太阳能自发电系统可以真正做到节能、低碳、绿色环保。在工作日，可以给人们提供有效信息，引导乘客按时等候，缓解等待与未知性带来的心理焦躁而引起的混乱无序。

#### 3. 设施应用比率

通过相关数据显示：上海 317 名出行者调查发现，有 11.2% 是人在站点等候时“非常需要”座椅休息，有 42.9% 的人“需要”座椅休息，只有 10.6% 的人“不需要”座椅休息；有 37.2% 的人“经常”遇到没有座位情况，有 55.2 % 的人“偶尔”遇到没有座位的情况。在西安城市公交车站的调研中也发现车站设施比率和尺度设计与人群密集度失调。在绿色公交车站的设计中，应该结合环境和城市分区，对候车人群数量有一个清晰的认识，将密集度不同、城市分区不同的车站区别对待。

7. 数据来源：吴从余李林波 城市公交车站设计中的情感因素分析 The Analysis of the Emotional Factors in the Design of City Bus Stops

人群密集度大，地段繁华，公交车停靠频繁的区域，应以快速集散人流为主，休息设施主要提供给老弱病残，不宜过多，清洁设施应该完善，及时收纳和清理因人群素质不高而带来的各种垃圾。智能垃圾箱、分类垃圾箱等设施必不可少。候车亭顶部遮蔽物

尺度应扩大，为极端天气下对人群的保护起到实际作用，也从尺度上扩大了候车的空间和边界；人群密集度小，城郊结合或较偏僻地区，候车时间长，来往车辆少的地段，应考虑候车群体候车时间长，交通不便捷的因素，增加休息设施。车站不仅仅是一个等车的标志性地点，还应该是呵护候车乘客免受风雨侵袭，烈日曝晒，缓解人们疲劳焦躁的公共空间。

图 4 国外公交车站模型及实景图（从左至右依次为）：多功能车站，中转站，综合枢纽站

（二）色彩、形态疏导

心理学家对色彩对人的心理行为影响曾做过许多实验，自 19 世纪中叶以后，心理学已从哲学转入科学的范畴，心理学家注重实验所验证的色彩心理的效果。一般人都有对色彩的识别能力，并且这种能力是先于对造型形式的识别能力。

城市公交站点作为人们出行的重要枢纽，不仅需要醒目，也需要统一干净的色彩，才能够在大环境中显现出来（图 4）。亮色可以起到提示作用，短途站和小站可以用亮色凸显标志作用，表现出活力与吸引力；综合枢纽站、大的换乘站，需要简洁色彩，做到整洁统一，帮助人们迅速识别信息，引导人们按路线按区域候车乘车。 色彩既可以起到提示作用，线条、色块等都是信息符号的传达元素，又能够帮助人们辨识，也是城市公交线路上一个个充满活力的信息点，使设计适用于环境，给出行带来便捷。

绿色城市公交车站设计从形态上应该有别于常规的不合理的公交车站的设置。城市是个大概念，城市中的不同地段其风貌和功能都有差异，CBD、购物区等可以是时尚，充满科技感，及时提供给人们讯息和相关功能如充电、天气提示等；生活区、大学城等地方的公交车站可以是就地取材、和环境相融合，充满亲切和人文气息等。一个丰富多变的城市不该是千篇一律的符号，在考虑可量化生产和节约制作成本的同时，也应该考虑细节与亮点，根据大的城市分区，将我们的绿色公交车站设计得更有特点和新意。

（三）材料运用

**1. 材料适用性**

公交车站材料的运用也对候车人群心理及行为起到影响。现阶段常用材料有：木材 、金属 、石材和塑料，从目前使用情况来看，金属材料的座椅和车站构架占绝大多数，金属生硬，且散热性差，流动人群几乎很少使用。相对舒适的候车环境能有效缓解焦躁情绪，合理暗示引导人们遵守秩序，一个能坐、能放东西的座椅并不是很难设计实施，树脂、回收木材、再生纸板等都可以成为低成本的材料，而 U 形玻璃、轻质钢材等已经广泛应用。材质应与当地气候相宜；材质应与周围环境协调 ； 材料成本较低，可回收。

**2. 材料自洁性**

现有公交车站的常见材料有钢板、钢化玻璃、镀锌钢板等，座椅设施多采用树脂塑料、防腐木、钢板等。虽然有耐久性强，可长期使用等优点，但存在清洁问题，多数座椅产生刮痕，站牌、垃圾箱等污垢较多，广告牌表面玻璃较脏等问题。由此问题引发公交车站使用材料的适用性问题，多数乘客不选择使用车站提供的相关设施如表面受到污染的座椅；还有素质较低者，在此环境影响下不再维护公共环境清洁性，随地扔垃圾吐痰，

8. 由于莲叶具有疏水、不吸水的表面，落在叶面上的雨水会因表面张力的作用形成水珠，水与叶面的接触角 (contactangle) 会大于一百五十度，只要叶面稍微倾斜，水珠就会滚离叶面。因此，莲叶的表面总是能保持干燥；此外，滚动的水珠会顺便把一些灰尘污泥的颗粒一起带走，达到自我洁净的效果。

给公交车站“脏上加脏”。对此，绿色公交车站设计不仅在材料选择上尽量使用可回收材料，在车站环境整洁上也需要着重考虑。

随着科技发展，自洁涂料种类繁多，使用广泛。如“易洁玻璃”、“易洁涂料”等，利用莲花效应。[8] 超疏水以及自洁的特性，和一种具有光催化活性的纳米材料，包含光触媒 $TiO_2$ 和空气触媒磷酸钛，$TiO_2$ 能吸收一定波长的光，产生自由电子和空穴，使膜表面吸附的污染物发生氧化还原分解而除去并杀死表面微菌，达到自洁的目的。

在玻璃表面上涂抹一层特殊的涂料后，使得灰尘或者污浊液体（包括含水，甚至含油的液体）都难以附着在玻璃的表面，或者比较容易地被水（或者雨水）冲洗掉，这样玻璃表面非常容易保持清洁，减少了清洁玻璃表面的麻烦，也可以节省日益匮乏的水资源，做到真正的绿色环保。通过材料的运用，提升车站环境整洁度，用自洁性能减少人工清洁成本，节约用水，在生产使用过程中做到生态环保，绿色低碳。

## 五、绿色公交车站对城市发展所起的作用与价值

公交车站在城市中可以作为一个标志符号，不仅是一个城市中交通导识标志，也应该是一个城市文化的体现，一个城市特色和审美的体现。

### （一）绿色公交车站对城市发展所起的作用

绿色公交车站的设置，能够起到有效缓解交通站点无序状态的作用：给候车乘客提供相关信息；引导乘客按时上车，自觉排队；为乘客提供应对极端天气的暂时性庇护空间。公交车站的设计与更新应该与城市发展建设的步伐相匹配，在提倡绿色环保的今天，公交车站更应该向绿色环保化、智能科技化发展。绿色公交车站就是一个城市建设的细节，与我们的日常生活密不可分，提供交通便利的同时，更是起到引导和标示的作用。

### （二）显性价值：视觉优化，凸显城市特色

西安城市现代化的高速发展，公众审美的普遍提高，这就要求我们的城市家园不仅需要实用便捷的功能，也需要视觉的优美和突出。绿色公交车站的设计需要在实用性基础上添加了审美和艺术设计的因素，匹配城市发展建设，成为具有辨识度，特色性的导视符号。避免千城一面的现象不只从城市建设和规划上着手，更需要把握细节的处理，日常生活中普遍使用的空间更能体现一个城市的特色和发展水平：如杭州市的井盖、栏杆都使用专门为杭州市设计的 logo，北京市用公交车站站牌颜色区分东西向和南北向的公交线路等。绿色公交车站应从造型、色彩、材质等诸多方面进行视觉的优化和空间的提升，使车站成为候车乘客的理想空间。

### （三）隐性价值

#### 1. 承载文化，提高生活品质

每个城市由于地域、人文历史、风土民俗等各种原因，都会有属于自己的独特之处，如何使这些城市的文化魅力显现出来，就需要在城市建设中对公共空间合理设计。西安作为著名古都，秦汉唐文化底蕴深厚，城市发展建设进度较快，绿色公交车站的设计建

设起步较晚，公交车站作为“城市名片”，是游客和居民生活中必不可少的，公交车站的功能形态和使用舒适感等的优劣，将会潜在影响大众对于一个城市的发展程度和文化水平的评判。增强设施与人的亲切感，人与设施的互动性，双方影响下的疏导与缓解候车带来的不便与焦躁，从意识上矫正候车中的无序状态，这也是城市生活中一个细节的提升，提高我们的生活品质，使我们的城市在日常交通出行和生活上更具家园性。

**2. 节能环保，实现可持续发展**

绿色公交车站的设计与大力推广实施，是对城市环境的保护，有助于公共交通的节能减排。新材料和新技术的运用可以有效节省车站建设和后期维修的人力物力成本；合理和设施比率及形态功能可以使车站公共空间更好地为城市居民服务，做到良性公共空间，疏导和规范公共行为，使空间环境与使用者更好的结合，相互影响共同发展，公共空间的生命力更加持久，真正做到绿色环保可持续发展。

## 六、结语

绿色公交车站的设计在国外已经发展相对成熟，且呈现出多元化。但在我国尤其西北地区，绿色公交车站的设计方兴未艾，还需要设计师和相关部门的重视。千城一面，千站一面的设计已经落后，无意识的、偏执的类同和模仿已经不能与现代多元丰富的信息与文化相符合。绿色公交车站的设计可运用无痕设计理念，通过从设计本源出发，通过分析公众行为和心理，结合实际所需优化车站空间，从而疏导和矫正候车带来的焦躁与群体偏执行为、集体无意识等。绿色车站的设计是对节能环保理念的实践，也是信息与功能的整合，实现资源的合理利用的同时，也将车站与人的行为联系起来，从设计本体和源头上进行研究，将情感和设计相联系，达到疏导和共鸣。

绿色公交车站所折射出的不仅是设计观念和材料技术的进步，更是通过无痕设计体系来引导公众素质的提高及城市文化品质的提升。

## 参考文献：

[1] 吴从余，李林波 . 城市公交车站设计中的情感因素分析 [ J ] . 2012 ( 01 ) : 103.

[2] 白舸 文思思 . 从设计艺术美出发谈武汉城市公交站点设计 [ J ] . 山西建筑 2012 ( 04).

[3] 芭芭拉 · 柯瑞丝 . 人性空间 [M]. 北京中国轻工业出版社 , 2000.

[4] 戴维 . 迈尔斯 . 社会心理学[ M ]. 何玉波，张智勇，乐国安译，北京人民邮电出版社，2006.

[5] 武根友，李 江，李晓辉，基于物联网的智能公交系统研究 [ J ] . 河北省科学院学报 .2012.09

[6] 周晓敏 . 城市公共空间与行为模式的互动性研究 [ D ] . 长安大学，2008.

# 基于儿童心理学的儿童医疗空间设计研究

强媚 / 文

摘 要：当代儿童的生长环境处于高速、现代化的信息技术时代中，儿童的成长面临着进入 21 世纪以来最为严峻的压力，为此，儿童付出了沉重的心理健康代价。心理方面的早熟压力、日常看管的隐蔽伤害、治疗行为与药物的副作用、自然环境的缺失、对电子产品的过度依赖等问题，衍生出儿童多样化的需求。其中，被关注的需求作为儿童最为渴望的关怀与日俱增。

儿童（1 ~ 14 岁）如同白纸一般，纯洁而又敏感。同时，快速生长、变化频繁、可塑性极强，无不体现着他们这个群体的特殊性。儿童医疗空间作为一个针对心理与生理进行治疗的环境载体，是肩负着儿童接触及交流的社会公共空间之一。因此，我们的关注不能仅仅停留在儿童医疗空间的基本功能性。在无痕设计理论体系作用下，从儿童心理学角度出发，探求受众体需求因素的变化趋势、创造匹配儿童身心健康的空间环境，是本文研究的重点。

关键词：无痕理念 儿童需求 儿童医疗空间 环境设计

## 一、绪论

英国浪漫主义诗人华兹华斯在《彩虹》一诗中写道：“儿童是成年人的父亲。”这是一个发人深思的命题，体现了诗人独到的儿童观和自然观。这句诗被意大利儿童教育家玛利亚—蒙台梭利在《幼儿教育方法》一书中引用，玛利亚认为，儿童将是未来的成人。成年人表现的一切情绪、智力、习惯和道德，多由他童年时候的环境及经历所决定。

从这些意义上讲，儿童是我们一代代人类的原点，每一代儿童的身心成长不仅与他们个人的发展、幸福息息相关，也直接影响到人类社会未来的健康状况。因此，儿童作为人类社会及城市当中特殊的群体，值得我们认真对待和关注。

中国作为世界上人口最多的国家，拥有世界最大的少年儿童群体。据统计，我国 0 ~ 14 岁儿童大概占全国人口的五分之一，约两亿五千万人。根据笔者的调查发现，自近两年我国二胎政策的开放，以西安市为例，出现了很多以营利为目的的儿童场所。然而，专门为儿童设计，符合其生理尺度和心理需求的空间环境却少之又少。乏味的游戏设施和千篇一律的儿童公共空间充斥在城市的各个角落。从城市规划方面来看，能供儿童体验的自然环境空间就更是一种奢望。西方国家的一些儿童专家的研究显示“由于社会经济、环境的变化所带来的各种压力，以及制度方面对儿童的漠视，都已经深深地损害了当前西方发达国家的儿童福祉。儿童在精神、生理方面的各项指标已经下降到警戒线水平。”因此，在全球范围内诸多设计师投入以儿童切身利益为出发点的空间环境的设计之中。

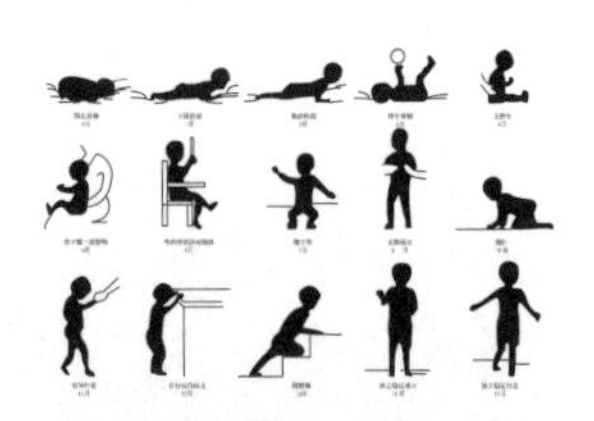

图 1 儿童运动发展过程

图 2 韩国 MOON 儿科诊所内部空间

## 二、儿童医疗空间定义

儿童医疗空间是指向儿童提供医疗护理为目的的医疗服务机构，同时具有娱乐和招待功能。服务对象包括患者、伤员、健康的体检儿童、处于特定生理状态的新生儿以及具有心理问题的儿童等。大部分儿童医疗机构由政府部门资助或慈善捐助，不以营利为目的。另外就是以营利为目的私立医疗空间。儿童医疗空间包括儿童医院、儿童诊所、儿童疗养院、启智学校等。

## 三、儿童生理与儿童医疗空间设计关系分析

儿童正处于身体迅速发育的阶段，身高和体重增长的同时，伴随着骨骼的硬化和肌肉的生长。随着儿童年龄的增长，运动能力也会有明显的发展过程，每个阶段都体现其特殊性（图 1），婴幼儿时期最为明显。由于生理发展方面的需求，符合儿童活动空间的尺度和运动发展的功能性设计显得十分必要，其科学与丰富的程度将直接影响儿童对于医疗空间的认识和印象。

为儿童提供科学的空间环境，可以将内部空间分割，形成大小不一、形式各异的区块，在丰富空间形式的同时，创造出很多适合儿童的小尺寸空间。图 2 是由 maumstudio 设计的韩国一家名为 Moon 的儿科诊所。其设计的初衷在于给儿童创造一个游乐场式的地方，促进他们与成人的积极配合与沟通。空间内部各区域的围合形式，不仅符合儿童的生理特征，且带给孩子多样化的活动模式，既增强了孩子的安全感，又确保家长对儿童活动范围的可控性。婴幼儿的活动区域铺设可供攀爬的抗菌地毯、可供扶持站立的墙面设置、合理的台阶攀爬设置等（图 2）。设计师对于不同阶段儿童对家具尺寸的要求，在设计上进行了区分，这样在功能性设计上也更加有保护性和针对性。

## 四、儿童医疗空间设计方法研究

### （一）影响儿童心理发展的主要因素

儿童心理发展受多方面影响，主要归纳为遗传和环境两方面因素。大脑、神经系统和其他器官的发育和完善，为儿童的心理成熟奠定了良好的基础，这是人体的自我作用。而充斥在儿童周围的社会环境，不仅影响着儿童智力和社会性的正常发育，还影响着儿童的审美和心理健康。

### （二）儿童的感知觉与儿童医疗空间设计

儿童作为神经系统发育未健全、心理发展不成熟、心理压力应对能力较弱的特殊群体，他们在就医过程中时常体现出大量悲观、恐惧的负面情绪。幼儿因语言局限，身体上的不适无法自我表达，其问题的表现完全依靠成人观察并转述给医生，所以在就医过程中整体处于被动且痛苦的过程。少年儿童相比幼儿自理能力要较强一些，但是在医疗环境中心理大多都处于恐慌、不安的状态。再加上对病情认识的不足，经常表现出对治疗的排斥和拒绝。因此，在儿童医疗空间设计中，还要考虑到患儿心理特征的特殊性。如何从儿童的角度和利益出发，让儿童对医疗空间留下良好的印象以及更好地适应医疗空间环境，是我们在设计中必须要考虑的问题。

**1. 视觉感知**

视觉是人类获得感觉最直接的媒介之一。儿童对于色彩的感知主要表现在视力的发展和识别颜色的能力这两个方面。根据研究证明，幼儿期儿童视觉敏锐度很低，在10岁时视觉调节能力将达到最大值，之后随着年龄的增加而逐渐降低。儿童对于色彩的识别能力也与年龄发展密切相关，随着年龄的增长，颜色的认识也会更加全面。随着视觉和知识经验的积累，从起初简单的认识和对色彩的喜好，发展到对色彩的认知、用途以及简单地使用等。色彩是人类观察客观环境时最先、最直接关注的因素，其次才是对形状、功能等特征的捕捉。我们在生活中可容易发现，儿童在婴儿时期往往最先关注和掌握的就是色彩。

色彩分析及治愈作用分析 表1

| | 分析 | 作用 |
| --- | --- | --- |
| 红色 | 够刺激心脏、循环系统和肾上腺素， 升力量和耐力 | 促进低血压患者的康复，对抑郁症患者有一 定刺激缓解的作用 |
| 粉色 | 相对柔和，能使人肌肉放松，给人以抚慰和希望 | 多用于外科手术室、病房等 |
| 橙色 | 刺激腹腔镜从、免疫系统、肺部和胰腺，能 更好的促进人体对食物的消化和吸收 | 多采用医院餐厅、咖啡厅等 |
| 黄色 | 刺激大脑和神经系统， 高心理的警觉感，活跃肌肉里的神经 | 帮助放松和治疗体内某些病症现象，如感冒、 过敏及肝脏疾病等 |
| 绿色 | 能够安抚情绪、松弛神经 | 对高血压、烧伤、喉咙痛者都比较适合 |
| 蓝色 | 影响咽部和甲状腺，能降低血压 | 有利于患有肺炎、情绪烦躁、神经错乱及五 官疾病的患者 |
| 紫色 | 松弛神经、环节疼痛 | 对于失眠、神经紊乱以及孕妇安静都起到一 定的调节作用 |

图3 菲尼克斯儿童医院内部的色彩和灯光设计

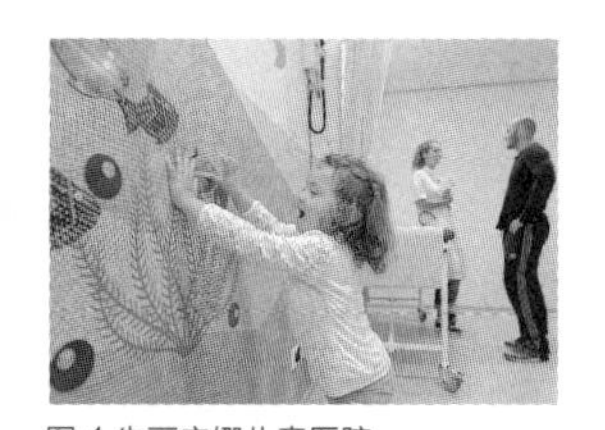
图4 朱丽安娜儿童医院内部环境设计

色彩本身对于儿童的心理状态也有一定的影响作用，色彩有冷暖感、距离感、大小感和重量感的分类特征。因此，儿童的心理状态往往更易通过色彩表达出来，受到色彩潜移默化的影响。色彩会对人类身体产生生理作用和心理的潜在影响，对于儿童来说也是如此（表1）。经过进一步调查研究发现，儿童的色彩天性偏向暖色调。如黄色、红色等，而成人则更偏向于冷色调。有报告显示，红色是儿童最先了解和掌握的一种颜色。若能将不同色彩对儿童心理的影响与医院空间环境的设计相结合，既能利用色彩的积极作用辅助治疗，又可以改善医疗环境在儿童头脑中冰冷的形象。

PHILIPS公司为菲尼克斯儿童医院做的扩建项目，是将生机勃勃的色彩与神奇的灯光相结合，营造出具有趣味性和互动性的儿童医疗空间（图3）。在减少成本与资源浪费的同时，将色彩的展现方式更加丰富化，使空间更加灵动，同时有效的转移患者的注意力，营造了一个愉快、放松的氛围。

**2. 肤觉（触觉）感知**

肤觉是指感知室内热环境的质量，空气的温度和湿度的大小分布及流动情况；感知诸如室内空间、家具、设备给人体的刺激程度，如振动大小、冷暖程度、质感强度等；感知物体的形状和大小等。除了视觉器官以外，主要依靠人体的肤觉及触觉器官，即皮肤。

根据不同的皮肤点产生不同性质的感觉，同一皮肤点只产生同一性质的感觉而确定有触、温、冷、痛等 4 种基本的肤觉。这些相应的皮肤点称为触点、温点、冷点和痛点。这几种感觉点在一定部位的皮肤上的数目是不同的，其中以痛点和触点较多，温点和冷点较少。儿童出于好奇和对周围空间危险因素感知比较弱，下意识的喜欢直接碰触物体，那么对于材料的选择和使用方式，尤其是儿童随处可触碰到的空间，要充分考虑其安全性。

荷兰乌得勒支的朱丽安娜儿童医院 ( 图 4)，该医院室内环境设计最大的特点是使用了大量的、趣味性的墙面交互，让病痛的孩子们适当分心以减少压力。这样可以参与其中进行触碰的交互体验，对墙面材料的选择便存在很多的要求。新型环保材料和抑菌杀菌材料的大量使用，提升了孩子的安全性和环保性，也让家长放心地把孩子放于专属公共空间中。在这样无形的保护下，让儿童自由地探索未知的世界。更有研究表明，越是对儿童友好的环境空间，越有助于病童忘却伤痛，恢复知觉，这种友好是体现在各个方面的。

**3. 形状感知**

知觉于视觉和触觉之后，比感觉稍晚，它必须经过经验的积累才能达到正确的认识，但发展速度很快。对具有独立行为意识的儿童进行了解，我们认识到儿童对形状的掌握程度以及对于方向的辨别能力。人类对于物体形状的认识开始于点、线、面的基本认知，然后在基本认知的基础上综合运用角度、运动方向来展开全面的认识，儿童也是如此。儿童对于方向的感知也是在具有意识以后，随着年龄的增长和知识经验的积累而逐渐提高的。从起初只能辨别自己所在之处左右和上下的能力，到逐渐辨别东、南、西、北四个方向以及描述自己所处位置的能力。根据研究表明，儿童 5 岁以后才能通过导视系统方向指示分清方向，做出相对理性的选择。

西雅图儿童医院的导视设计简洁、清晰，营造了一个宁静、富有想象力的空间氛围( 图 5 )。医院通过山、河流、海洋、森林四个主题进行区分，增强了每个区域的识别度。每个区域都有统一的色彩、字体和导向标识，以表明此区域的特定服务项目，反映医院品牌的人文关怀。导视标牌组件与所在区域的壁画相互呼应，并且每个区域的电梯都以动物来命名，加强区域识别度的同时提供清晰的导向信息。大至区域指引，小到每个房间标牌，都可以帮助病人及其家属快速准确的知道自己的位置，最主要的是儿童也可以识别与描述，这样的设计在提高趣味性的同时具有强大的功能性。

图 5 西雅图儿童医院
导视系统设计

**4. 对自然的心理感知**

对于儿童来说，自然的面貌是多种多样的，自然像一块白板，孩子们在上面可以任意挥洒，重构文化的幻想。自然需要充分地观察和全身心的感知，从而来激发孩子的创造力。还有证据显示，与自然的直接接触有益于儿童身心的健康。直接接触自然对于患有注意力缺失、多动症、儿童抑郁症、压力管理的儿童有治疗的功能，也会潜在地提高儿童的认知力。《美国预防医学杂志》中埃默里大学公共健康学院环境与职业健康系主任霍华德 · 弗鲁姆经指出，他对胆囊手术患者进行了历时 10 年的研究，发现那些房间里能看见树的病人要比只看见砖墙的病人要更早一些出院。可见，能够观赏到自然景观的房间可以帮助儿童减轻压力带来的痛苦和疾病，室内外的自然风景对促进儿童心理健康起着至关重要的作用。

图 6 丹麦医院
的自然治愈环境设计

大自然对于情绪缓解的原因，一方面，绿地能够促进社交活动。自然的安慰并不完全依靠社交互动，然而自然会鼓励社交互动；另一方面，自然能够培育人类独处的能力。一项针对十几岁儿童的研究显示，儿童会在心烦意乱的时候走到自然环境中去，在那里他们理清思路，多角度看问题，重新放松与释然。自然教导儿童领悟生存的常识，为儿童营造大的眼界和舞台，同时又能够带给儿童以心灵的保护与慰藉。

丹麦医院的最新设计方案，旨在让病人在病床上就可以享受到绿色景观（图 6）。院区选址在曾经的一处狩猎区，内部丘陵连绵起伏，池塘遍布。医院是由 8 个环环相扣的圆构成，每个圆环中间有宽大的庭院，屋顶像自然地形那样起伏，保证每个房间都能看见内部庭院或者外部森林的绿色。医院的设计在尊重当地历史景观的前提下，创造出内外和谐交融的环境，让景观无处不在。医院内部走廊与常规线性的不同，是围绕一个中心节点放射性展开和循环，病床外不远处总是有温馨的公共空间，供人们观赏和散步。这样的规划设计强调自然景观对于人生理和心理的一种治愈，对患者的治疗起到积极的作用，大自然的治愈效果十分明显。

## 五、结论

儿童作为社会的弱势群体，备受家庭以及国家的重视。本文旨在基于“设计无痕”，从受众群体需求的角度出发，针对不同年龄段儿童的需求和体验，从他们的生理尺度、运动发展和心理学的感觉、感知等两大方面进行研究，结合儿童医疗空间特性，通过设计的手段从空间色彩、导视系统、照明设计、绿色环境等诸多方面进行分析及总结，确保儿童在空间环境中的需求和利益得到最大化的保障。倡导从思想的转化到合理的开放式空间环境设计规划，营造一个良性的儿童空间环境，使身处于医疗空间中的儿童，仍然能感受到舒适、有趣以及安全感，此研究主题对儿童的心灵安抚与生理恢复起到积极的推动作用，倡导为儿童的成长创造更有利的空间。

《儿童权利公约》中以“儿童最大利益优先原则”作为制定公共政策的理论基础，已经成为全世界几乎所有国家认同的公理。然而，现代城市建设的集约化发展，使儿童空间规划在城市环境建设中实际上处于被忽视状态，制度设计者及城市规划者并没有真正认识到其中的严重性与重要性。因此，对于城市中有组织、受控制且选址不错的儿童服务机构（包括儿童医疗机构、幼儿园、学校、游乐场等），应引起设计师的珍惜和关注。旨在让儿童服务系统更加深入、完善，真正为我们的儿童争取更大的福祉。

参考文献：

[1] William Damon. 儿童心理学手册（第二卷）：认知、视觉和语言 . 华东师范大学出版社 .2015.
[2] 理查德 · 洛夫 . 林间最后的小孩：拯救自然缺失症儿童 . 北京：中国发展出版社 .2014.
[3] 尼尔 · 西普，布伦丹 · 格里森 . 创建儿童友好型城市 . 北京：中国建筑工业出版社 .2014.
[4] 程超 . 为儿童着想的城市开放空间研究，2011，5.
[5] 叶湘怡 . 儿童公共空间的视觉导视系统设计研究，2016，6.
[6] 刘博新，严磊，郑景洪 . 园艺疗法的场所与实践.
[7] 江婉玉 . 基于儿童心理学的儿童医院内部空间研究，2014，6.
[8] 姜波 . 色彩在儿童空间设计中的应用，2011.
[9] 丁祖荫，哈咏梅 . 幼儿颜色辨认能力的发展——幼儿心理发展系列之一，1983，2.

# 无痕设计理论指导下的专业院校美术馆空间受众体验研究

## ——以西安美院为例

谢宗效 / 文

摘　要：随着社会的不断发展，越来越多的专业美术院校开始建造属于自己的独立美术馆，紧跟时代的变化和观众需求的提升，美术馆不仅职责和功能有了巨大改变，就连美术馆内空间展示的设计也变得越来越多元化和开放化。这一点，在专业院校的美术馆空间展示设计上体现得尤为明显。现如今，美术馆空间展示设计的视觉感受和价值已不再处于核心地位，人们更多的关注点开始放在设计如何满足观众的参展需求以及专业类美术馆公共空间如何最大化的实现它的“无形”价值上，这也就谈到了本文中所提到的一个重要观点，即在无痕设计理论指导下的专业院校美术馆空间体验设计中如何做到既能满足“无痕设计”的要求又能满足受众的体验需求。

关键词：无痕设计理论 专业院校美术馆 体验性设计 受众需求 美术馆职能

### 一．什么是专业类美术馆

美术馆作为文化与艺术传播的重要场所之一，对艺术文化传播的重要作用在今天体现得越加明显。作为展览展示场所的一种，它肩负着收集、保存、展览和研究美术作品的重要职能，为整个人类社会的文明和发展做出了巨大贡献。专业类美术馆，自然强调藏品的专一、学术导向的方向以及学术观点的和谐统一。而一个设计完美、藏品丰富、展览精彩的专业类美术馆不论是对专业院校学生还是对广大群众来说无疑是一笔宝贵的财富。

专业类美术馆和综合类美术馆的区别

美术馆可分为综合类美术馆和专业类美术馆。前者如纽约大都会美术馆、法国卢浮宫、大英博物馆等，后者如纽约亚洲东方艺术馆、纽约科宁玻璃艺术馆、华盛顿的国家肖像馆、北京徐悲鸿纪念馆等。美术馆内最为常见的展品为书画艺术作品，但诸如摄影、雕塑、插画、装置艺术、工艺美术等也经常参与展出。尽管最初创立美术馆的设想是为视觉艺术提供展示空间，但美术馆也会成为音乐会等其他艺术的展示空间。美术馆的职能之一是它们可作为提高公众文化艺术修养、协助艺术教育、为艺术家创作活动提供交流、借鉴的机会和资料信息的有效手段，所以美术馆的功能日趋专门化和向多层次方向发展，逐渐发展成为专业类美术馆和综合类美术馆。专业类美术馆更趋向于学术化和专业化，藏品更加专而精，注重的是学术研究和交流学习。而综合类美术馆更强调对公共的美术教育及艺术普及，因此藏品大量而丰富，所涉及的艺术门类也繁多。但无论是专业类美术馆和综合类美术馆，它们都是艺术教育普及及推广的重要场所。

## 二．专业院校美术馆和综合类美术馆调研

美术馆作为美术研究和艺术推广教育的重要载体，对市民的文化艺术生活和艺术教育起着重要的作用。作为城市文化艺术的重要场所和媒介，美术馆性质的不同形成了不同分类的美术馆，如专业院校美术馆和综合类美术馆，而这不同分类性质的美术馆也决定了他们各自侧重点和艺术导向的不同。

图 1 西安美院 2 号楼 1 楼美术馆书画展区

### （一）西安美院美术馆调研

专业院校美术馆最初的作用与西方教堂功能类似，是用来为观众传播文化知识，普及艺术教育。到后来，美术馆是收集、保存、展览和研究美术作品的机构。直到今天，美术馆分类开始朝着更加专业化、学术化及更加多样化的方向发展。如西安美院美术馆则是专业类美术馆代表之一。西安美院美术馆（图 1）位于西安美术学院，是陕西省重要的专业类美术馆之一。整体建筑呈围合布局，体量自由组合，空间灵动而丰富。作为院校美术馆，它的最主要职责就是提高学生文化艺术修养，协助艺术教育，为美术专业学生创作活动提供交流、借鉴的机会和资料信息的有效手段。西安美院美术馆根据职能和空间结构主要分为博物馆、展厅和学术报告厅几个部分。博物馆主要是典藏和陈列具有艺术价值的藏品，而这些藏品大多具有研究意义和极大艺术价值，主要用来为学生提供知识、教育和研究学术的服务。而展厅主要用来展示艺术作品，组织学生艺术交流学习，为学生提供一个交流和专业知识学习的平台。在积极关注和探讨当下艺术的发展和建构的同时，西安美院美术馆还强调以学术为制高点，在收藏研究的基础上展开一系列学术研究活动，举办学术研讨会、学术论坛，坚持自己的学术观点，树立自己的学术品牌。

图 2 西安美术馆 1 号展厅

图 3 西安美术馆艺术长廊台之一

### （二）西安美术馆调研

西安美术馆（图 2 ～ 5）作为西安本地艺术交流和文化研究传播的重要平台，本身具有极强的代表性，是西安综合类美术馆的代表之一。

图 4 西安美术馆生活体验馆

它不仅是美术研究的资料库，更是艺术推广和教育的重要载体。经过调研发现，相比专业类美术馆，西安美术馆不论从建筑、空间结构或是职能划分上都有自己明显的特征。首先，西安美术馆的整体建筑都是立足于“大唐文化元素的当代数字化转译”的设计理念，整体建筑仿唐式外观，恢宏大气，以古城墙为主色调的内部空间富有十三朝古都文化沧桑感，静穆伟大。而它的空间结构设置也有别于专业类美术馆。西安美术馆的空间结构主要分为展厅部分、艺术长廊部分、艺术生活体验馆、艺术画廊、学术报告厅以及艺术餐厅等六个部分。每个部分功能、结构各不相同，各司其职，共同肩负着为人类传播文化和艺术的使命。从功能上来讲，综合类美术馆的主要功能就是举办展览，而这些展览往往不是一个知识的简单回顾和传播的过程，而是对知识的创造和再生产的过程。通过不同主题，策划不同的展览，来启发人们新的学术导向和观点，使展览的影响力达到最大化。美术馆的一切工作归结到主要一点，就是给不同的观众提供教育。而综合类美术馆尤为注重对公众的艺术教育。西安美术馆一直以来都将艺术教育作为服务的基石，坚持自身的公益属性，努力为大众提供平台、传播艺术。同样作为美术馆，馆藏作品的内

图 5 西安美术馆艺术餐厅

容和方向也决定了美术馆的性质和分类的不同。作为综合类美术馆，西安美术馆的馆藏方向涵盖了绘画、雕塑、摄影、装置、录像等多种艺术媒介，注重对名家作品的收藏与文脉整理，以方便社会大众的参观需求和交流需求。而西安美术学院美术馆藏品的收集则更注重对学生专业知识的学习和教学研究，注重以学术为制高点来展开文化探讨和学术研究活动。

### 三．专业院校美术馆受众心理行为分析

无论是美术馆还是博物馆，发展到今天它的功能和意义已然发生了很大的变化。通过实地调研。收集和分析了专业院校美术馆中受众群体的一些现象及心理状态。从受众群体的行为和心理这两方面分析，探究两者在观展空间中的关系，分析总结专业院校美术馆空间受众体验现象，为专业院校美术馆空间受众体验设计提供方向和理论支持。

#### （一）受众群体分析

随着时代发展社会进步，在美术馆尤其是专业院校的美术馆展示空间设计中，受众的需求早已发生改变。首先，专业院校美术馆中，受众群体主要是教师和学生。教师作为对学生传道授业的直接人，他们的学识以及艺术素养对学生起着极为重要的作用。作为专业院校的学生，他们在学习过程中，首要任务便是要明白自己所学的专业为何、所学专业的特点为何，而在学习专业的过程中更是要明白自身专业所学需求在哪里，只有充分明白了这一点，才能够更好地发挥专业院校美术馆的真正价值。专业院校美术馆的受众群体主体虽然为学生，但也并非只一味强调对学生群体需求的把握，也应该多关注一些校外参观学习人员的需求，正是有了这些慕名前来参观学习的人员，才让专业院校美术馆的价值体现得更为独特和明显。

#### （二）受众行为分析

在参观美术馆时，大众会因为各种各样主观的、客观的因素而不自觉产生和一些行为特征或是下意识的行为反应，这些都是观展时的正常行为需求。专业院校美术馆的受众行为主要分为参观行为、学习研究行为以及交互体验行为这三个方便。参观行为指的是观众在美术馆观展过程中的情感和体验感受，美术馆其实是一个小型的社会空间，是极为看重受众者在展示空间中的体验感受的，它们会将观众在欣赏作品的过程看作是受众参观行为和精神体验的一个重要表现，这也就引发了众多设计师在设计美术馆时所要考虑的一个重要因素——即在美术馆空间展示设计中受众体验需求的重要作用及意义。比如说，如果展厅有两条通道，而大多数受众都喜欢走其中的一条通道，那这一参观行为就值得我们商榷和分析，究竟是什么原因导致了受众对其中一条通道的偏爱。美术馆受众的学习研究行为也是也是我们快速了解受众心理活动的一种方式。比如，在观展过程中，受众对艺术品的临摹学习或是对艺术品的交流探讨都能够较快的帮助我们甄别大众对艺术需求的爱好与积极性，这可以让我们为大众提供更多富有教育性富有文化传播意义的艺术品，从而更快地帮助受众了解艺术、欣赏艺术、热爱艺术。美术馆现如今已经变成了这样一种场所，它为广大受众提供一个平台，让观众在这个平台上可以欣赏作品、分享经验、接受文化知识传播、参与艺术品价值讨论等，由于它这些新增的功能和价值，从而使得新时代时期的美术馆成为一个别具特色独一无二的艺术场所。这就更加强调了观展时受众的交互体验行为的影响。交互体验其实就是一种关注用户体验的说法。即在参观展览时，受众如何能够更好地在空间环境中体验到美术馆的展品及

参观体验感受。空间体验设计的初衷是利用新型的展示技术让受众群体在物体展示的过程中可以通过视觉、味觉、听觉、触觉等感官因素，来对物体形成一个较为直观和全面的综合性印象。因此，受众在参观过程中，随着对美术馆体验需求的不断增加和提升，对受众的交互体验行为的分析及应对就变得尤为重要。

（三）受众心理分析

专业类美术馆参观的受众多是一些专业人士或是艺术爱好者和艺术院校学生。但随着美术馆事业的大力发展，已经有越来越多的民众参与到美术馆文化传播的平台中。在这个时候，参观受众的心理分析就显得尤为重要了，主要包括：空间分割及造型对受众的心理影响、空间色对受众的心理影响以及展览灯光对受众的影响。再有，美术馆的空间展示和陈列多是按照艺术作品或空间氛围的需要去设计，比如，所展出的作品情感激昂又饱满时，整个艺术空间的色调和氛围就需要人为的去调节，要用适宜的红色或是橙色墙面来突出艺术作品的情感。这就是通过空间色对受众的心理影响来实现艺术作品或是艺术理念的传播和影响。还有，当人处于同一环境时，不同色调的灯光及灯光颜色都会给人的心理造成一定影响。暖色调的灯光会给人带来温暖。和煦及安详的感觉，而相反，冷色调的灯光则会带来静谧、清冷的孤寂感。因此，美术馆针对不同的作品、不同的场景就应该注重环境、灯光、色调等对观众的心理影响作用，加强对受众的心理分析，从而使美术馆的空间设计真正符合艺术品的欣赏与价值。

## 四．专业院校美术馆体验性设计对受众参观行为的影响

（一）功能体验性设计

首先，综合类美术馆和专业院校美术馆的职能不同决定了各自功能布局的不同。综合类美术馆主要职能是面向社会群众推广大众化的美术常识性知识。它更像是一个“展览馆”或者“博物馆”。美术馆的运作、管理、运营等构成了可以不同的职能系统系统，包括行政管理系统、藏品征集、研究系统，资金募集、运营系统等。其中，最关键的是“运营系统”中“公众展示系统”的运营。从功能区域面积上来看，展览展示区占据了综合类美术馆的绝大部分空间，也是其最主要的功能区域。同时一般的综合类美术馆还包含艺术品销售区、员工休息区、库房和办公空间等其他功能分区。

而专业院校美术馆更像是一个“艺术创作”的重要工作场所。也就是说，专业类美术馆是围绕着“艺术创作”而构成其运作系统，以“艺术创作”为出发点，从而展开具有目的性的艺术品创作、传播、交流、保护、再生产等一系列工作，从而形成有效的“艺术创作”机制。而更确切地说，专业美术馆应该是一个“艺术创作与输出”的综合体。所以从功能分区上看，专业类美术馆除了包含展览展示区以外，更重要的是包含了负责“艺术创作”的相关艺术工作室这样才能从空间职能上将“艺术的创作与输出”结合起来，从而加强参与者与参观者的体验性。

（二）视听觉体验性设计

随着信息传播媒介的多样化和艺术表现方式的多元化，越来越多的视听媒介加入了传统美术馆。其中运用较为最为广泛的是一种感应式拢音罩设备系统（图6）。这种拢音罩通过连接功放和传感器，可通过人走到拢音罩下触动感应装置实现放音，当人离开大约30秒后

图 6 美术馆中的拢音罩
美术馆安装的拢音罩讲解设备

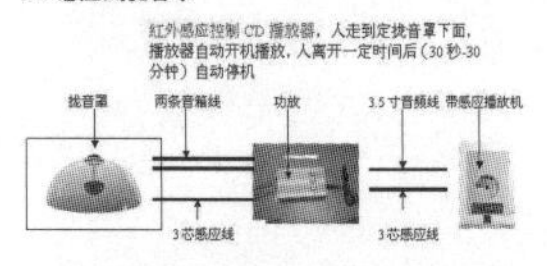


图 7 拢音罩工作原理示意图

图 8 美术馆中的体验性视听设备

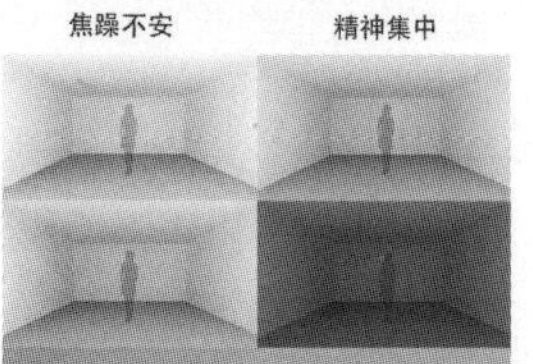


图 9 可调节色温和照度的射灯

图 10 不同照度和色温下受众空间感受

功放自动静音（图 7）。这种拢音可以代替传统美术馆的人工讲解，在不影响其他参观者的情况下对艺术品进行讲解，借阅了人力资源的同时又规避了纯文字说明的乏味感。这种拢音设备可与动态影像播放设备（图 8）配合使用，从而刺激观众的视听觉综合感官，增强参观时的体验性。同时大部分的功放和动态影像播放设备都能识别 USB 接口和 SD 卡，方便视听内容的更换与更新。专业类美术馆各展区艺术品品类相对比较固定，各展区可根据展品的特点和需要安装适宜于展示的视听设备。

（三）照明体验性设计

照明设计系统不但对空间的视觉感受可以进行光影的二次渲染，同时对于受众的视觉感受和心理感受有着非常大的影响。美术馆展陈空间的照度比相对较大，一般在 10~20 倍左右照度值最大的位置一般集中在展品的高光区域而环境光的照度值相对较小。不同照度和色温对于受众心理有着巨大的影响。低色温低照度空间会给人温暖放松的感觉，低色温高照度会带来焦躁不安的情绪，高色温低照度给人以阴冷恐怖的环境感受，高色温高照度则会使人精神集中，适于办公空间的使用（图 9）。目前市面上有一种可调节色温和照度的照明射灯，通过终端控制系统和可移动设备调节所连接射灯的照度与色温，非常适用于专业类美术馆（图 10）。各展区可根据展示需要对照明系统进行调节，从而达到最佳参观视觉感受和心理感受。

（四）其他感官体验设计

交互设备和装置的运用同样可以增加空间的体验性。目前大型的美术馆都安装有互联网终端查询设备，更加方便了参与者和参观者对展览运营状况和作品信息进行查询。与此同时，很多综合类美术馆也根据各自的需要安装有电子翻书、体感交互、VR 体验等独立的交互设备。专业类美术馆不但可以安装交互设备，而且可以根据学科各自的特点，自己制作和安装对于本学科专业知识具有介绍和说明性的装置或设备。例如陶艺品展区就可以规划出一个拉胚区，专供参观者体验陶艺拉胚的过程，使参观者的身份通过体验转换为参与者，从而提高对艺术品的理解，增强参观过程中的体验性。

## 五 . 无痕设计理论指导下的专业院校美术馆体验性设计的意义

（一）“无痕设计”在专业院校体验性设计运用中的意义

专业院校美术馆的体验性设计往往介于 “有形”与“无形”之间，“无形”即受众在参观时过程中 “无痕”、“自然”的体验感受。优秀的专业类美术馆体验性设计本身就是一种“无痕设计”，即在参观过程中受众的每个生理和心理行为都是“舒适而自然”的。美术馆“无痕设计”不是不设计，更不是在设计上“颠覆”原有的运营职能系统，而是使美术馆各职能系统的参与者与其服务的参观者更为“自然”和“高效”地完成职能系统的每个运营环节，从而达到弱化设计“痕迹”，强调学科专业知识传播的目的。

（二）“无痕设计”对于专业院校美术馆职能运营的意义

专业院校美术馆不但要承载“艺术输出”的职能，更要承载“艺术创作”的职能，而体验性“无痕设计”的目的和意义就是将两者更为紧密地衔接在一起，从而整合艺术“创作”与“输出”的资源运营，降低运营损耗和成本的同时，尽可能地提高运营效率。

### （三）“无痕设计”对于专业院校美术馆空间及时间利用效率的提升

从空间利用率的角度来看，无痕设计理论指导下的专业院校美术馆将专业资料库、专业工作室及专业成果展示空间的职能融为一体，使“教”与“学”的空间合二为一。与此同时，也将学习空间与成果展示空间合二为一，使教学成果不但可以进行阶段性汇报，也能将阶段性成果汇总为最终教学成果进行展示，极大地提升了教学的效率。

从优化时间的角度来看，无痕设计对于专业院校艺术“创作”与“输出”的参观——调研——学习——研究——成果展示等一整套教学和汇报流程进行了高度整合，使教学的参与者与成果分享者尽量少的将时间浪费在不同职能空间的转换上，节省了体力消耗的同时也优化了各自的效率。

### （四）“无痕设计”对于专业院校美术馆受众体验的意义

作为承载着“艺术的创作与输出”职能的专业院校美术馆而言，面对不同的受众，其体验性设计的偏重点也有所不同。

#### 1. 对于初步接触专业的受众意义

对于初步接触专业学习的低年级在校学生而言，体验性设计最重要的意义在于参观过程中对于专业知识最为直观的感受。通过感官上对于“五觉”的综合性调动，使初步接触专业学习的参观者对该专业形成印象深刻的记忆，从而激发参观者日后在专业学习中的兴趣。

#### 2. 对于专业类院校学生学习和研究的意义

对于专业院校中高年级的在校学生而言，美术馆不仅是他们学习和了解专业知识的场所，同时也是他们创作和专业研究的重要场所。专业类美术馆不但是一个“资料库”和“图书馆”，而且是他们的“工作室”和“艺术沙龙”，他们在这里不仅是参观者，更是重要的参与者和运营者。

#### 3. 对于教师及校外参观学习人员的意义

就专业院校的教师而言，美术馆既是教学和研究的重要场所，也是对外展示艺术创作过程和教学交流的重要场所。这个场所在展示教学过程的同时，又承担了教学成果汇报的职能。而对于校外参观和学习人员来说，他们既可以从中看到教学的最终成果，又可以了解到艺术创作过程中的细节，甚至可以参与其中，通过与学生和老师的现场互动达到加深专业艺术创作了解的目的。

## 六．结语

专业类美术馆展示空间的设计理念变革不是孤立发生的，而是与当下社会的经济文化发展紧密联系起来的，在当下社会，美术馆成了传播文化、发扬艺术与休闲交流的主要场所，它的功能的改变、空间的灵活运用促使了美术馆空间设计新理念的诞生。在无痕设计理论的指导下，美术馆的空间展示设计能够让我们认识到美术馆跨越时代的前瞻性与认知性，能够让我们在历史进程中看到未来的发展方向与意识形态，这于我们来说是极为有意义的。而对于当下美术馆的空间体验设计就需要我们采用新型的、开放的设计理念来满足美术馆的发展需要、满足受众群体参观的需要、满足个体需求与社会公共资源之间的合理分配。本文从无痕设计的创新理念入手，深刻地分析了受众需求对于专业院校美术馆空间体验性设计的重要性，挖掘受众需求与空间体验之间的关系，并将社会发展背景与专业院校美术馆发展现状联系起来，来探寻在美术馆发展过程中，“无痕设计”所扮演的角色及发挥的重要作用，试图阐明在美术馆空间设计中，以无痕设计理论指导下的体验性设计方向对当下专业院校美术馆发展所起到重要的作用和积极的意义。

参考文献：

[1] 胡川 . 博物馆体验展示多媒体展示在历史性博物馆中的应用 . 湖南师范大学，设计艺术学，2013.

[2] 王欣然 . 体验展示中的通感运用 . 中央美术学院，2012.

[3] 孙倩倩 . 体验性展示设计 . 文艺生活 · 文海艺苑，2014.

无痕设计

Traceless Design

# 后记
Postscript

这部有关无痕设计理念体系的论文集得以出版，首先对国家艺术基金与陕西省文化厅艺术基金管理中心所给予的支持与信任表示衷心感谢；其次是无痕设计项目组的全体成员感谢国家艺术基金管理中心的关注与支持。正因为如此，我们才能完成这一课题的探索研究及培训。国家艺术基金课题项目申报主体，西安美术学院郭线庐院长给予极大的关怀与支持，在课题复评阶段，郭院长亲自带队，亲临答辩，给予课题至关重要的核心支持。在国家艺术基金首次开课时，郭线庐院长从课题的研究方向、内容的深层解析以及培训课程的质量体现和整体实践的把控等方向，给予了非常细致的教诲与安排。另外，在我们举办的国内外专家学者的高端论坛上，郭院长就有关生存、生活、生态的环境与人的关系问题解析，充分的阐释了无痕设计理论在我们现实生活中的重要价值，这无疑给我们提出了更高的要求，同时也极大地鼓舞了我们。

另外，感谢西安美术学院贺荣敏副院长以及朱尽晖处长切实的帮助与大力支持！贺荣敏副院长在针对国家艺术基金的准备、整理、申报等环节给予了关键性的指导，并在条件上给予精准的支持。项目在北京复审时，朱尽晖处长也亲临现场给予指导，使项目在汇报结构上有了更好地提升。此外，我们也着重感谢四位富有专业经验并还担任着政府、大学及社会中重要职责的学员们，在我们培训、研究及讨论的日子里，听到了你们有关课题内容十分精彩的理解及分析，并且还有相当好的发展建议，这对于整个项目体系的进一步完善起到了实质的作用。还有围绕在我们课题组周边的学术志愿者们，在培训过程及举办的国内外学者高端论坛的过程中，他（她）们付出了非常辛苦的劳动，才使得培训过程及高端论坛的研讨得以顺利的进行。除此之外同样要感谢我们课题小组的导师成员们，有了你们的辛勤授课、精彩的演讲，才使得课题的内容变得形象而生动，并给予全体学员及成员们难忘的印象。

最后特别感谢给予无痕设计理论研究课题组关注及支持的姜峰副省长，在项目推进的过程中，我们就有关研究内容请教于他，姜副省长给予了非常精辟的分析和论证，尤其说到“这一设计理论不仅仅是在你们专业领域里的价值体现，而是在我省各个行业中都能发挥作用的一个优秀设计理论”。他的大力支持与关注，促使无痕设计理论的溢价价值明晰和完善，大大提升了无痕设计项目的价值。

其他给予关注及帮助的相关企业机构、专业团体、个人及朋友们，我们在此一并致谢！

无痕设计项目组

2016 年 12 月

**出品人：**郭线庐

**顾　问：**贺荣敏

**指　导：**朱尽晖 徐　敏

**主　编：**孙鸣春 周维娜

**副主编：**李　媛 吴文超 濮苏卫

**参编教师：**周　靓 翁　萌 屈　伸

**参编学员：**

曹峻博 陆丹丹 吴晶晶 苏义鼎

**参编学术志愿者：**

鲁　潇 石志文 张琼耶 张小朴

李博涵 刘竞雄 强　媚 谢宗孝

吴飞龙

**国家艺术基金艺术人才培养项目**

**项目主体：**西安美术学院

**项目统筹：**周维娜

**项目负责：**孙鸣春